高职高专"十三五"规划教材

焊接工艺

（第4版）

主　编　高卫明
副主编　闫　霞　罗　意
主　审　郭桂萍

北京航空航天大学出版社

内 容 简 介

本书是根据高职高专教育培养目标编写的,突出了应用性和实践性。力求在阐明必要的焊接工艺基础知识和理论的同时,帮助读者解决实际工作中的技术问题,提高实际工作能力。

本书共 12 章,介绍了焊接电弧构造、静特性及电弧焊的基础知识;较为全面地阐述了手工电弧焊、埋弧自动焊、气体保护电弧焊的工艺方法及焊接工艺参数的选择;讲解了焊接应力与变形产生的原因及防止措施;系统地介绍了异种金属的焊接工艺方法及焊接工艺参数的选择;阐述了焊接结构破坏的概念、危害、产生的原因及影响因素;介绍了焊后检验的的方法、功用及其他焊接与切割方法。第 4 版还增加了一些生产中逐步推广的先进工艺技术及焊接安全与防护的知识内容,同时对焊接综合练习的案例进行了调整。

本书不仅适合高职高专相关专业学生学习使用,也适合作为培训机构社会人员岗前培训学习以及考级考证教材,还可供从事焊接专业工作的工程技术人员参考。

图书在版编目(CIP)数据

焊接工艺 / 高卫明主编. -- 4 版. -- 北京 : 北京航空航天大学出版社,2016.7
ISBN 978 - 7 - 5124 - 2127 - 1

Ⅰ.①焊… Ⅱ.①高… Ⅲ.①焊接工艺－高等职业教育－教材 Ⅳ.①TG44

中国版本图书馆 CIP 数据核字(2016)第 107948 号

版权所有,侵权必究。

焊接工艺(第 4 版)

主　编　高卫明
副主编　闫　霞　罗　意
主　审　郭桂萍

责任编辑　蔡　喆　赵钟萍

*

北京航空航天大学出版社出版发行

北京市海淀区学院路 37 号(邮编 100191)　http://www.buaapress.com.cn
发行部电话:(010)82317024　传真:(010)82328026
读者信箱:goodtextbook@126.com　邮购电话:(010)82316524
北京时代华都印刷有限公司印装　各地书店经销

*

开本:787×1 092　1/16　印张:13.75　字数:352 千字
2016 年 7 月第 4 版　2016 年 7 月第 1 次印刷　印数:3 000 册
ISBN 978 - 7 - 5124 - 2127 - 1　定价:29.00 元

若本书有倒页、脱页、缺页等印装质量问题,请与本社发行部联系调换。联系电话:(010)82317024

第4版前言

焊接是一种重要的材料加工工艺技术，随着我国国民经济的发展，焊接技术作为一门独立的学科，广泛地应用于石油化工、电力、航空航天、海洋工程、桥梁、船舶、核动力工程等工业部门。这些企业对于人才的需求已经从单一工种向复合型、应用型、一专多能型人才转化，特别是掌握了一定焊接技术方法的机械类专业人才更是受到企业的欢迎。

本书是根据教育部高职高专教育的指导思想以及教学改革和培养目标编写而成的。本次修订根据最新国家标准、行业标准，对书中内容进行了部分调整，以满足企业对人才的时新性要求。在修订的过程中结合近10年的教学实践，突出了焊接方法操作能力、焊接工艺制定与实施能力等岗位核心能力的培养，符合职业教育培养技术技能型人才的要求，更贴近产业发展前沿。

本书可作为高职高专焊接专业主干教材及机械类、材料类非焊接专业辅助教材，也适合作为培训机构社会人员岗前培训学习以及考级考证教材，还可供从事焊接专业工作的工程技术人员参考。

本书以"应用"为主线，以"必需、够用"为度，突出应用性、实践性的原则，重点讲述焊接基本的理论及生产中常用的焊接方法及焊接工艺，介绍了一些生产中逐步推广的先进工艺技术。本书共12章，第1章 电弧焊的基础知识；第2章 手工电弧焊工艺；第3章 焊条；第4章 焊接应力与变形；第5章 埋弧自动焊；第6章 气体保护电弧焊；第7章 其他焊接及切割方法；第8章 异种金属的焊接；第9章 焊接结构的破坏；第10章 焊接质量检验；第11章 焊接安全与防护；第12章 焊接综合练习。本教材深度适宜，文字简洁、流畅，深入浅出，非常适合高职高专学生学习。

本书由四川航天职业技术学院高卫明主编，闫霞、罗意副主编。其中，第2,4,6,11章由高卫明编写；第1,3,9,10章由牟魁峰编写；第5,7章由徐文强编写；第8章由闫霞、宋琴编写；第12章由罗意编写；由郭桂萍教授主审。本教材虽经多次反复修改，但由于编者水平有限，在本次修订中，如有错误和不当之处，敬请读者批评指正。

如需本书配套课件，请发送电子邮件至 goodtextbook@126.com 申请免费索取。

编 者
2016年5月

目 录

第1章 电弧焊的基础知识 1
1.1 焊接电弧 1
1.1.1 电弧的产生 1
1.1.2 焊接电弧的引燃过程 3
1.2 焊接电弧的构造及静特性 4
1.2.1 焊接电弧的构造 4
1.2.2 电弧的静特性 5
1.3 焊接电源极性及电弧的稳定性 6
1.3.1 焊接电源极性的应用 6
1.3.2 焊接电弧燃烧的稳定性 6
1.4 焊接电弧的偏吹 7
1.4.1 焊接电弧的偏吹原因 8
1.4.2 减少或防止焊接电弧偏吹的方法 9
1.5 焊接电弧的熔滴过渡 10
1.5.1 熔滴上的作用力 10
1.5.2 熔滴过渡的形式 11
思考与练习题 15

第2章 手工电弧焊工艺 16
2.1 焊接接头形式和焊缝形式 16
2.1.1 焊接接头形式 16
2.1.2 焊缝形式 20
2.2 焊缝的符号 20
2.2.1 基本符号 20
2.2.2 辅助符号 21
2.2.3 符号在图样上的位置 22
2.2.4 焊缝尺寸符号 23
2.2.5 焊缝代号应用实例 24
2.3 焊接工艺参数 24
2.3.1 焊条的选择 24
2.3.2 焊接电流的选择 25
2.3.3 电弧电压的选择 26
2.3.4 焊接速度的选择 27

  2.3.5 焊接层数的选择 …………………………………………………… 27
  2.3.6 线能量 ………………………………………………………………… 27
  2.3.7 手工电弧焊焊接工艺应用举例 …………………………………… 29
 2.4 手工电弧焊焊接缺陷分析 ……………………………………………… 32
  2.4.1 焊接缺陷的危害 …………………………………………………… 32
  2.4.2 外部缺陷 …………………………………………………………… 32
  2.4.3 内部缺陷 …………………………………………………………… 33
 思考与练习题 ………………………………………………………………… 38

第3章 焊 条 …………………………………………………………………… 39
 3.1 焊条的组成及作用 ……………………………………………………… 39
  3.1.1 焊 芯 ……………………………………………………………… 39
  3.1.2 药 皮 ……………………………………………………………… 39
 3.2 焊条的分类 ……………………………………………………………… 40
  3.2.1 按焊条用途分类 …………………………………………………… 40
  3.2.2 按焊接熔渣的碱度分类 …………………………………………… 41
  3.2.3 按焊条药皮的类型分类 …………………………………………… 41
 3.3 焊条的型号及牌号 ……………………………………………………… 42
  3.3.1 焊条的型号 ………………………………………………………… 42
  3.3.2 焊条牌号 …………………………………………………………… 43
  3.3.3 典型焊条 …………………………………………………………… 43
 3.4 焊条的选用及设计制造过程 …………………………………………… 43
  3.4.1 焊条的选用原则 …………………………………………………… 43
  3.4.2 焊条的设计 ………………………………………………………… 45
  3.4.3 焊条的制造工艺流程 ……………………………………………… 46
 3.5 焊条的损坏与保管 ……………………………………………………… 47
  3.5.1 焊条的损坏 ………………………………………………………… 47
  3.5.2 焊条的保管 ………………………………………………………… 48
 思考与练习题 ………………………………………………………………… 49

第4章 焊接应力与变形 ……………………………………………………… 50
 4.1 焊接应力和变形概述 …………………………………………………… 50
  4.1.1 焊接应力和变形的概念 …………………………………………… 50
  4.1.2 焊接应力和变形产生的过程 ……………………………………… 50
 4.2 焊接残余变形 …………………………………………………………… 53
  4.2.1 焊接残余变形的分类 ……………………………………………… 53
  4.2.2 影响焊接残余变形的因素 ………………………………………… 55
  4.2.3 控制焊接残余变形的措施 ………………………………………… 57
  4.2.4 矫正焊后残余变形的方法 ………………………………………… 58

4.3 焊接残余应力 60
  4.3.1 焊接残余应力的分类 60
  4.3.2 焊接残余应力对结构的影响 61
  4.3.3 减小焊接残余应力的措施 62
  4.3.4 消除焊接残余应力的方法 64
思考与练习题 65

第5章 埋弧自动焊

5.1 埋弧自动焊概述 66
  5.1.1 电弧焊接过程自动化的基本概念 66
  5.1.2 埋弧自动焊的实质与特点 66
5.2 等速送丝式埋弧自动焊机 67
  5.2.1 等速送丝式埋弧自动焊机的工作原理 67
  5.2.2 MZ 1-1000 型埋弧自动焊机 70
5.3 变速送丝式埋弧焊机 71
  5.3.1 变速送丝式埋弧焊机的工作原理 71
  5.3.2 MZ-1000 型埋弧自动焊机的组成 74
  5.3.3 MZ-1000 型埋弧自动焊机基本电气原理 75
5.4 埋弧焊的焊接材料 76
  5.4.1 焊 丝 76
  5.4.2 焊 剂 76
  5.4.3 焊丝与焊剂的选配 78
5.5 埋弧自动焊工艺 79
  5.5.1 焊缝形状和尺寸 79
  5.5.2 焊接工艺参数对焊缝质量的影响 79
思考与练习题 82

第6章 气体保护电弧焊

6.1 气体保护电弧焊概述 83
  6.1.1 气体保护电弧焊的原理 83
  6.1.2 保护气体的特点 84
  6.1.3 气体保护电弧焊的分类 85
6.2 二氧化碳气体保护电弧焊 85
  6.2.1 二氧化碳气体保护电弧焊概述 85
  6.2.2 二氧化碳气体保护焊的冶金特点 86
  6.2.3 二氧化碳气体保护焊的熔滴过渡 87
  6.2.4 二氧化碳气体保护焊的飞溅问题 90
  6.2.5 二氧化碳气体保护焊的焊接材料 91
  6.2.6 二氧化碳气体保护焊的设备 92

6.2.7	二氧化碳气体保护焊工艺参数	96
6.3	氩弧焊	99
6.3.1	氩弧焊概述	99
6.3.2	钨极氩弧焊	101
6.3.3	熔化极氩弧焊	110

思考与练习题 ································· 111

第7章 其他焊接及切割方法 ·············· 112

7.1	电渣焊	112
7.1.1	电渣焊的基本原理、特点与分类	112
7.1.2	电渣焊过程	115
7.1.3	电渣焊用焊接材料	116
7.1.4	电渣焊的工艺参数选择原则	116
7.1.5	电渣焊设备	117
7.1.6	电渣焊的适用范围	118
7.2	等离子弧切割与焊接	119
7.2.1	等离子弧的产生原理、特点及类型	119
7.2.2	等离子弧电源、电极及工作气体	122
7.2.3	等离子弧切割	123
7.2.4	等离子弧焊接	124
7.3	碳弧气刨及其他焊接方法简介	126
7.3.1	碳弧气刨	126
7.3.2	电阻焊	126
7.3.3	钎焊	128
7.3.4	摩擦焊	128
7.3.5	扩散焊	129
7.3.6	螺柱焊	130

思考与练习题 ································· 131

第8章 异种金属的焊接 ·············· 132

8.1	异种金属焊接的焊接性	132
8.1.1	异种金属的焊接性	132
8.1.2	异种金属焊接性的影响因素	133
8.2	异种钢的焊接	133
8.2.1	金相组织相同的异种钢焊接	134
8.2.2	金相组织不同的异种钢焊接	137
8.3	钢与铝及铝合金的焊接	137
8.3.1	焊接特点	137
8.3.2	钢与铝及铝合金的熔化焊	138

8.4 钢与铜及铜合金的焊接 ··· 138
　　8.4.1 铜—钢焊接的主要特点 ·· 138
　　8.4.2 钢与铜及铜合金的熔焊 ·· 139
8.5 钢与镍及合金的焊接 ··· 140
　　8.5.1 镍及镍合金简介 ·· 140
　　8.5.2 钢与镍及镍合金焊接特点 ··· 141
　　8.5.3 钢与镍的焊接工艺要点 ·· 142
8.6 钢与钛及合金的焊接 ··· 143
　　8.6.1 钛及钛合金特点 ·· 143
　　8.6.2 焊接方法 ··· 144
8.7 铝与铜的焊接 ··· 145
　　8.7.1 铝与铜的焊接性 ·· 145
　　8.7.2 熔　焊 ·· 146
　　8.7.3 压　焊 ·· 147
思考与练习题 ··· 149

第 9 章 焊接结构的破坏 ··· 150
9.1 焊接结构概述 ··· 150
　　9.1.1 焊接结构的特点 ·· 150
　　9.1.2 焊接结构的分类 ·· 150
9.2 焊接结构的脆性断裂 ··· 151
　　9.2.1 金属断裂的分类 ·· 151
　　9.2.2 脆性断裂的危害 ·· 152
　　9.2.3 焊接结构脆断的特征 ··· 152
　　9.2.4 焊接结构脆断的原因 ··· 153
　　9.2.5 脆性断裂的评定方法 ··· 158
　　9.2.6 防止焊接结构脆性破坏的措施 ··· 160
9.3 焊接结构的疲劳断裂 ··· 163
　　9.3.1 疲劳破坏的基本特征和类型 ·· 163
　　9.3.2 疲劳极限的表示法 ·· 165
　　9.3.3 影响焊接结构疲劳强度的因素 ··· 167
　　9.3.4 提高焊接结构疲劳强度的措施 ··· 168
思考与练习题 ··· 170

第 10 章 焊接质量检验 ··· 171
10.1 焊接质量检验的分类及检验过程 ·· 171
　　10.1.1 焊接质量检验的分类 ··· 171
　　10.1.2 焊接质量检验过程 ·· 172
10.2 非破坏性检验 ··· 173

10.2.1	外观检验	173
10.2.2	强度检验	173
10.2.3	致密性检验	174
10.2.4	无损探伤检验	174

10.3 破坏性检验 179
  10.3.1 力学性能试验 179
  10.3.2 化学分析及腐蚀试验 181
思考与练习题 182

第 11 章 焊接安全与防护 183

11.1 焊接有害因素的来源、危害及防护 183
  11.1.1 弧光辐射来源、危害及防护 183
  11.1.2 焊接烟尘和有毒气体的来源、危害及防护 185
  11.1.3 高频电磁辐射的来源、危害及防护 188
  11.1.4 热辐射的来源、危害及其防护 190
  11.1.5 射线的来源及其危害 191
  11.1.6 噪声 192

11.2 焊工作业人员劳动防护要求 192
  11.2.1 焊接作业人员要求 192
  11.2.2 焊接劳动保护要求 193
  11.2.3 焊接施工作业安全管理要求 193
思考与练习题 194

第 12 章 焊接综合练习 195

案例 12.1 管-管对接水平固定加障碍焊条电弧焊 195
  12.1.1 焊接特点 195
  12.1.2 焊前准备 195
  12.1.3 焊接工艺及操作 195
  12.1.4 检查项目及评分标准 195

案例 12.2 钨极氩弧焊板对接 V 形坡口立焊 196
  12.2.1 试件尺寸及要求 196
  12.2.2 试件装配 197
  12.2.3 焊接工艺参数 197
  12.2.4 操作要点及注意事项 197

案例 12.3 钨极氩弧焊不锈钢平板对接仰焊 198
  12.3.1 焊接特点 198
  12.3.2 试件装配 198
  12.3.3 焊接工艺参数 198
  12.3.4 操作要点 199

12.3.5 检测项目及评分标准 199
案例12.4 钨极氩弧焊管-管对接水平固定全位置焊 200
12.4.1 试件尺寸及要求 200
12.4.2 试件装配 200
12.4.3 焊接工艺参数 200
12.4.4 操作要点及注意事项 201
案例12.5 钨极氩弧焊骑坐式管—板T形接头垂直仰焊 201
12.5.1 试件尺寸及要求 201
12.5.2 试件装配 201
12.5.3 焊接工艺参数 202
12.5.4 操作要点及注意事项 202
案例12.6 CO_2气体保护焊板对接V形坡口横焊 203
12.6.1 试件尺寸及要求 203
12.6.2 试件装配 204
12.6.3 焊接工艺参数 204
12.6.4 操作要点 204
案例12.7 CO_2焊插入式管-板T形接头水平固定位置角焊 205
12.7.1 试件尺寸及要求 205
12.7.2 试件装配 205
12.7.3 焊接工艺参数 205
12.7.4 操作要点及注意事项 205
思考与练习题 206

参考文献 207

第1章 电弧焊的基础知识

1.1 焊接电弧

电弧是一种空气导电现象。它有两个特性,即发出强烈的光和大量的热。电弧是目前焊接热源中应用最为广泛的一种热源。电弧焊是以电弧作为热源的形式将电能转变为热能来熔化金属、实现焊接的一种熔焊方法,是现代焊接方法中应用最为广泛,也是最为重要的一类焊接方法。

1.1.1 电弧的产生

焊接时,将焊条与焊件接触后很快拉开,在焊条端部和焊件之间会立即产生明亮的电弧,即焊接电弧,如图1-1(a)所示。焊接电弧是由焊接电源供电,在具有一定电压的两电极间或电极与焊件间,在气体介质中产生的强烈而持久的放电现象。通常情况下,气体的分子和原子呈中性,气体中如果没有带电粒子,即使在电场作用下,也不会产生气体导电现象,电弧不能自发产生。要使电弧引燃并稳定燃烧,就必须使两电极间的气体电离产生导电粒子,这样电流才能通过气体间隙形成电弧,如图1-1(b)所示。

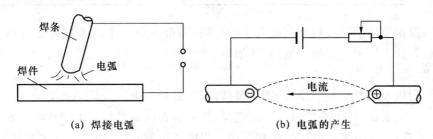

(a) 焊接电弧　　　　　　　　(b) 电弧的产生

图1-1 电弧示意图

在电弧焊中,气体电离和阴极电子发射是电弧的产生与维持需要具备的两个条件,同时也伴随着激励、解离、扩散、复合及负离子产生等过程。

1. 气体电离

气体分子或原子在常态下是由原子核及带负电荷的电子组成的稳定系统,呈中性。但当它受到一定的外来能量(如加热等)作用时,分子或原子中的电子脱离原子核的束缚而成为自由电子和正离子,气体分子被电离,产生导电现象,即所谓的气体电离。气体粒子的电离根据外加能量的种类不同可分为热电离、电场作用下的电离和光电离3类。电弧焊过程中,在电弧的高温作用下,通过气体粒子间的碰撞将能量传递给中性粒子产生的热电离,是维持电弧导电的最主要途径。由于电弧的电场强度仅为10 V/cm左右,因此,电场作用下的电离很小,而光电离在整个气体电离过程中也是次要的。

2. 极电子发射

电弧中导电的粒子除气体电离产生外,还有阴极表面的原子或分子因接受外界的能量而释放出的自由电子,这种现象称为阴极电子发射。阴极电子发射是引弧或维持电弧稳定燃烧一个很重要的因素。

使金属表面逸出一个电子所需的最低外加能量称为逸出功,单位是电子伏特。一般金属材料的逸出功的大小与其本身特性及表面状态和表面氧化物的情况有关。表面有氧化物时,逸出功较低。不同金属材料的逸出功也不同(见表1-1)。由表1-1可见,金属表面存在氧化物时逸出功减小。

表1-1 常见导体材料逸出功

材 料	符 号	逸出功/V	材 料	符 号	逸出功/V	材 料	符 号	逸出功/V
锂	Li	2.10～2.90	铁	Fe	3.50～4.00	氧化钙涂层	CaO	1.77
碳	C	2.50～4.70	镍	Ni	2.90～3.50	氧化锶涂层	SrO	1.27
镁	Mg	3.10～3.70	铜	Cu	1.10～1.70	氧化钡涂层	BaO	0.99
铝	Al	3.80～4.30	锆	Zr	3.90～4.20	钨加铯	W-Cs	1.36
钾	K	1.76～2.50	钼	Mo	4.00～4.80	钨加钡	W-Ba	1.56
钙	Ca	2.24～3.20	铯	Cs	1.00～1.60	钨加氧化钡	W-O-Ba	1.34
钛	Ti	3.80～4.50	钡	Ba	4.10～4.40	钨加锆	W-Zr	3.14
锰	Mn	3.80～4.40	钨	W	4.30～5.3	钨加钍	W-Th	2.63

焊接时,根据使用阴极材料和电流大小的不同,阴极发射电子的类型可分为热发射、场致发射、光发射和撞击发射等4种类型,具体如下。

(1) 热发射

焊接时,阴极表面受到热的作用,温度很高,其内部的自由电子运动速度加快,达到一定程度时,便飞出金属表面,产生热发射。温度越高,热发射作用越强烈。电子从阴极发射时,将从阴极表面带走热量,对金属表面产生冷却作用。当电子被阳极接受时,将恢复金属内部的自由电子,并向其放出逸出功,使表面加热。

(2) 场致发射

在电场的作用下,金属表面的电子获得足够的动能,超过金属的逸出功,而从表面飞出来,形成场致发射。电极间的电压越高,金属的逸出功越小,则电场发射作用越大。由于电场提供了电场能,相当于降低了电极的逸出功,因此,场致发射时,电子从电极表面带走的热能比热发射带走的要少。电弧焊采用冷阴极时,热发射能力不足,此时向电弧提供电子的主要方式是场致发射。

(3) 光发射

当金属表面受到光辐射作用时,金属内的自由电子能量达到一定程度而逸出金属表面的现象称为光发射。光发射在阴极电子发射中处于次要地位。

(4) 撞击发射

高速运动的粒子碰撞金属表面时,将能量传给金属表面的电子,使其能量增加飞出金属表面,产生电子的碰撞发射。

在焊接过程中,上述几种情形在不同焊接条件下有所不同。例如在引弧过程中,热发射和场致发射起主要作用。使用高沸点的材料钨或碳作为阴极时,阳极区的带电粒子主要为热发射电子;若铜或铝为阳极,撞击发射和场致发射就为主要作用;而钢作为阴极时,则热发射、撞击发射和场致发射都在起作用。

1.1.2 焊接电弧的引燃过程

焊接电弧的引燃有两种方法,即接触引弧法和非接触引弧法(高频、高压引弧法)。

1. 非接触电弧引燃法

非接触引弧法也称为高频高压引弧法。一般借助于高频或高压脉冲引弧装置,使阴极表面产生强场发射,其发射出来的电子流再与气体介质撞击,使其离解导电。如:将两电极靠近到只有1~2 mm的间距,这时如果在两电极间加有很高的电压(约1 000 V以上),那么在强电场作用下就会产生阴极电子发射和碰撞电离,从而产生焊接电弧。这种方法电压高,危险性很大,很少采用。

2. 接触引弧

手工电弧焊是采用接触引弧的。引弧时,焊条与工件瞬时接触造成短路。由于接触面凹凸不平,只是在某些点上接触,因此使接触点上的电流密度相当大;此外,因为金属表面有氧化皮等污物,电阻也非常大,所以在接触处产生相当大的电阻热,使这里的金属迅速加热熔化,并开始蒸发。当焊条轻轻提起时,焊条端头与工件之间的空间内充满了金属蒸气和空气,其中某些原子可能已被电离。与此同时,焊条刚拉开的一瞬间,由于接触处的温度较高,距离较近,阴极将发射电子。电子以高速度向阳极方向运动,与电弧空间的气体介质发生撞击。碰撞的结果使气体介质进一步电离,同时使电弧温度进一步升高,则电弧开始引燃。只要这时能维持一定的电压,放电过程就能连续进行,使电弧连续燃烧。接触引弧过程如图1-2所示。

电弧焊时,为使引弧容易和稳定燃烧,常在焊条药皮(或焊剂、焊丝药芯)中加入稳弧剂,主要成分为碳酸钾(K_2CO_3)、碳酸钠(Na_2CO_3)、钛白粉(TiO_2)、长石($CaCO_3$)和水玻璃等。稳弧剂中由于含有较多这些易电离或电离势低的物质,使得电弧在引燃后,电弧空间中易产生更多的带电粒子,保证电弧稳定燃烧。

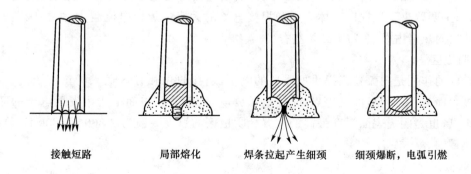

接触短路　　局部熔化　　焊条拉起产生细颈　　细颈爆断,电弧引燃

图1-2　接触法引弧过程

1.2 焊接电弧的构造及静特性

1.2.1 焊接电弧的构造

以直流电弧为例,直流电弧可近似看成为一个圆柱形的气体导体,沿它的长度方向可分为3个区域(见图1-3):阴极区、阳极区和弧柱区。其中,弧柱区长度较大且电压降 U_C 较小($10\sim30$ V),说明阻抗较小,电场强度较低;两个极区沿长度方向尺寸较小(阴极区 $10^{-5}\sim10^{-6}$ cm,阳极区 $10^{-5}\sim10^{-6}$ cm),而电压降相对较大(阳极压降 U_A 为 $2\sim3$ V,阴极压降 U_K 为 $10\sim20$ V),可见其阻抗较大,电场强度较高。电弧的这种特性是由各区不同特性所决定的。

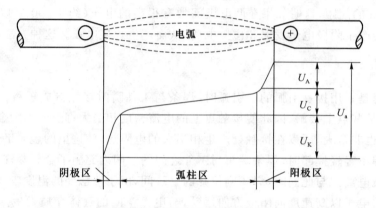

图1-3 电弧结构及压降分布

1. 弧柱区

弧柱温度因气体种类和电流大小不同,一般在 $5\,000\sim50\,000$ K 范围内,因此,弧柱气体将产生以热电离为主的导电现象。有热电离产生的带电粒子(电子和离子)在外加电场的作用下对阳极区和阴极区产生的粒子流予以补充,从而保证弧柱带电粒子的动态平衡。从整体看,弧柱呈电中性,因此电子流和离子流通过弧柱时不受空间电荷电场的排斥作用,从而决定电弧放电具有大电流、低电压的特点(电压降可为几伏,电流可达上千安培)。弧柱区的温度与电极材料无关,主要取决于弧柱区气体介质和焊接电流的大小。焊接电流越大,弧柱区温度越高。弧柱区放出的热量占总热量的21%左右。

2. 阴极区

阴极区的作用是向弧柱区提供所需要的电子流,接收由弧柱区送来的正离子流。在阴极区的阴极表面有一个明显的光斑点,它是电弧放电时,负电极表面上集中发射电子的区域,称为阴极斑点,也是阴极表面温度最高的位置。阴极区的温度一般为 $2\,800\sim3\,800$ K,放出的热量占总热量的36%左右。

3. 阳极区

阳极区的作用是接收由弧柱流过来的电子流和向弧柱提供所需要的正离子流。阳极区接受电子的过程较为简单,每个电子到达阳极时便向阳极释放相当于逸出功 W_W 的能量。但由于阳极不能直接发射正离子,因此正离子只能由阳极区供给。在阳极区的阳极表面也有光亮的斑点,它是电弧放电时,正电极表面集中接收电子的区域,称为阳极斑点。阴极发射电子时需消耗一定的能量,而阳极不发射电子,至于阴极和阳极的温度哪个更高些,这不仅与该极区放出的热量有关,还受到材料的熔点、沸点和导热性能等物理特性以及电极的几何尺寸大小和周围散热条件等因素的影响(见表1-2)。在相同的产热条件下,如果材料的沸点低,导热性好,电极的几何尺寸大,则该极区的温度低。反之,则该区的温度高。阳极区的温度一般为3 100~4 700 K,放出的热量占总热量的43%左右。

表1-2 不同电极材料电弧温度分布　　　　　　K

电极材料	气体介质	电极材料沸点	阴极温度	阳极温度
碳	空气	4 830	3 500	4 200
铁		3 000	2 400	2 600
铜		2 595	2 200	2 450
镍		2 730	2 370	2 450
钨		5 930	3 640	4 250

1.2.2 电弧的静特性

焊接电弧燃烧时,电弧两端的电压降与通过电弧的电流并不是成固定比例的,而是随焊接电流的变化而变化。在电极材料、气体介质和弧长一定的情况下,电弧稳定燃烧时,电弧电压和电弧电流之间的关系称为焊接电弧的静态伏安特性,简称伏安特性或静特性。

1. 弧静特性曲线

焊接电弧是非线性电阻,当电弧电流从小到大在很大范围内变化时,焊接电弧的静特性近似呈 U 曲线,所以焊接电弧静特性也称 U 型特性(见图1-4)。U 型特性曲线可看成由3段组成:在 ab 段,U_f 随 I_f 的增加而下降,是下降特性段;在 bc 段,U_f 不随 I_f 变化,是平特性段;在 cd 段,U_f 随 I_f 的增加而上升,是上升特性段。

2. 不同焊接方法的电弧静特性

采用不同的焊接方法时,电弧工作在静特性曲线的不同区段。常见焊接方法的工作区段如下。

① 手工电弧焊:焊接时,焊接电流一般不超过 500 A,电弧静特性曲线表现在下降特性段和水平特性段。

② 钨极惰性气体保护焊:一般在小电流焊接时,其静特性为下降特性段;大电流焊接时,表现为平特性段。

③ 埋弧自动焊:正常焊接时为平特性段,大电流焊接时为上升特性段。

④ 熔化极气体保护焊:因焊接电流大,其静特性为上升特性段。

3. 弧静特性的影响因素

(1) 电弧长度的影响

因电弧电压与电弧长度成正比,所以,随弧长增加,电弧静特性曲线平行上移,如图1-5所示(其中,L 为电弧长度,$L_1>L_2>L_3$)。

(2) 介质种类影响

不同的气体介质,由于具有不同的电离能和不同的物理性能,因此对弧柱电场强度的影响也不同,从而对电弧电压产生显著影响,进而改变电弧静特性曲线的位置。如:Ar+50%H_2的混合气体电弧电压比纯 Ar 气的电弧电压高得多。

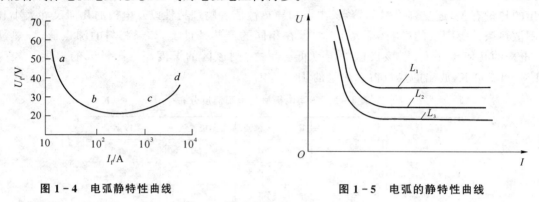

图 1-4 电弧静特性曲线　　　　　　图 1-5 电弧的静特性曲线

(3) 周围气体介质压力的影响

其他参数不变,气体介质压力的变化将引起电弧电压的变化,即引起电弧静特性的变化。气体压力越大,冷却作用就越强,弧压就越升高。

1.3　焊接电源极性及电弧的稳定性

1.3.1　焊接电源极性的应用

直流电源都包括正极和负极。在焊接过程中,当焊件与直流电源的正极相接,而焊钳(焊条、焊丝)与直流电源的负极相接时,称为正极性或正接法。反之,为反极性或反接法,如图 1-6(a)、(b)所示。

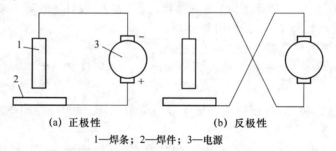

(a) 正极性　　　　　　(b) 反极性

1—焊条;2—焊件;3—电源

图 1-6　焊接电源的极性

焊接电源及极性的选择主要根据焊接材料的性质、焊件材料及所需的热量。手工电弧焊使用酸性焊条焊接时,采用直流正接法焊接厚板,可以获得较大熔深,保证焊透;而采用直流反接法焊接薄板,可以防止烧穿;在使用碱性低氢型焊条时,通常采用直流反接法。直流反接法还可以减少氢气孔的产生。

1.3.2　焊接电弧燃烧的稳定性

焊接生产过程中,接头质量不仅受焊接方法、焊接材料等因素的影响,同时也受电弧稳定性的影响。电弧焊过程中,当电弧电压和电弧电流为某一定值时,电弧放电可在长时间内连续运行且稳定燃烧的性能称为电弧的稳定性。

1. 影响电弧稳定性的因素

(1) 焊工操作技术

如焊接操作中电弧长度控制不当,将会产生断弧。

(2) 弧焊电源

焊接电源的种类、特性及空载电压等都会影响电弧的稳定性。弧焊电源必须提供一种能与电弧静特性相匹配的外特性才能保证电弧的稳定燃烧;在其他条件相同的情况下,直流电弧比交流电弧稳定性要好;弧焊电源的空载电压越高,引弧越容易,电弧燃烧的稳定性越好,但空载电压过高,对焊工人身安全不利。

(3) 焊接电流

焊接电流越大,电弧的温度越高,弧柱区气体电离程度和热发射作用越强,则电弧燃烧越稳定。

(4) 外界因素(如工件坡口表面状况、气流等)

当工件坡口表面及附近区域存在油脂、铁锈、水分及其他污物时,会造成引弧困难及电弧燃烧不稳定,在露天或通风口处进行焊接操作时,若有较大的气流,则同样会使电弧稳定性下降。

(5) 焊条药皮

焊条药皮中含有少量低电离电位物质(如钾、钠、钙的氧化物),即可有效提高电弧稳定性。但如果焊条药皮偏心或焊条保存不好,则会造成药皮局部脱落,使得焊接过程中电弧吹力在电弧周围分布不均,电弧稳定性下降。

(6) 电弧长度

电弧长度过短,容易造成短路;电弧长度过长,电弧就会发生剧烈摆动,从而破坏焊接电弧的稳定性。

(7) 磁偏吹

电弧在其自身的磁场作用下具有一定的刚直性,使电弧尽量保持在焊丝(条)的轴线方向上。但在实际焊接中,由于多种因素的影响,电弧周围磁力线均匀分布的状况被破坏,使电弧偏离焊丝(条)轴线方向,这种现象称为磁偏吹。一旦产生磁偏吹。电弧轴线就难以对准焊缝中心,破坏焊接电弧的稳定性。

2. 提高电弧稳定性的措施

① 根据不同的焊接方法,选择合适的弧焊电源,使电源外特性曲线与电弧静特性曲线相匹配。

② 焊前认真清理待焊工件,选择合适的操作场所,降低外界对电弧稳定性的影响。

③ 为减弱磁偏吹的影响,优先选用交流电源;如采用直流电源,则需在焊件两端同时接地线,并尽量在周围没有铁磁物质的地方焊接;在焊接过程中对电弧进行屏蔽,也可以在一定程度上克服磁偏吹现象。

1.4 焊接电弧的偏吹

在正常情况下,电弧具有一定的刚直性,即其中心轴线总是和焊条电极轴线一致,随焊条轴线的变化而改变,人们常利用电弧的这一特性来控制焊缝的成形,如:当焊条与工件倾斜时,电弧仍能保持焊条轴线方向,而不是始终垂直于工件表面。但有时在焊接过程中,由于气流的干扰、磁场的作用或焊条偏心的影响而使电弧中心偏离电极轴线的现象称为电弧偏吹。

1.4.1 焊接电弧的偏吹原因

1. 气流的影响

如在露天大风中焊接时因风力影响造成偏吹;在对接接头处间隙较大,焊接时造成热对流而引起偏吹。可以通过采用适当的挡风措施来消除气流的影响。

2. 焊条偏心度的影响

在焊条制造中由于药皮厚薄不均,焊接时薄边先熔化,迫使电弧向薄的一侧偏吹。可以在焊接时调整焊条倾斜角度以降低焊条偏心度的影响。

3. 磁场的影响

焊接电弧是一个有电流通过的导体,自身产生的磁场(见图1-7)会对电弧产生作用力。由于自身磁场对电弧的轴线是对称的,因此,所产生的作用力能够均匀压缩焊接电弧,使电弧横截面减小从而增加电弧的挺度,促进熔滴过渡。同时流经焊件的电流也产生磁场,对电弧也有作用。当由于某种原因使磁力线分布的均匀性受到破坏,使电弧受力不均匀时,就会使电弧偏向一侧,如图1-8所示。这种自身磁场的不对称使电弧偏离焊条轴线的现象称为磁偏吹。空间磁力线密集的地方对电弧产生推力,将其推向磁力线稀疏的地方。造成磁偏吹的原因主要有以下几个。

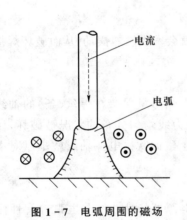

图1-7 电弧周围的磁场   图1-8 电弧的磁偏吹现象

(1)铁磁物质的影响

当电弧的周围有铁磁物质(钢板、铁板)时,因磁场分布不均匀会造成磁偏吹,如图1-9所示。

(2)接地线位置不正确

如接地线位置不正确,也会造成磁场分布不均,引起偏吹,如图1-10所示。

(3)焊条与焊件相对位置不对称

在焊缝起头处,焊条与工件相对位置不对称,造成电弧的周围磁场分布不均匀,再加上热对流的影响,造成电弧偏吹,如图1-11所示。

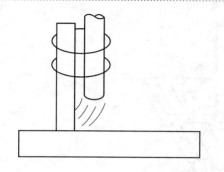
图1-9 铁磁物质对磁偏吹的影响

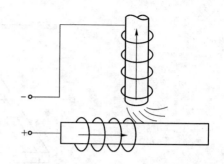
图1-10 接地线位置不正确对磁偏吹的影响

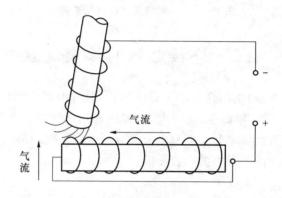
图1-11 电弧边缘施焊引起的磁偏吹

在焊接时,磁场是由焊接电流产生的,因此,焊接电流越大,磁场就越强,磁偏吹现象也就越严重。需要说明的是,只有在使用直流弧焊电源时,才发生磁偏吹现象,而在使用交流弧焊电源时,一般看不到明显的磁偏吹现象。

1.4.2 减少或防止焊接电弧偏吹的方法

电弧偏吹会使焊接电弧不稳定,造成飞溅,还会产生气孔、未焊透及焊偏等缺陷,影响焊缝成形和焊接质量,所以要采取必要的措施加以克服。克服电弧偏吹的措施主要有以下几种:

① 直流电源最容易由于自身磁场不均而引起磁偏吹现象,所以在条件许可的情况下尽量使用交流焊接电源。

② 在气流比较大时,要采用挡板遮挡;焊接管子时要将管口堵住,以防止气流对电弧的影响。

③ 在焊接间隙较大的对接焊缝时,可在焊缝下面加垫板,以防止热对流造成电弧偏吹。

④ 必要时采用引弧板和引出板,使磁力线分布均匀,同时还可以减少热对流的影响。

⑤ 采用短弧焊接,电弧越短磁偏吹越小。

⑥ 尽量用厚皮焊条代替薄皮焊条,操作中合理调整焊条角度。

⑦ 适当改变接地线的位置,使磁力线分布均匀。对于较长和较大的工件可采用两边连接地线的方法,如图1-12所示。

⑧ 采用小电流焊接,减少磁偏吹的影响。焊接中注意避免周围铁磁物质的影响。

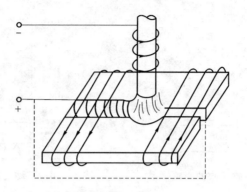

图 1-12 两侧连接地线降低磁偏吹

1.5 焊接电弧的熔滴过渡

电弧焊时,焊丝(或焊条)端部受热熔化形成熔滴,通过电弧空间向熔池转移的过程,称熔滴过渡。熔滴过渡对熔焊过程稳定、飞溅大小、焊缝成形优劣以及产生焊接缺陷等有很大影响,掌握其规律,对提高焊接质量和生产率十分重要。熔滴过渡的形式以及过渡过程的稳定性取决于作用在焊丝末端上的各种力的综合影响。

1.5.1 熔滴上的作用力

电弧焊时,焊丝端头熔化的金属熔滴通常受到自身重力和表面张力、电磁收缩力、电弧气体吹力、斑点压力等几种力的作用。

1. 重 力

重力对熔滴过渡的影响因焊接位置的不同而不同。在平焊时,重力是促进熔滴过渡的力,当它大于表面张力时,熔滴就脱离焊丝而落入熔池;当立焊和仰焊时,重力则使过渡的金属熔滴偏离电弧的轴线方向而阻碍熔滴的过渡。

2. 表面张力

表面张力是指焊丝端头上保持熔滴的作用力。

在平焊位置时,熔滴的表面张力总是阻碍熔滴从焊丝端头脱离,不利于金属熔滴过渡。因此,只要能使表面张力减小的措施都将有利于平焊时的熔滴过渡,使用小直径及表面张力系数小的焊丝就能达到这个目的。但是,当熔滴与熔池金属接触,并形成金属过桥时,由于熔池界面扩大,因此这时的表面张力能把液体金属拉进熔池中而有利于熔滴过渡。除平焊之外的其他位置焊接时,表面张力对熔滴过渡有利。

液体的表面张力与其表面张力系数成正比,表面张力系数与液体金属的成分、气体介质和温度有关。若熔滴上有少量表面活性物质(如 O_2、S 等)或增加熔滴温度,就可降低其表面张力,改善熔滴过渡特性。如 MIG 焊焊接不锈钢时,在 Ar 气中加入少量的氧,以减少熔滴表面张力,即可改善其熔滴过渡。

3. 电磁收缩力

沿焊条的径向,焊条和熔滴上受到从四周向中心的电磁力,称为电磁收缩力,其大小与焊接电流大小成正比。当焊接电流较小时,电磁收缩力小,熔滴尺寸大,过渡时飞溅严重,并常使电弧短路,电弧燃烧不稳。反之,当焊接电流较大时,电弧收缩力大,熔滴较小,并且在过渡时方向性强,在各种焊接位置下均沿电弧轴线方向向熔池过渡。

4. 电弧气体吹力

这种力出现在焊条电弧焊中。焊条电弧焊时,焊条药皮的熔化滞后于焊芯的熔化,这样在焊条的端头形成套筒,此时药皮中造气剂产生的气体及焊芯中碳元素氧化的CO气体在高温作用下在套筒中急剧膨胀,沿套筒方向形成挺直而稳定的气流,气流从套筒中喷出作用于熔滴。不论是何种位置的焊接,电弧气体吹力总是促进熔滴过渡。

5. 斑点压力

电极上形成斑点时,由于斑点是导电的主要通道,因此此处也是产热集中的地方。同时,该处将承受电子(反接)或正离子(正接)的撞击力。又因该处电流密度很高,所以将使金属强烈地蒸发,金属蒸发时对金属表面产生很大的反作用力,对电极造成压力。如果同时考虑电磁力的作用,则斑点压力对熔滴过渡的影响十分复杂,当斑点面积很小时,斑点压力常常是阻碍熔滴过渡的力;而当斑点面积很大,笼罩整个熔滴时,斑点压力常常促进熔滴过渡。通常阳极受到的斑点压力比阴极受到的斑点压力要小,这也是许多熔化极电弧焊采用直流反接的主要原因之一。

1.5.2 熔滴过渡的形式

焊丝端部熔滴的形成和过渡过程中受到诸多作用力的影响,而这些力的大小及其作用方向随着焊接位置、电弧形态、熔滴的形状和大小以及焊接工艺参数等的不同而变化着,于是产生了下述各种不同的熔滴过渡形式。熔滴过渡形式不同,对电弧的稳定性及焊接质量的影响也不同。

熔化极电弧焊的熔滴过渡大体上可归纳成自由过渡、接触过渡和渣壁过渡3种类型。表1-3是熔滴过渡的分类及其形态特征。

1. 自由过渡

自由过渡是指熔滴从焊丝端部脱落后,经电弧空间自由地飞行而落入熔池,焊丝端头和熔池之间不发生直接接触的过渡方式。按过渡形态不同分成滴状过渡、喷射过渡和爆炸过渡。

(1) 滴状过渡

相对于短路过渡,滴状过渡时电弧电压较高。根据焊接参数及焊接材料的差别又分为粗滴过渡和细滴过渡。

当电流较小而电弧电压较高时,由于弧长较长,熔滴不与熔池短路接触,且电弧力作用小,随着焊丝熔化,熔滴逐渐长大,当熔滴的重力能克服其表面张力的作用时,就以较大的颗粒脱离焊丝,落入熔池实现滴落过渡。如果有斑点压力作用且大于熔滴的重力(如在N_2和H_2等多原子气氛中),熔滴在脱离焊丝之前就偏离了焊丝轴线,甚至上翘,脱离之后不能沿焊丝轴向过渡,则成为排斥过渡。这两种过渡的熔滴都较大,一般大于焊丝直径,属粗滴过渡。粗滴过渡的熔滴大,形成时间长,影响电弧稳定性,焊缝成形粗糙,飞溅较多,生产中很少采用。

当电流较大时,电磁收缩力较大,熔滴的表面张力减小,熔滴细化,其直径一般等于或略小于焊丝直径,熔滴向熔池过渡频率增加,飞溅少,电弧稳定,焊缝成形较好,这种过渡形式称细滴过渡,在生产中被广泛应用。

表 1-3 熔滴过渡分类及其形态特征

类　型			形　态	焊接条件
自由过渡	滴状过渡	大滴过渡	滴落过渡	高电压、小电流 MIG 焊
			排斥过渡	高电压、小电流 CO_2 焊及正接、大电流 CO_2 焊
		细颗粒过渡		较大电流的 CO_2 焊
	喷射过渡	射滴过渡		铝 MIG 焊及脉冲焊
		射流过渡		钢 MIG 焊

续表 1-3

类 型		形 态	焊接条件
自由过渡	喷射过渡 - 旋转射流	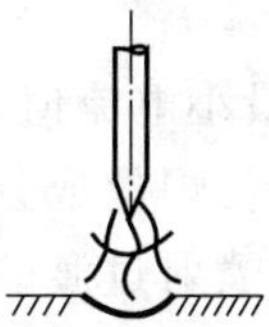	特大电流 MIG 焊
	爆炸过渡		焊丝含挥发成分的 CO_2 焊
接触过渡	短路过渡		CO_2 焊
	搭桥过渡		非熔化极填丝焊
渣壁过渡	沿渣壳过渡		埋弧焊
	沿套筒过渡	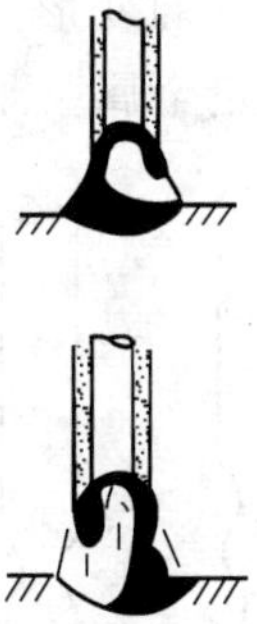	焊条电弧焊

(2) 喷射过渡

随着焊接电流的增加,熔滴尺寸变得更小,过渡频率也急剧提高,在电弧力的强制作用下,熔滴脱离焊丝沿焊丝轴向飞速地射向熔池,这种过渡形式称喷射过渡。根据熔滴大小和过渡形态又分射滴过渡和射流过渡。前者的熔滴直径和焊丝直径相近,过渡时有明显熔滴分离,后者在过渡时焊丝末端呈"铅笔尖状",以小于焊丝直径的细小熔滴快速而连续地射向熔池。这种过渡的速度很快,脱离焊丝端部的熔滴加速度可以达到重力加速度的几十倍。

喷射过渡焊接过程稳定,飞溅小,过渡频率快,焊缝成形美观,对焊件的穿透力强,可得到焊缝中心部位熔深明显增大的指状焊缝。平焊位置、板厚大于3 mm的工件多采用这种过渡形式,但不宜焊接薄板。

熔滴从滴状过渡转变成喷射过渡的最小电流值称临界电流,大于这个电流,熔滴体积急剧减小而熔滴过渡频率急剧上升,临界电流与焊丝成分、直径、伸出长度和保护气体成分等因素有关。当焊接电流比临界电流高很多时,喷射过渡的细滴在高速喷出的同时对焊丝端部产生反作用力,一旦反作用力偏离焊丝轴线,则使金属液柱端头产生偏斜,继续作用的反作用力将使金属液柱旋转,产生所谓的旋转喷射过渡。

(3) 爆炸过渡

爆炸过渡是指熔滴在形成、长大或过渡过程中,由于激烈的冶金反应,在熔滴内部产生CO气体,使熔滴急剧膨胀爆裂而形成的一种金属过渡形式。在CO_2气体保护焊和焊条电弧焊中有时会出现这种熔滴过渡,爆炸时引起飞溅,恶化工艺。

2. 接触过渡

熔滴在未脱离焊丝之前就与熔池接触形成金属过桥,在其表面张力及其他力共同作用下向熔池过渡的过程称接触过渡,接触过渡又可细分为短路过渡和搭桥过渡两种形式。

(1) 短路过渡

电弧引燃后,随着电弧的燃烧,焊丝(或焊条)端部熔化形成熔滴并逐步长大,在小电流低电压焊接时,弧长较短,熔滴在脱离焊丝前就与熔池接触形成液态金属短路,使电弧熄灭,当液桥金属在电磁收缩力、表面张力作用下,脱离焊丝过渡到熔池中去时,电弧复燃,又开始下一周期过程,如图1-13所示,这种过渡形式称短路过渡。在熔化极电弧焊中,使用碱性焊条的焊条电弧焊及细丝气体保护电弧焊,熔滴过渡形成主要为短路过渡。

短路过渡有利于薄板或全位置焊接,这是因为使用的焊接电流平均值较小,而短路时的峰值电流又为平均电流的几倍,这样既可以避免焊件焊穿又能保证熔滴顺利过渡,况且短路过渡一般采用细焊丝,焊接电流密度大,焊接速度快,对焊件的热输入量低;此外,焊接时,电弧短,热量集中,因而可减小接头热影响区和焊件的变形。但是,当焊接工艺参数选择不当,或焊接电源动特性不佳时,短路过渡将伴随着大量金属飞溅而使过渡过程变得不稳定。

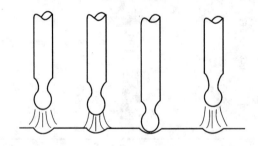

图1-13 熔滴短路过渡过程

(2) 搭桥过渡

在非熔化极电弧焊或气焊中,填充焊丝的熔滴过渡与上述短路过渡过程相似,同属接触过渡,只是填充焊丝不通电,焊丝在电弧热作用下熔化,形成熔滴与熔池接触,在电弧力、表面张力及重力的作用下,熔滴进入熔池,称为搭桥过渡或桥接过渡。

3. 渣壁过渡

渣壁过渡是埋弧焊和焊条电弧焊时熔滴过渡的形式之一。

焊条电弧焊时电焊条的熔滴过渡形式,由焊芯和药皮的类型、成分及药皮厚度决定,除了粗滴过渡、喷射过渡、爆炸过渡等类型外,也有渣壁过渡。焊条熔滴渣壁过渡的特点是熔滴总是沿着焊条套筒内壁的某一侧滑出套筒,并在脱离套筒边缘之前,就已脱离焊芯端部而和熔池接触(不构成短路),然后向熔池过渡,如图 1-14 所示,故又称沿套筒过渡。

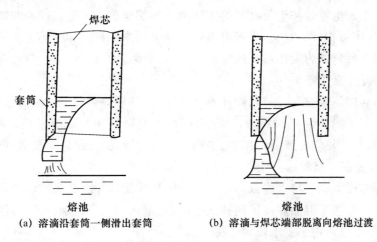

(a) 溶滴沿套筒一侧滑出套筒　　(b) 溶滴与焊芯端部脱离向熔池过渡

图 1-14　焊条熔滴沿渣壁过渡示意图

思考与练习题

1. 试述接触引弧的过程。
2. 焊接电弧由哪几部分组成?各部分的作用是什么?
3. 什么是焊接电弧的静特性?各种焊接方法的电弧静特性有何不同?
4. 什么是正接、反接?如何选用?
5. 影响电弧稳定燃烧的因素有哪些?
6. 什么是电弧的偏吹?偏吹的原因是什么?
7. 什么是熔滴和熔滴过渡?什么是熔滴的短路过渡?

第 2 章 手工电弧焊工艺

手工电弧焊又称手弧焊,是熔化焊中最基本的一种焊接方法,是用手工操纵焊条进行焊接的电弧焊方法。手工电弧焊按电极材料的不同可分为熔化极手工电弧焊和非熔化极手工电弧焊(如手工钨极气体保护焊)两种。手工电弧焊目前仍然是焊接工作中的主要方法之一。

手工电弧焊之所以成为应用广泛的焊接方法,是因为具有以下一些特点。

1. 工艺灵活、适应性强

对于不同的焊接位置、接头形式、焊件厚度及焊缝,只要焊条所能达到的任何位置,均能进行方便的焊接。如果使用带弯的焊条,甚至也可以对复杂结构的难焊部位的接头进行焊接。对一些不规则的焊缝、短焊缝或仰焊位置、狭窄位置的焊缝,更显得机动灵活,操作方便。

2. 接头的质量易于控制

手工电弧焊的焊条能够与大多数焊件金属性能相匹配,因此,接头的性能可以达到被焊金属的性能。手工电弧焊不但能焊接碳钢和低合金钢、不锈钢及耐热钢,对于铸铁、高强度的钢、铜合金、镍合金等也可以用手工电弧焊焊接。

3. 易于分散焊接应力和控制焊接变形

由于焊接是局部的不均匀加热,因此焊件在焊接过程中都存在着焊接应力和变形。对结构复杂而焊缝又比较集中的焊件、长焊缝和大厚度焊件其应力和变形问题更为突出。采用手工电弧焊,可以通过改变焊接工艺,如采用跳焊、分段退焊、对称焊等方法,来减少变形和改善焊接应力的分布。

4. 设备简单、成本较低

手工电弧焊使用的交流焊机和直流焊机,其结构都比较简单,维护保养也较方便,设备轻便而且易于移动,利用电焊软线可以延伸至较远的距离,对现场施工焊接和设备的维修均较方便,且费用比其他电弧焊低。

手工电弧焊的不足之处是,由于焊条的长度是一定的,因此当每根焊条焊完之后必须停止焊接,调换新的焊条,而且每焊完一焊道后要求除渣,焊接过程不能连续地进行,所以生产率低。由于采用手工操作,因此劳动强度大。并且焊缝质量与操作技术水平密切相关。

2.1 焊接接头形式和焊缝形式

2.1.1 焊接接头形式

用焊接方法连接的接头称为焊接接头(简称接头)。焊接接头包括焊缝、熔合区和热影响区。

在手工电弧焊中,由于焊件的结构形状、厚度及使用条件不同,其接头形式及坡口形式也不相同。一般接头形式有对接接头、T 形接头、角接接头、搭接接头 4 种。

1. 对接接头

两焊件端面相对平行的接头称为对接接头。对接接头在焊接结构中是采用最多的一种接头形式。

根据焊件的厚度、焊接方法和坡口准备的不同,对接接头可分为以下两种。

(1) 不开坡口的对接接头

当钢板厚度在 6 mm 以下时,一般不开坡口,为了使电弧深入金属进行加热,保证焊透,接头之间需留 1～2 mm 的接缝间隙,如图 2-1 所示。

(2) 开坡口的对接接头

板厚大于 6 mm 的钢板,为了保证焊透,焊前必须开坡口。开坡口就是用机械、火焰或电弧等加工坡口的过程。将接头开成一定角度叫坡口角度,其目的是为了保证电弧能深入接头根部,使接头根部焊透,以及便于清除熔渣获得较好的焊缝成形,而且坡口能起到调节焊缝金属中的母材和填充金属比例

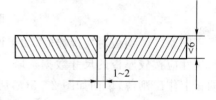

图 2-1 不开坡口的对接接头

的作用。钝边(焊件开坡口时,沿焊件厚度方向未开坡口的端面部分)是为了防止烧穿,但钝边的尺寸要保证第一层焊缝能焊透。根部间隙(焊前,在接头根部之间预留的空隙)也是为了保证接头根部能焊透。

坡口形式分为以下几种。

① V 形坡口　钢板厚度为 7～40 mm 时,采用 V 形坡口。V 形坡口有:V 形坡口、钝边 V 形坡口、单边 V 形坡口、钝边单边 V 形坡口 4 种,如图 2-2 所示。V 形坡口的特点是加工容易,但焊后焊件易产生角变形。

② X 形坡口　钢板厚度为 12～60 mm 时用 X 形坡口,也称双面 V 形坡口,如图 2-3 所示。X 形坡口与 V 形坡口相比较,在相同厚度下,能减少焊着金属量约 1/2,焊件焊后变形和产生的内应力也小些,所以它主要用于大厚度以及要求变形较小的焊接结构中。

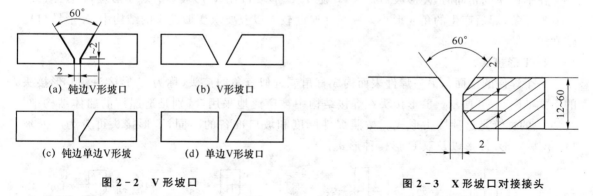

图 2-2　V 形坡口　　　　　　　　　图 2-3　X 形坡口对接接头

③ U 形坡口　U 形坡口有:U 形坡口、单边 U 形坡口、双面 U 形坡口,如图 2-4 所示。当钢板厚度为 20～60 mm 时采用 U 形坡口[见图 2-4(a)],当钢板厚度为 40～60 mm 时采用双面 U 形坡口[见图 2-4(c)]。

U 形坡口的特点是焊着金属量最少,焊件产生的变形也小,焊缝金属中母材金属占的比例也小。但这种坡口加工较困难,一般应用于较重要的焊接结构。

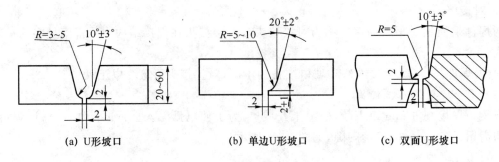

(a) U形坡口　　　　(b) 单边U形坡口　　　　(c) 双面U形坡口

图 2-4　U形坡口

不同厚度的钢板对接焊接时,如果厚度差($\delta-\delta_1$)不超过表 2-1 的规定,则接头的基本形式与尺寸应按较厚板的尺寸数据选取。如果对接钢板的厚度差超过表 2-1 的规定,则应在较厚的板上作出削薄,单面如图 2-5(a)所示,双面如图 2-5(b)所示,其削薄长 $l \geqslant 3(\delta-\delta_1)$。

表 2-1　不同厚度钢板对接的厚度差范围表

mm

较薄板的厚度 δ_1	≥2~5	>5~9	>9~12	>12
允许厚度差 ($\delta-\delta_1$)	1	2	3	4

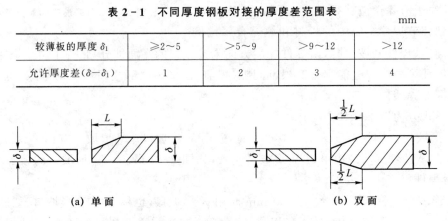

(a) 单面　　　　　　　　　(b) 双面

图 2-5　不同厚度钢板的对接

在钢板厚度相同时,X形坡口比V型坡口、U形坡口比V形坡口、双U形坡口比X形坡口节省焊条,焊后产生的角变形小。一般在厚度较大以及要求变形较小的结构中,X形坡口比较常用。

2. T形接头

一个焊件的端面与另一焊件表面构成直角或近似直角的接头,称为T形接头。T形接头的形式如图 2-6 所示。T形接头在焊接结构中被广泛地采用,特别是造船厂的船体结构中,约 70% 的焊缝是这种接头形式。按照焊件厚度和坡口准备的不同,T形接头可分为不开坡口、单边V形、K形以及双U形 4 种形式。

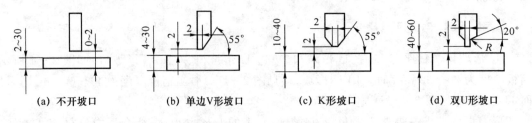

(a) 不开坡口　　　(b) 单边V形坡口　　　(c) K形坡口　　　(d) 双U形坡口

图 2-6　T形接头

T形接头作为一般联系焊缝,钢板厚度在 2～30 mm 时,可不开坡口,它不需要较精确的坡口准备。若 T形接头的焊缝为工作焊缝,要求承受载荷,为了保证接头强度,使接头焊透,可分别选用单边 V 形、K 形或双 U 形等坡口形式。

3. 角接接头

两焊件端面间构成大于 30°,小于 135°夹角的接头,称为角接接头。角接接头形式如图 2-7 所示。

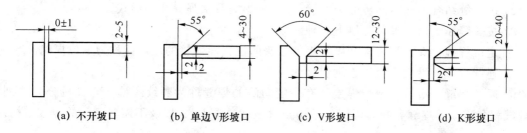

(a) 不开坡口　　(b) 单边V形坡口　　(c) V形坡口　　(d) K形坡口

图 2-7　角接接头

角接接头一般用于不重要的焊接结构中。根据焊件厚度和坡口准备的不同,角接接头可分为不开坡口、单边 V 形坡口、V 形坡口及 K 形坡口 4 种形式,但开坡口的角接接头在一般结构中较少采用。

4. 搭接接头

两焊件部分重叠构成的接头称为搭接接头。搭接接头根据其结构形式和对强度的要求不同,可分为不开坡口、圆孔内塞焊以及长孔内塞焊 3 种形式,如图 2-8 所示。

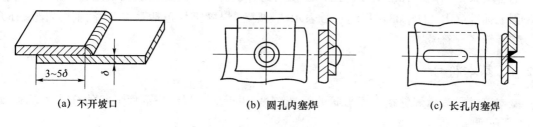

(a) 不开坡口　　(b) 圆孔内塞焊　　(c) 长孔内塞焊

图 2-8　搭接接头

不开坡口的搭接接头,一般用于 12 mm 以下钢板,其重叠部分为 3～5 倍板厚,并采用双面焊接。这种接头的装配要求不高,也易于装配,但这种接头承载能力低,所以只用在不重要的结构中。

当遇到重叠钢板的面积较大时,为了保证结构强度,可根据需要分别选用圆孔内塞焊和长孔内角焊的接头形式。这种形式特别适合于被焊结构狭小处以及密闭的焊接结构,圆孔和长孔的大小和数量要根据板厚和对结构的强度要求而定。

搭接接头消耗钢板较多,增加了结构自重,且这种接头承载能力也低,所以,一般钢结构中很少采用。

5. 坡口的选择原则

焊接坡口的选择一般应遵循下列几条原则:

① 能够保证焊件焊透(手工电弧焊熔深一般为 2～4 mm,且便于操作)。

② 坡口的形状应容易加工。

③ 尽可能地提高生产率和节省焊条。
④ 尽可能减小焊件焊后变形。

2.1.2 焊缝形式

焊缝是焊件经焊接后所形成的结合部分。焊缝按不同分类的方法可分为下列几种形式。

1) 按焊缝在空间位置的不同可分为平焊缝、立焊缝、横焊缝及仰焊缝 4 种形式。
2) 按焊缝结合形式不同可分为对接焊缝、角焊缝及塞焊缝 3 种形式。
3) 按焊缝断续情况可分为以下 3 种。
① 定位焊缝　焊前为装配和固定焊件接头的位置而焊接的短焊缝称为定位焊缝。
② 连续焊缝　沿接头全长连续焊接的焊缝。
③ 断续焊缝　沿接头全长焊接具有一定间隔的焊缝称为断续焊缝。它又可分为并列断续焊缝和交错断续焊缝。断续焊缝只适用于对强度要求不高,以及不需要密闭的焊接结构。

2.2　焊缝的符号

设计人员要使自己设计的结构或制品由生产人员准确无误地制造出来,就必须把结构或制品的施工条件等详细地在设计文件即设计说明书和设计图样中表述出来。用图形或文字把焊接接头的焊接加工要求和注意事项用文字详细地加以说明是非常复杂的。而采用各种代号和符号可以简单明了地指出焊接接头的类型、形状、尺寸、位置、表面形状、焊接方法及与焊接有关的各项条件。国家标准对设计图样上使用的焊缝符号等已做出明确规定。

国家标准(GB 324—88)《焊缝符号表示法》规定,焊缝符号包括基本符号、辅助符号、补充符号和焊缝尺寸符号。

2.2.1　基本符号

基本符号是表示焊缝横剖面形状的符号,它采用近似于焊缝横剖面形状的符号来表示,如表 2-2 所列。

表 2-2　基本符号

序号	焊缝名称	焊缝形式	符号
1	I 形焊缝		‖
2	V 形焊缝		V
3	钝边焊缝		Y

续表 2-2

序 号	焊缝名称	焊缝形式	符 号
4	单边 V 形焊缝		V
5	钝边单边 V 形焊缝		V
6	U 形焊缝		Y
7	单边 U 形焊缝		Y
8	喇叭形焊缝		Y
9	单边喇叭形焊缝		Γ
10	角焊缝		◣
11	塞焊缝		▯
12	点焊缝		○
13	缝焊缝		⊖
14	封底焊缝		⌣
15	堆焊缝		⌒⌒
16	卷边焊缝 (卷边完全熔化)		八

2.2.2 辅助符号

辅助符号是表示对焊缝的辅助要求的符号,如表 2-3 所列。

表2-3 辅助符号

序号	名称	形式	符号	说明
1	平面符号		───	表示焊缝表面齐平
2	凹陷符号		⌣	表示焊缝表面内陷
3	凸起符号		⌢	表示焊缝表面凸起
4	带垫板符号		▭	表示焊缝底部有垫板
5	三面焊缝符号		⊏	要求三面焊缝符号的开口方向与三面焊缝的实际方向画得基本一致
6	周围焊缝符号		○	表示环绕工件周围焊缝
7	现场符号		⎧	表示在现场或工地上进行焊接
8	交错断续焊缝符号		Z	表示双面交错断续分布焊缝

2.2.3 符号在图样上的位置

焊接符号必须通过指引线及有关规定才能准确无误地表示焊缝。

指引线由带箭头的箭头线和两条基准线(一条为实线,另一条为虚线)两部分组成,如图2-9所示。

箭头线在标注V形焊缝、单边V形焊缝时,箭头应指向带有坡口一侧的工件。必要时允许箭头线弯折一次,如图2-10所示。

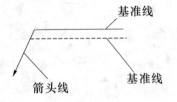

图2-9 标注焊缝的指引线

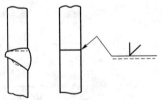

图2-10 弯折的箭头线

基准线的虚线可以画在基准线的实线上侧或下侧。如果焊缝和箭头线在接头的同一侧,则将焊缝基本符号标在基准线的实线侧。相反如果焊缝和箭头线不在接头的同一侧,则将焊缝基本符号标在基准线的虚线侧,如图2-11所示。

标准还规定,必要时,基本符号可附带尺寸符号及数据,如图2-12所示。

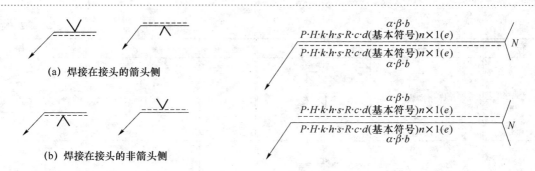

图 2-11　基本符号对基准线的位置

图 2-12　焊缝尺寸符号及数据的标注原则

标注原则如下：
① 焊缝横截面上的尺寸标注在基本符号的左侧。
② 焊缝长度方向的尺寸标注在基本符号的右侧。
③ 坡口角度、坡口面角度、根部间隙等尺寸标注在基本符号的上侧和下侧。
④ 相同焊缝数量符号标注在尾部。
⑤ 当需要标注的尺寸数据较多又不易分辨时，可在数据前面增加相应的尺寸符号。

2.2.4　焊缝尺寸符号

焊缝尺寸符号是表示坡口和焊缝各特征尺寸的符号，如表 2-4 所列。

表 2-4　焊缝尺寸符号

符　号	名　称	示意图	符　号	名　称	示意图
δ	板材厚度	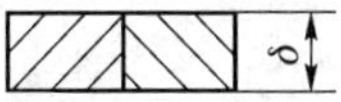	c	焊缝宽度	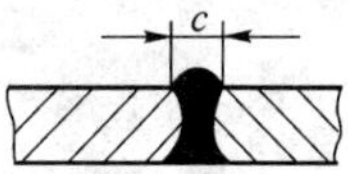
a	坡口角度	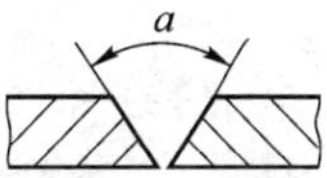	p	钝边高度	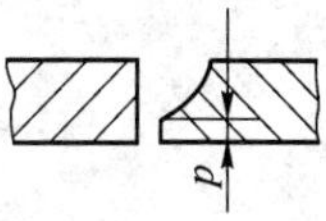
b	根部间隙	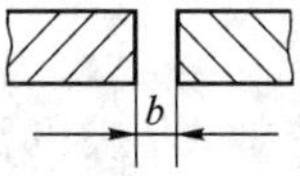	R	根部半径	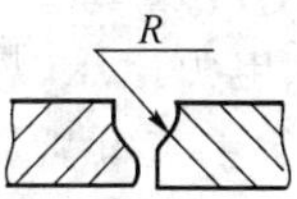
l	焊缝长度	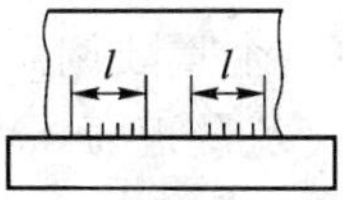	s	熔透深度	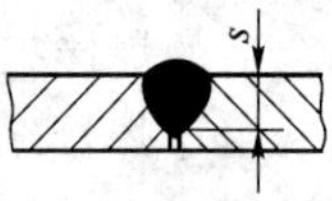
e	焊缝间隙	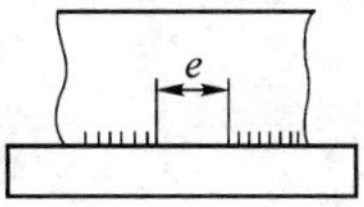	n	相同焊缝数量符号	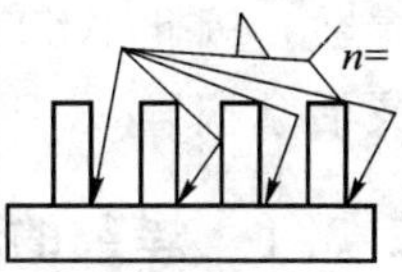

续表 2-4

符号	名称	示意图	符号	名称	示意图
K	焊角高度		H	坡口高度	
d	焊点直径		h	焊缝增高量（也称余高）	

2.2.5 焊缝代号应用实例

如图 2-13(a)所示为 T 形接头的焊缝形式，图 2-13(b)所示为焊缝代号标注。图 2-13 所示焊缝代号表达的含义是：两面对称焊脚尺寸 $K=5$ mm 的角焊缝，在工地上用焊条电弧焊施焊。

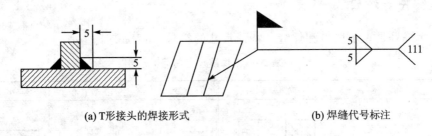

(a) T 形接头的焊接形式　　(b) 焊缝代号标注

图 2-13　焊缝形式及代号标注

2.3　焊接工艺参数

焊接工艺参数（焊接规范）是指焊接时，为保证焊接质量而选定的诸物理量（例如：焊接电流、电弧电压、焊接速度、线能量等）的总称。

手工电弧焊的焊接工艺参数通常包括：焊条选择、焊接电流、电弧电压、焊接速度、焊接层数等。焊接工艺参数选择得正确与否，直接影响焊缝的形状、尺寸、焊接质量和生产率，因此选择合适的焊接工艺参数是焊接生产上不可忽视的一个重要问题。

由于焊接结构件的材质、工作条件、尺寸形状及装配质量不同，所选择的工艺参数也有所不同。即使同样的焊件，也会因焊接设备条件与焊工操作习惯的不同而选用不同的工艺参数。因此，对于手工电弧焊的焊接工艺参数，要掌握其选择原则，焊接时要根据具体情况灵活掌握。

2.3.1　焊条的选择

1. 焊条牌号的选择

焊缝金属的性能主要由焊条和焊件金属相互熔化来决定。在焊缝金属中填充金属约占

50%～70%,因此,焊接时应选择合适的焊条牌号才能保证焊缝金属具备所要求的性能。否则,将影响焊缝金属的化学成分、机械性能和使用性能。

2. 焊条直径的选择

为了提高生产率,应尽可能选用较大直径的焊条,但是用直径过大的焊条焊接,会造成未焊透或焊缝成形不良,因此必须正确选择焊条的直径。焊条直径大小的选择与下列因素有关。

(1) 焊件的厚度

厚度较大的焊件应选用直径较大的焊条;反之,薄焊件的焊接,则应选用小直径的焊条。在一般情况下,焊条直径与焊件厚度之间关系的参考数据,如表 2-5 所列。

表 2-5 焊条直径选择的参考数据　　　　　　　　　　mm

焊件厚度	≤1.5	2	3	4～7	8～12	≥13
焊条直径	1.6	1.6～2	2.5～3.2	3.2～4	4～5	5～6

(2) 焊接位置

在焊件厚度相同的情况下,平焊位置焊接用的焊条直径比其他位置要大一些;立焊所用焊条,直径最大不超过 5 mm;仰焊及横焊时,焊条直径不应超过 4 mm,以获得较小的熔池,减少熔化金属的下滴。

(3) 焊接层数

在焊接厚度较大的焊件时,需进行多层焊,且要求每层焊缝厚度不宜过大,否则,会降低焊缝金属的塑性。

在进行多层焊时,如果第一层焊道所采用的焊条直径过大,焊条不能深入坡口根部会造成电弧过长,而产生未焊透等缺陷。因此,多层焊的第一层焊道应采用直径 3～4 mm 的焊条,以后各层可根据焊件厚度,选用较大直径的焊条。

(4) 接头形式

搭接接头、T 形接头因不存在全焊透问题,所以应选用较大的焊条直径以提高生产率。

2.3.2　焊接电流的选择

焊接时,流经焊接回路的电流称为焊接电流。焊接电流的大小是影响焊接生产率和焊接质量的重要因素之一。

增大焊接电流能提高生产率,但电流过大时,焊条本身的电阻热会使焊条发红,易造成焊缝咬边、烧穿等缺陷,同时增加了金属飞溅,也会使接头的组织产生过热而发生变化;而电流过小不但引弧困难,电弧不稳定,也易造成夹渣、未焊透等缺陷,降低焊接接头的机械性能,所以应适当地选择电流。焊接时决定电流强度的因素很多,如焊条类型、焊条直径、焊件厚度、接头形式、焊缝位置和层数等,其中主要的是焊条直径、焊缝位置和焊条类型。

1. 根据焊条直径选择

焊条直径的选择取决于焊件的厚度和焊缝的位置,当焊件厚度较小时,焊条直径要选小些,焊接电流也应小些。反之,则应选择较大直径的焊条。焊条直径越大,熔化焊条所需要的电弧热量也越大,电流强度也相应越大。焊接电流大小与焊条直径的关系,一般可根据经验公式(2-1)来选择:

$$I_h = Kd \tag{2-1}$$

式中：I_h——焊接电流，A；
    d ——焊条直径，mm；
    K ——经验系数（见表2-6）。

表2-6 焊条直径与经验系数的关系

焊条直径/mm	1～2	2～4	4～6
经验系数 K	25～30	30～40	40～55

根据公式（2-1）所求得的焊接电流只是一个大概数值，在实际生产中，焊工一般都凭自己的经验来选择适当的焊接电流。先根据焊条直径算出一个大概的焊接电流，然后在钢板上进行试焊。在试焊过程中，可根据以下几点来判断选择的电流是否合适。

（1）看飞溅

电流过大时，电弧吹力大，可看到较大颗粒的铁水向熔池外飞溅，焊接时爆裂声大；电流过小时，电弧吹力小，熔渣和铁水不易分清。

（2）看焊缝成形

电流过大时，熔深大、焊缝余高低、两侧易产生咬边；电流过小时，焊缝窄而高、熔深浅，且两侧与母材金属熔合不好；电流适中时，焊缝两侧与母材金属熔合得很好，呈圆滑过渡。

（3）看焊条熔化状况

电流过大时，当焊条熔化了大半根时，其余部分均已发红；电流过小时，电弧燃烧不稳定，焊条容易粘在焊件上。

2．根据焊接位置选择

相同焊条直径的条件下，在焊接平焊缝时，由于焊条和控制熔池中的熔化金属都比较容易．因此可以选择较大的电流进行焊接。但在其他位置焊接时，为了避免熔化金属从熔池中流出，要使熔池尽可能小些，所以电流相应要比平焊小一些。

3．根据焊条类型选择

当其他条件相同时，碱性焊条使用的焊接电流应比酸性焊条小10％左右，否则焊缝中易形成气孔。

2.3.3 电弧电压的选择

手工电弧焊时，电弧电压是由焊工根据具体情况灵活掌握的，掌握的原则一是保证焊缝具有合乎要求的尺寸和外形，二是保证焊透。

电弧电压主要由电弧长度来决定。电弧长，电弧电压高；电弧短，电弧电压低。

在焊接过程中，电弧不宜过长，电弧过长会出现下列几种不良现象：

① 电弧燃烧不稳定，易摆动，电弧热能分散，熔滴金属飞溅增多。

② 熔深小，容易产生咬边、未焊透、焊缝表面高低不平整、焊波不均匀等缺陷。

③ 对熔化金属的保护差，空气中氧、氮等有害气体容易侵入，使焊缝产生气孔的可能性增加，焊缝金属的力学性能降低。

因此，在焊接时应力求使用短弧焊接，在立、仰焊时弧长应比平焊时更短一些，以利于熔滴过渡。碱性焊条焊接时应比酸性焊条弧长短些,以利于电弧的稳定和防止气孔。所谓短弧一般认为应是焊条直径的 0.5~1.0 倍,用计算式表示为式(2-2):

$$L=(0.5\sim1.0)d \qquad (2-2)$$

式中:L——电弧长度,mm;
　　d——焊条直径,mm。

2.3.4 焊接速度的选择

单位时间内完成的焊缝长度称为焊接速度,也就是焊条向前移动的速度。焊接过程中,焊接速度应该均匀适当,既要保证焊透,又要保证不烧穿,同时还要使焊缝宽度和高度符合图样设计要求。

如果焊接速度过快,则熔池温度不够,易造成未焊透、未熔合、焊缝成形不良等缺陷。如果焊接速度过慢,则使高温停留时间增长,热影响区宽度增加,焊接接头的晶粒变粗,力学性能降低,同时使变形量增大。当焊接较薄焊件时,则易烧穿。

焊接速度直接影响焊接生产率,所以应该在保证焊缝质量的前提下,根据具体情况适当加快焊接速度,以保证焊缝的高低和宽窄一致。手工电弧焊时,焊接速度主要由焊工手工操作控制,它与焊工的操作技能水平密切相关。

2.3.5 焊接层数的选择

在焊件厚度较大时,往往需要多层焊。对于低碳钢和强度等级低的普低钢的多层焊时,每层焊缝厚度过大时,对焊缝金属的塑性(主要表现在冷弯角上)稍有不利的影响。因此对质量要求较高的焊缝,每层厚度最好不大于 4~5 mm。

根据实际经验:每层厚度约等于焊条直径的 0.8~1.2 倍时,生产率较高,并且比较容易操作。因此焊接层数可近似地按经验公式(2-3)计算:

$$n=\frac{\delta}{md} \qquad (2-3)$$

式中:n——焊接层数;
　　δ——焊件厚度,mm;
　　m——经验系数,一般取 $m=0.8\sim1.2$;
　　d——焊条直径,mm。

2.3.6 线能量

焊接工艺参数在选择时,不能单以一个参数的大小来衡量对焊接接头的影响,因为单以一个参数分析是不全面的。例如,焊接电流增大,虽然热量增大,但不能说加到焊接接头上的热量也大,因为还要看焊接速度的变化情况。当焊接电流增大时,如果焊接速度也相应增快,则焊接接头所得到的热量就不一定大,故焊接接头的影响就不大。因此焊接工艺参数的大小应综合考虑,即用线能量来表示。

所谓线能量,是指熔焊时由焊接能源输入给单位长度焊缝上的能量。电弧焊时,焊接能源是电弧。根据焊接电弧可知,焊接时是通过电弧将电能转换为热能,利用这种热能来加热和熔化焊条和焊件的。如果将电弧看做是把全部电能转为热能,则电弧功率可由式(2-4)表示:

$$q_0 = I_h U_h \tag{2-4}$$

式中：q_0——电弧功率，即电弧在单位时间内所析出的能量，J/s；

I_h——焊接电流，A；

U_h——电弧电压，V。

实际上电弧所产生的热量不可能全部都用于加热熔化金属，而总有一些损耗，例如飞溅带走的热量，辐射、对流到周围空间的热量，熔渣加热和蒸发所消耗的热量等。所以电弧功率中一部分能量是损失的，只有一部分能量利用在加热焊件上，故真正有效于加热焊件的有效功率为：

$$q = \eta I_h U_h \tag{2-5}$$

式中：η——电弧有效功率系数；

q——电弧有效功率，J/s。

在一定条件下 η 是常数，主要决定于焊接方法、焊接工艺参数和焊接材料的种类等，各种电弧焊方法在通用工艺参数条件下的电弧有效功率系数值如表 2-7 所列。

表 2-7 各种电弧焊方法有效功率系数 η

弧焊方法种类	η
直流手工电弧焊	0.75～0.85
交流手工电弧焊	0.65～0.75
埋弧自动焊	0.80～0.90
CO_2 气体保护焊	0.75～0.90
钨极氩弧焊	0.65～0.75
熔化极氩弧焊	0.70～0.80

各种电弧焊方法的有效功率系数在其他条件不变的情况下，均随电弧电压的升高而降低，因为电弧电压升高即电弧长度增加，热量辐射损失增多，因此有效功率系数 η 值降低。

由式（2-5）可知，当焊接电流大，电弧电压高时，电弧的有效功率就大。但是这并不等于单位长度的焊缝上所得到的能量一定多，因为焊件受热程度还受焊接速度的影响。例如用较小电流、小焊速时，焊件受热也可能比大电流配合大焊速时还要严重。显然，在焊接电流、电压不变的条件下，加大焊速，焊件受热减轻。因此线能量为：

$$\frac{q}{v} = \eta \cdot \frac{I_h U_h}{v} (J/cm) \tag{2-6}$$

式中：$\frac{q}{v}$——线能量；

v——焊接速度，cm/s。

焊接工艺参数对热影响区的大小和性能有很大的影响。采用小的工艺参数，如降低焊接电流或增大焊接速度等，都可以减少热影响区尺寸。不仅如此，从防止过热组织和晶粒粗化角度看，也是采用小参数比较好。

由图 2-14 可以看出，当焊接电流增大或焊接速度减慢使焊接线能量增大时，过热区的晶粒尺寸粗大，韧性降低严重；当焊接电流减小或焊接速度增大，在硬度强度提高的同时，韧性也要变差。因此，对于具体钢种和具体焊接方法存在一个最佳的焊接工艺参数。例如图 2-14

中的20Mn钢(板厚16 mm、堆焊),在线能量$q/v=30\ 000$ J/cm左右时,可以保证焊接接头具有最好的韧性,线能量大于或小于这个理想的数值范围,都会引起塑性和韧性的下降。

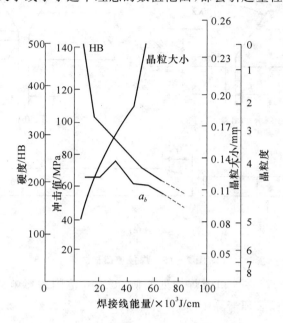

图2-14 焊接线能量对20Mn钢过热区性能的影响

以上是线能量对热影响区性能的影响。对于焊缝金属的性能,线能量也有类似的影响。对于不同的钢材,线能量最佳范围也不一样,需要通过一系列试验来确定恰当的线能量和焊接工艺参数。此外,还应指出,仅仅线能量数据符合要求还不够,因为即使线能量相同,其中的I_h、U_h、v的数值也可能有很大的差别,当这些参数之间配合不合理时,还是不能得到良好的焊缝性能。例如在电流很大、电弧电压很低的情况下会得到窄而深的焊缝;而适当地减小电流,提高电弧电压则能得到较好的焊缝成形,这两者所得到的焊缝性能就不同。因此应在参数合理的原则下选择合适的线能量。

2.3.7 手工电弧焊焊接工艺应用举例

手工电弧焊焊接实例1:16Mn钢是我国应用最广的热轧钢,主要用于制造锅炉、高压容器、桥梁、船舶、车辆、输油输气管道、大型钢结构等设备。现以两焊件厚度为8 mm的16Mn钢的手工电弧焊对接焊接工艺为例,说明手工电弧焊焊接工艺的制定。

1. 焊前准备

① 根据16Mn钢强度等级,焊接材料选用与母材相等强度等级的牌号为E5016(J506)的焊条。焊条直径要根据焊件的厚度和坡口形式选择,如果工件厚度大于6 mm对接焊时,为确保焊透强度,在板材的对接边沿开切V形或X形坡口,坡口角度α为60°,钝边$p=0\sim 1$ mm,装配间隙$b=0\sim 1$ mm,如图2-14(a)和(b)所示。当板厚差≥4 mm时,应对较厚板材的对接边缘进行削斜处理,如图2-15(c)所示。本例中采用图2-15(a)中的坡口形式。所以焊条直径选为3.2 mm或4 mm。

② 焊条烘焙:酸性药皮类型焊条焊前烘焙150℃×2保温2小时;碱性药皮类焊条焊前必须进行300~350℃×2烘焙,并保温2小时才能使用。

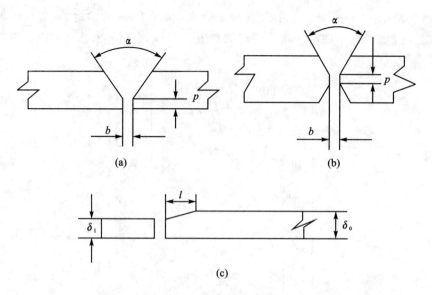

图 2-15 焊接坡口形式

③ 焊前接头清洁要求,在坡口或焊接处两侧 30 mm 范围内影响焊缝质量的毛刺、油污、水、铁锈等脏物及氧化皮,必须清除干净。

2. 焊 接

① 焊接时,本例若是平焊位置焊接,其焊接参数如表 2-8 所列,当立、横、仰焊时焊接电流应降低 10%～15%;大于 16 mm 板厚焊接底层选 φ3.2 mm 焊条,角焊焊接电流应比对接焊焊接电流稍大。

② 为使对接焊缝焊透,其底层焊接应选用比其他层焊接的焊条直径小一些。

③ 厚件焊接,应严格控制层间温度,各层焊缝不宜过宽,应考虑多道多层焊接。多层焊接时,下一层焊开始前应将上层焊缝的熔渣、飞溅等清除干净,多层焊每层焊缝厚度应不超过 3～4 mm。

④ 对接焊缝正面焊接后,反面使用碳弧气刨扣槽,并进行封底焊接。

表 2-8 手工电弧焊焊接工艺参数

焊接方法	焊条牌号	直径/mm	电流极性	电流/A	电压/V	焊接层数
手工电弧焊	E5016	3.2	直流反接	80～100	23～24	1
		4		105～110	25～27	2
		4		110～150	26～38	3

3. 焊缝质量要求

① 重要结构对接焊缝按各项设计技术要求进行一定数量的 X 光或超声波焊缝内部检查,并按设计规定级别评定。

② 外表焊缝检查:所有结构焊缝全部需进行检查,其焊缝外表质量要求如下。

- 焊缝直线度:任何部位在小于等于 100 mm 内直线度应小于等于 2 mm。
- 焊缝过渡光顺:不能突变小于 90°过渡角度。
- 角焊缝 K 值公差:当构件厚度≤1.5 mm 时,$0.9K_0 \leq K \leq K_0 + 1$;当构件厚度≤4 mm

时,$0.9K_0 \leqslant K \leqslant K_0+2$($K_0$ 为设计焊脚尺寸)。
- 焊缝咬边:当板厚≤6 mm,$d \leqslant 0.3$ mm,局部 $d \leqslant 0.5$ mm;当板厚>6 mm,$d \leqslant 0.3$ mm,局部 $d \leqslant 0.5$ mm(d 为咬边深度)。
- 焊缝不允许低于工件表面及裂缝、未熔合为缺陷存在。
- 全部焊接缺陷允许进行修补,修补后应打磨光顺。

手工电弧焊焊接实例 2:16Mn 手工电弧焊焊接工艺。

1. 焊接材料的选择

选用 16Mn 钢作为母材,坡口形式与装配要求如图 2-16 所示。

① 所选材料(焊缝、焊条等)的质量必须符合国家标准。并具有相应的合格证。

② 焊条的选择按焊条成分尽量接近母材成分的原则进行,根据 16Mn 钢材料的成分,选择 E5016 焊条。

2. 焊接准备

① 接头形式为角接头,考虑焊接方便,填充金属量少,便于操作,采用打底焊单面焊双面成形工艺,坡口用刨边机进行机加工。

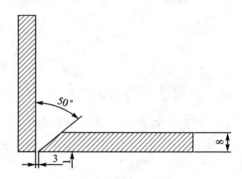

图 2-16 坡口形式及装配要求

② 焊条烘干是为了排除药皮中的水分,防止焊缝中产生气孔,保证焊缝质量。一般采用先低温 40℃,保温 3 个小时烘干,再高温烘焙。由于焊条选用 E5016,则选择烘焙温度为 250℃,时间 1 小时,焊条烘干后应放在 100~150℃ 的保温桶内,随用随取,焊条取出后在常温下超过 4 小时应重新烘干。

③ 焊接环境。当施焊环境出现下列一种情况时,应采取有效防护措施,否则不能焊接:
- 手工焊时风速大于 10 m/s(风速过大易引起熔滴飞溅,熔滴过渡受到影响),应采取防风措施;
- 相对湿度大于 90%(湿度大,H_2O 的含量过高,在焊接的高温情况下会发生 $H_2O = 2[H]+[O]$ 反应,产生 H_2 气孔和 CO 气孔);
- 选择焊接方法和焊接设备要根据焊件的情况,母材为厚度为 8 mm 的 16Mn 钢,所以为了保证焊透,需要采用热量较为集中的方法焊接。采用手工电弧焊进行焊接,应先打底焊,再盖面焊。手弧焊设备选用 WS7-400 手工焊焊机,采用直流反接。

3. 焊接操作

① 焊接前,应将坡口及内壁两侧各 30 mm 以内的油漆、铁锈等杂物清除干净。由于焊接表面上的氧化皮和铁锈对金属有氧化作用使焊缝中增氧,导致 CO 气孔的产生,并且降低焊缝的力学性能。

② 采用手工电弧焊先打底焊,使用双面成形技术进行焊接,然后再进行过渡层的焊接。由于焊缝表面处坡口夹角较小,为了便于清根和运条操作,过渡层焊接采用手工电弧焊,选用 $\Phi 3.2$,焊接层数为 1 层,对焊缝组织结构形式有所改善,最后进行盖面焊接。因为上面的坡口较宽,为了提高焊接效率,采用直径 $\Phi 4.0$ 的焊条进行焊接。注意每焊完一层都要对焊道进行清理,防止出现夹渣、气孔等焊接缺陷。

表 2-9 手工电弧焊焊接参数

焊接方法	焊条牌号	直径/mm	电流极性	电流/A	电压/V	焊接层数
手工电弧焊	E5016	3.2	直流反接	85~100	23~24	1
		4		105~115	24~25	2
		4		120~160	25~27	3

4. 焊接检验

焊接完成后，按照产品的要求进行超声波探伤，外观质量检查等检验。

2.4 手工电弧焊焊接缺陷分析

2.4.1 焊接缺陷的危害

焊接过程中在焊接接头中产生的不符合设计或工艺文件要求的缺陷，叫焊接缺陷。严重的焊接缺陷将直接影响到产品结构的安全使用。经验证明，焊接结构的失效、破坏甚至会发生事故，绝大部分并不是由于结构强度不足，而是在焊接接头中产生的各种缺陷所致，这些缺陷中尤以焊接裂纹的危害性最大。由于电弧焊接工艺的特点，要在焊接接头中消除一切缺陷，是不可能的。但尽可能将缺陷控制在允许的范围内，则是焊接工艺能够达到的目标。

2.4.2 外部缺陷

外部缺陷是指那些位于焊缝表面、用肉眼或低倍放大镜就能看到的缺陷，如焊缝尺寸不符合要求、咬边、焊瘤、弧坑、表面气孔、表面裂纹等。

1. 焊缝尺寸及形状不符合要求

主要表现为焊缝表面形状高低不平、宽窄不一的现象。

焊缝外观尺寸不符合要求，不仅造成焊缝成形不美观，而且降低了焊缝与基本金属的结合强度，易造成应力集中，不利于焊件结构的安全使用。在手工电弧焊中，产生这种缺陷的原因主要有：由于操作方法不当引起焊接电流过大或过小，焊件装配间隙不均匀，或坡口角度不当，焊条质量差或焊接过程中电弧产生偏吹。

防止产生这种缺陷的措施是：要熟练地掌握电弧长度，保证电弧稳定，防止偏吹，正确选择坡口角度和装配间隙。

2. 咬 边

由于焊接参数选择不当，或操作工艺不正确，沿焊趾的焊件母材部位产生的沟槽或凹陷称咬边。咬边不但减小了焊件母材的工作截面，并且会产生很大的局部应力集中，容易引起裂纹，使焊接接头的强度降低。重要的焊件，是不允许咬边存在的，如压力容器、管道等。产生咬边的原因有：焊接工艺参数选择不当，焊接电流太大，电弧过长，运条速度和焊条角度不适合等。

防止产生咬边的主要措施是：正确选择焊接工艺参数，使电流适宜或略小，适当掌握电弧长度，正确应用运条方法和控制焊接速度，焊条角度要正确，在平焊、立焊、仰焊位置焊接时，焊条沿焊缝中心线保持均匀对称的摆动，横焊时，焊条角度应保持熔滴平稳地向熔池过渡而无下淌现象。

3. 焊瘤

在焊接过程中,熔化金属流淌到焊缝之外未熔化的母材上所形成的金属瘤,称为焊瘤。

焊瘤不仅影响焊缝外表的美观,而且在焊瘤内往往还存在夹渣和未焊透,易造成应力集中。如果管道焊件内部存在焊瘤,则还会影响管道内的有效面积,甚至造成堵塞现象。

焊瘤产生的主要原因是:由于接缝间隙太大,操作不当,运条方法不正确。有时焊接电流太大、电弧过长、焊条熔化太快、焊速太慢等也会造成焊瘤。

防止产生焊瘤的措施是:提高操作的技术水平,正确选择焊接工艺参数,灵活调整焊条角度,装配间隙不宜过大。立焊、仰焊时应严格控制熔池温度,不使其过高。运条速度要均匀,并需选用正确的焊接电流。

4. 凹坑

焊后在焊缝表面或焊缝背面形成的低于母材表面的局部低洼部分称为凹坑,在焊缝收弧处产生的凹陷现象,也是凹坑的一种,称为弧坑。

凹坑削弱了焊缝的有效截面,降低了焊缝的承载能力。对弧坑来说,由于杂质的集中,还会导致弧坑裂纹的产生。

产生凹坑的主要原因是:操作技能不熟练,不善于控制熔池形状,焊接电流过大,焊条又未适当摆动,或者过早进行表面焊缝的焊接,熄弧时突然停止,未填满弧坑。

防止凹坑产生的措施是:熟练掌握操作技能,并注意在收弧处作短时间的停留或作划圈形收弧。重要的焊件要设置引弧板和引出板,在构件上不允许留有凹坑。

5. 烧穿

焊接过程中,熔化金属自坡口背面流出,形成穿孔的缺陷称为烧穿。

烧穿不仅影响焊缝外观,而且会使该处焊缝强度减弱,甚至使焊接接头失去了承载能力,所以烧穿是一种绝对不允许存在的缺陷。

产生烧穿的主要原因是:焊接电流过大,焊接速度过慢以及电弧在焊缝某处停留时间过长等引起焊件受热甚,焊件间隙太大也容易产生烧穿。

防止烧穿的措施是:正确选择焊接电流和焊接速度,减少熔池在每一部位的停留时间,严格控制焊件的装配间隙,并保持均匀一致。

2.4.3 内部缺陷

内部缺陷位于焊缝的内部,如未熔合、未焊透、内部气孔、裂纹及夹渣等。

1. 未熔合

未熔合主要指焊道与母材之间或焊道与焊道之间未完全熔化结合的现象。

未熔合直接降低了焊接接头的机械性能,严重的未熔合会使焊接结构根本无法承载。

产生未熔合的主要原因是:焊接电流太小,焊条偏心或运条方法不当,焊速太快,热量不够及焊件表面或前一道表面有氧化皮或熔渣存在。

防止产生未熔合的措施是:加强坡口清理和层间清理,正确选择焊接电流、焊接速度,注意运条角度和焊条摆动速度,焊接操作时应注意分清熔渣和铁水,焊条偏心时应调整角度使电弧处于正确方向。

2. 未焊透

焊接时接头根部未完全熔透的现象叫未焊透。

未焊透不仅降低接头的机械性能,并且造成应力集中,承载后往往会引起裂纹。在对接焊缝中,是不允许未焊透缺陷存在的。

产生未焊透的主要原因是:焊接坡口钝边过大,坡口角度太小,封底间隙太小,操作时,无法将焊条伸入根部;运条角度不正确,熔池偏于一侧,焊接电流过小,速度过快;弧长太长,焊接时有偏吹现象等。

防止产生未焊透的措施是:正确选择坡口形式及装配间隙,熟练掌握操作技能,焊接时要防止电弧偏吹。

3. 夹　渣

焊后残留在焊缝中的熔渣称为夹渣。夹渣会降低焊缝的机械性能,因为夹渣多数是不规则的多边形,其尖角会引起很大的应力集中,容易使焊接结构在承载时遭到破坏。

产生夹渣的主要原因是:焊接电流太小,焊接速度太快,使熔渣来不及浮出,焊接坡口边缘或焊层之间的熔渣未清理干净,运条不当,熔渣与铁水分离不清,阻碍熔渣上浮。

防止产生夹渣的措施:正确选择焊接工艺参数,做好焊前及焊层间的清理工作,熟练掌握操作技能,尽量采用具有良好工艺性能的焊条。

在焊缝的内部缺陷中,除了上述这些缺陷外,焊接接头还可能出现气孔和裂纹。

4. 气　孔

焊接时,熔池中的气泡在凝固时未能浮出而残存下来所形成的空穴,叫气孔。气孔可分为密集气孔、条虫状气孔和针状气孔等。

气孔是焊接生产中常见的一种缺陷,它不仅削弱了焊缝的有效工作截面,同时也会带来应力集中,降低焊缝金属的强度和塑性。对于受动载荷的焊件,气孔还会显著地降低焊缝的疲劳强度。

在正常操作情况下,形成气孔的气体是氢和一氧化碳,氩弧焊时,由于气体保护不严,空气中的氮进入熔池,也会形成气孔。

(1) 影响因素

① 铁锈和水分:铁锈的化学成分为 $mFe_2O_3 \cdot nH_2O$,含有多量 Fe_2O_3 和结晶水,对熔池一方面有氧化作用,另一方面又带来大量的氢,水分的作用也相同,两者是在焊缝中形成气孔的重要因素。

② 焊接方法:埋弧自动焊由于焊速大,焊缝厚度深,且不能像手弧焊那样可以随意操纵电弧,使气体从熔池中充分逸出,故生成气孔的倾向比手弧焊大得多。

③ 焊条种类:碱性焊条比酸性焊条对铁锈和水分的敏感性大得多,即在同样的铁锈和水分含量下,碱性焊条十分容易产生气孔。

④ 电流种类和极性:当采用未经很好烘干的焊条进行焊接时,使用交流电源,焊缝最易出现气孔;直流正接,气孔倾向较小;直流反接,气孔倾向最小。采用碱性焊条时,一定要用直流反接,如果用直流正接,则生成气孔的倾向显著加大。

⑤ 焊接工艺参数:焊接速度增加时,熔池存在的时间变短,气孔倾向增大;焊接电流增大时,焊缝厚度增加,气体不易逸出,气孔倾向增大;电弧电压升高时(弧长增加),空气易侵入,气孔倾向增加。

(2) 防止措施

① 仔细清除焊件表面上的铁锈等污物,清除范围:手弧焊为焊缝两侧各 10 mm,埋弧自动焊为 20 mm。

② 焊条、焊剂在焊前应按规定严格烘干,焊条应存放于保温桶中,做到随用随取。

③ 采用合适的焊接工艺参数,使用碱性焊条时,一定要用短弧焊。

5. 热裂纹

焊接过程中,焊缝和热影响区金属冷却到固相线附近高温区产生的裂纹称为热裂纹。

(1) 热裂纹的特点

① 产生的时间:热裂纹一般产生在焊缝的结晶过程中,故又称结晶裂纹或凝固裂纹。在焊缝金属凝固后的冷却过程中,还可能继续发展,所以,它的发生和发展都处在高温下,从时间上来说,是处于焊接过程中。

② 产生的部位和方向:热裂纹绝大多数产生在焊缝金属中,有的是纵向的,有的是横向的。发生在弧坑中的热裂纹往往是星状的。有时热裂纹也会发展到母材中去。

③ 外观特征:热裂纹或者处在焊缝中心,或者处在焊缝两侧,其方向与焊缝的波纹线相垂直,露在焊缝表面的有明显的锯齿形状,也常有不明显的锯齿形状。凡是露出焊缝表面的热裂纹,由于氧在高温下进入裂纹内部,因此裂纹断面上都可以发现明显的氧化色彩。

④ 金相特征:当将产生裂纹处的金相断面作宏观分析时,发现热裂纹都发生在晶界上,因此不难理解,热裂纹的外形之所以是锯齿形,是因为晶界就是交错生长的晶粒的轮廓线,故不可能平滑。

(2) 热裂纹的产生原因

不管是哪一种裂纹,要产生裂纹,必然要有力的作用,而且只有拉应力作用,才会形成裂纹。

焊接过程中焊缝会受到拉应力的作用,这是由于焊接是一个局部的、不均匀的加热和冷却过程,熔池结晶过程中,体积要收缩,而焊缝周围的金属,阻碍这一收缩,因此在焊缝中产生了拉应力。拉应力仅仅是产生裂纹的条件之一。焊接熔池开始冷却结晶时,只有少量的晶核产生,而后晶核逐渐成长,并出现新的晶核,但此时有较多的液体金属,液体金属在晶粒间可以自由流动,因此由拉应力所造成的缝隙都能被液体金属所填满。

当温度继续下降时,晶粒不断增多和长大,晶粒彼此发生接触,这时液体金属的流动发生困难,如果焊缝中杂质较多,会存在较多的低熔点共晶体,这些低熔点共晶体由于熔点低,尚处在液体状态,因此被排挤在晶界而最后结晶,在晶界形成了"液体夹层"。此时拉应力已逐渐增大,而液体金属本身没有什么强度,在拉应力作用下,使柱状晶体的缝隙增大,而低熔点液体金属已不足以填充增大了的缝隙,因此就形成了裂纹。

如果不存在低熔点共晶体或其数量很少,则晶粒间的连接比较牢固,即使存在拉应力,也不会产生裂纹。

(3) 防止热裂纹的措施

① 在冶金方面,控制焊缝中有害杂质的含量:最有害的元素是硫、磷、碳,因此,对低碳钢和低合金钢来说,焊条中硫、磷的含量一般应小于 0.04%,焊丝中的含碳量一般不得超过 0.12%。

改善熔池金属的一次结晶:向熔池金属中加入能细化晶粒的合金元素(即变质剂),如钛、钼、钒、铌、铝和稀土等,以细化晶粒,提高焊缝金属的抗裂能力。

② 在工艺方面,选择合理的焊接顺序:同样的焊接材料和焊接方法,由于焊接顺序不当,也会具有较大的裂纹倾向。选择合理的焊接顺序的原则是,尽量使大多数焊缝能在较小刚度的条件下焊接,使各条焊缝都有收缩的可能,以减小焊接应力。

采用碱性焊条和焊剂:由于碱性焊条和焊剂的熔渣具有较强的脱硫能力,因此有较高的抗热裂能力。

采用收弧板:焊接收弧时,由于弧坑冷却较快,易形成弧坑裂纹,因此,采用收弧板可将弧坑移至焊件外。

控制焊缝形状:窄而深的焊缝,偏析将集中在焊缝的中心,使焊缝的抗裂性变差。焊缝的宽度和深度比适当时,低熔点杂质被挤向表面,焊缝的抗裂能力大大提高。

6. 冷裂纹

焊接接头冷却到较低温度时(对钢来说在 Ms 温度以下)产生的焊接裂纹称为冷裂纹。

(1) 冷裂纹的一般特征

① 产生的温度和时间:冷裂纹是在焊后较低的温度下产生的。对易淬硬的高强度钢,冷裂纹一般是在焊后冷却过程中马氏体转变温度以下,或 200~300 ℃以下的温度区间发生的。

冷裂纹有时在焊后立即出现,有时要经过一段时间(几小时、几天,甚至更长的时间)才出现。这种不是在焊后立即出现的冷裂纹,称为延迟裂纹。延迟裂纹是冷裂纹中较普遍的一种形式,由于它不是立即出现,因此其危害性就更严重。

② 产生的部位方向:冷裂纹大都产生在热影响区或热影响区与焊缝交界的熔合线上,但也有可能产生在焊缝上。有纵向裂纹,也有横向裂纹。

根据冷裂纹产生的部位,可分为:焊道下裂纹、焊趾裂纹和根部裂纹 3 种。

③ 金相特征:冷裂缝多数是穿晶扩展,这和热裂纹不同,但冷裂纹有时也沿晶界开裂。

④ 外观特征:冷裂纹由于在低温下产生,因此裂纹的断面没有明显的氧化色彩。

(2) 冷裂纹的产生原因

冷裂纹主要发生在高碳钢、中碳钢、低合金或中合金高强度钢中。产生冷裂纹的主要原因有:淬硬倾向、氢和焊接应力 3 方面因素。

① 淬硬倾向:焊接接头的淬硬倾向主要取决于钢的化学成分、焊接工艺、结构的板厚和冷却条件。

钢的淬硬倾向越大,则越易产生冷裂纹,因为淬硬倾向越大,就会得到越多的马氏体,而马氏体是一种既硬又脆的组织,由于变形能力低,易发生脆性破裂,而形成裂纹。

② 氢的作用:氢是引起高强度钢焊接时产生冷裂纹的重要因素之一,并会产生延迟裂纹,延迟裂纹往往出现在热影响区域。焊接接头的含氢量越高,则裂纹的倾向越大,含氢量足够多时,便开始出现裂纹。那么,氢是如何引起裂纹的呢?下面来做简要的分析。

焊接时,由于电弧的高温作用,氢分解成原子或离子状态,并大量溶解于熔池中。在随后的冷却凝固过程中,由于溶解度急剧下降,氢极力向外逸出。当冷却较快时来不及逸出而残存在焊缝金属的内部,使焊缝中的氢处于过饱和状态。

焊缝金属在随后的冷却相变时,氢的溶解度也发生急剧的变化。实践证明,氢在奥氏体中的溶解度大,而在铁素体中的溶解度小;氢在奥氏体中的扩散速度小,而在铁素体中的扩散速度大。因此,由奥氏体向铁素体转变时,氢的溶解度突然降低。相反,氢的扩散速度突然增加。

焊缝金属的含碳量通常较母材低,所以焊缝在较高的温度下发生相变,即由奥氏体分解为铁素体、珠光体组织,氢的溶解度突然降低,焊缝金属中的过饱和氢就很快地由焊缝穿过熔合区向尚未发生分解的奥氏体的热影响区扩散,而氢在奥氏体中的扩散速度较小,因此在熔合区附近形成了一小富氢带,在后面的冷却过程中,热影响区的奥氏体将转变为马氏体,氢便以过饱和状态残存在马氏体中。当热影响区存在显微缺陷时,氢便会在这些缺陷处聚集,并由原子状态转变为分子状态,造成很大的局部应力,再加上焊接应力和组织应力的共同作用,促使显微缺陷扩大,从而形成裂纹。

氢的扩散、聚集,产生应力和裂纹需要一定的时间,因此裂纹具有延迟的特点。

③ 焊接应力:焊接过程中焊件内部存在的应力包括温度应力、组织应力和外部应力。

温度应力是由于焊接时焊缝和热影响区的不均匀加热和冷却而产生的。

组织应力是由于焊缝和热影响区在相变时,体积变化而引起的应力。

外部应力是焊件在焊接过程中,由于刚性约束、结构的自重等引起的应力。

焊接应力超过材料的抗拉强度时,即产生裂纹。

综上所述,淬硬倾向、氢和焊接应力是造成冷裂纹的 3 个因素。这 3 个因素互有影响,在不同的场合,三者作用也不同。

(3) 防止冷裂纹的措施

① 焊前预热和焊后缓冷:焊前预热的作用,一是在焊接时减少由于温差过大而产生的焊接应力;二是可减缓冷却速度,以改善接头的显微组织。预热可对焊件总体加热,也可以是焊缝附近区域的局部加热,或者边焊接边不断补充加热。

采用适当缓冷的方法,如在焊后包扎绝热材料石棉布、玻璃纤维等,以达到焊后缓冷的目的,可降低焊接热影响区的硬度和脆性,提高塑性;并使接头中的氢加速向外扩散。

② 合理选用焊接材料:选用碱性低氢型焊条,可减少带入焊缝中的氢。采用不锈钢或奥氏体镍基合金材料作焊丝和焊条芯,在焊接高强度钢时,不仅由于这些合金的塑性较好,可抵消马氏体转变时造成的一部分应力,而且由于这类合金均为奥氏体,氢在其中的溶解度高,扩散速度慢,使氢不易向热影响区扩散和聚集。

③ 采用减少氢的工艺措施:焊前将焊条、焊剂按烘干规范严格烘干,并且随用随取。仔细清理坡口,去油除锈,防止将环境中的水分带入焊缝中。正确选择电源与极性,注意操作方法。

④ 采用适当的工艺参数:适当减慢焊接速度,可使焊接接头的冷却速度慢一些。过高或过低的焊接速度,前者易产生淬火组织,后者使热影响区严重过热,晶粒粗大,热影响区的淬火区也加宽,都将促使冷裂纹的产生,因此工艺参数应选得合适。

⑤ 选用合理的装焊顺序:合理的装焊顺序、焊接方向等,均可以改善焊件的应力状态。

⑥ 进行焊后热处理:焊件在焊后及时进行热处理,如进行高温回火,可使氢扩散排出,也可改善接头的组织和性能,减少焊接应力。

7. 再热裂纹

焊后焊件在一定温度范围再次加热(消除应力热处理或其他加热过程)而产生的裂纹,叫再热裂纹。

再热裂纹一般发生在熔合线附近、被加热至 1 200~1 350 ℃ 的区域中,产生的加热温度对于低合高强度钢大致为 580~650 ℃。当钢中含铬、钼、钒等合金元素较多时,再热裂纹的倾向增加。

防止再热裂纹的措施：第一是控制母材中铬、铝、钒等合金元素的含量，如从德国进口的 BHW—38 钢，含钒量为 0.10%～0.22%，再热裂纹倾向很敏感，后改用不含钒的 BHW—35 钢，再热裂纹就不再发生；第二是减少结构刚性焊接残余应力，如容器上的大口径接管，从内伸式改成插入式（与内壁平齐），由于降低了刚性，减少了焊接残余应力，就消除了原来产生的再热裂纹，最后在焊接过程中采取减少焊接应力的工艺措施，如使用小直径焊条、小参数焊接，焊接时不要摆动焊条等。

思考与练习题

1. 什么是焊接接头？焊接接头包括哪几部分？
2. 坡口形式有几种？它们适用范围如何？
3. 开坡口的目的是什么？选择坡口形式时，应考虑哪些因素？
4. 焊缝按分类方法不同可分为哪几种形式？
5. 什么叫焊接工艺参数？手弧焊焊接工艺参数包括哪些？
6. 手弧焊时怎样选择焊条直径？
7. 手弧焊时怎样选择焊接电流？
8. 什么叫焊接线能量？线能量的公式是什么？怎样计算？
9. 什么叫气孔？气孔对焊缝金属的影响如何？
10. 热裂纹有哪些特点？它的产生原因是什么？防止热裂纹的措施有哪些？
11. 冷裂纹有哪些特点？它的产生原因是什么？防止冷裂纹的措施有哪些？

第3章 焊 条

焊条是指涂有药皮的、供焊条电弧焊用的熔化电极。它由药皮与焊芯两部分组成。在焊接过程中,它在焊接回路中可以传导电流,作为引燃电弧的一个电极,同时它还起着填充金属的作用,在热源作用下熔化并与熔化的母材共同形成焊缝。因此,焊条的质量不仅影响焊接过程的稳定性,而且直接决定焊缝金属的成分与性能,因而对焊接质量有重要影响,是手工电弧焊中常用的焊接材料。

3.1 焊条的组成及作用

焊条是由焊芯和药皮两部分组成的,焊条结构如图3-1所示,尾部为夹持部分,有一段为无药皮覆盖的裸焊芯,便于焊钳夹持和利于导电。在靠近夹持部分的药皮上印有焊条型号。焊条规格以焊芯直径来表示,通常有2 mm、2.5 mm、3 mm、3.5 mm、3.2 mm、4 mm、5 mm、5.8 mm或6 mm、10 mm等几种,其长度因焊条规格材料、药皮类型不同而不同,通常在200~650 mm之间。

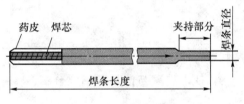

图3-1 电焊条结构

3.1.1 焊 芯

焊芯是采用焊接专用钢丝制成,是经过特殊冶炼而成的,该焊接专用钢丝称为焊丝。碳钢焊条用焊丝H08A或H08E做焊芯,不锈钢焊条用不锈钢焊丝做焊芯。焊芯中通常含有C、Mn、Si、Cr、Ni、S、P等合金元素,其中S、P元素为有害杂质,一般控制其含量在0.04%以下,在焊接重要结构时,不得超过0.03%。有些焊芯还要求控制As、Sb、Sn等元素的含量。

焊芯的主要作用如下:
① 作为电极,传导焊接电流,产生电弧;
② 作为填充金属,与熔化的母材金属共同组成焊缝金属,占整个焊缝金属的50%~70%;
③ 添加合金元素。

3.1.2 药 皮

药皮又称为涂料,把它涂在焊芯上主要是为了便于焊接操作,以及保证熔敷金属具有一定的成分和性能。药皮可以采用氧化物、碳酸盐、硅酸盐、有机物、氟化物、铁合金及化工产品等上百种原料粉末,按照一定的配方比例混合而成。各种原料根据其在焊条药皮中的作用,可分成如下几类。

1. 稳定剂

使焊条容易引弧并在焊接过程中能保持电弧稳定燃烧。凡易电离的物质均能稳弧。一般采用碱金属及碱土金属的化合物，如：碳酸钾、碳酸钠、长石、大理石等。

2. 造渣剂

焊接时能形成具有一定物理化学性能的熔渣，覆盖在熔化金属表面，保护焊接熔池及改善焊缝成形。如：钛铁矿、金红石、萤石、长石等。

3. 脱氧剂

通过焊接过程中进行的冶金化学反应，以降低焊缝金属中的含氧量，提高焊缝机械性能。如：锰铁、硅铁、钛铁等。

4. 造气剂

在电弧高温作用下，能进行分解放出气体，以保护电弧及熔池，防止周围空气中的氧和氮的侵入。如：有机物（木粉、淀粉）、碳酸盐。

5. 合金剂

用来补偿焊接过程中合金元素的烧损及向焊缝过渡合金元素，以保证焊缝金属获得必要的化学成分及性能等。如：合金、纯金属。

6. 增塑润滑剂

增加药皮粉料在焊条压涂过程的塑性、滑性及流动性，以提高焊条的压涂质量，减小偏心度。如：云母、白泥、滑石等。

7. 黏接剂

使药皮粉料在压涂过程中具有一定的黏性，能与焊芯牢固地黏接，并使焊条药皮在烘干后具有一定的强度。如：钠水玻璃、钾水玻璃与钠水玻璃混合物。

药皮的主要作用如下：

① 改善焊条工艺性　如使电弧易于引燃，保持电弧稳定燃烧，有利于焊缝成形、减少飞溅等。

② 机械保护作用　在高温电弧作用下，药皮分解产生大量气体并形成熔渣，隔绝空气，防止熔滴和熔池金属与空气接触，对熔化金属起保护作用。

③ 冶金处理作用　通过冶金反应去除有害杂质（如氧、氢、硫、磷等），同时添加有益的合金元素，改善焊缝质量。

3.2　焊条的分类

3.2.1　按焊条用途分类

1. 结构钢焊条

主要用于焊接低碳钢、低合金高强钢。

2. 钼和铬钼耐热钢焊条

主要用于焊接珠光体耐热钢和马氏体耐热钢。

3. 不锈钢焊条

主要用于焊接不锈钢和热强钢,可分为铬不锈钢焊条和铬镍不锈钢焊条两类。

4. 堆焊焊条

主要用于金属表面的堆焊。

5. 低温钢焊条

这类焊条的熔敷金属,在不同的低温介质条件下,具有一定的低温工作能力,主要用于焊接在低温下工作的结构。

6. 铸铁焊条

主要用于补焊、焊接铸铁。

7. 镍及镍合金焊条

主要用于镍及镍合金的焊接、补焊或堆焊,有的也可用于铸铁补焊及异种金属焊接。

8. 铜及铜合金焊条

用于铜及铜合金焊接,也可用于铸铁补焊及异种金属焊接。

9. 铝及铝合金焊条

用于铝及铝合金的焊接及补焊。

10. 特殊用途焊条

特殊环境或特殊材料的焊接,如水下焊接、铁锰铝合金焊接及堆焊高硫滑动摩擦面焊接等。

3.2.2 按焊接熔渣的碱度分类

1. 酸性焊条

是指药皮中含有大量酸性氧化物的焊条,施焊后熔渣呈酸性。这类焊条的电弧燃烧稳定,可交直流两用;熔渣流动性好,飞溅小,焊缝成形美观,脱渣容易。典型的酸性焊条为 E4303（J422）。

2. 碱性焊条

是指药皮中含有大量碱性氧化物的焊条,施焊后熔渣呈碱性。由于焊条药皮中含有较多的大理石、萤石等成分,它们在焊接冶金反应中生成 CO_2 和 HF,因此可减低焊缝中的含氢量,所以又称为低氢焊条。用这类焊条施焊,焊缝金属的力学性能和抗裂能力都高于酸性焊条;但电弧稳定性差,对铁锈、水分等比较敏感,焊接过程中烟尘较大,表面成形也较粗糙。

3.2.3 按焊条药皮的类型分类

焊条药皮由多种原料组成,药皮的主要成分可以确定焊条的药皮类型,可将焊条分为氧化钛型焊条、钛钙型焊条、钛铁矿型焊条、氧化铁型焊条、纤维素型焊条、低氢型焊条等。例如,当药皮中含有30%以上的二氧化钛及20%以下的钙、镁的碳酸盐时,就称为钛钙型。药皮类型分类如表3-1所列。

表 3-1 焊条药皮的类型及使用特点

药皮类型	特点	电源
氧化钛型（酸性）	焊接工艺性好,适用于各种位置焊接,特别适用于薄板焊接；焊缝金属塑性和抗裂性能较差	交流或直流
钛钙型（酸性）	焊接工艺性好,适用于各种位置焊接	交流或直流
钛铁矿型（酸性）	焊接工艺性好,适用于各种位置焊接	交流或直流
氧化铁型（酸性）	焊接工艺性较差,焊缝金属抗裂性能较好,适宜中厚板平焊,立焊及仰焊操作性能较差	交流或直流
纤维素型（酸性）	焊接工艺性较差,焊缝金属抗裂性能良好,适用于含碳量较高的中厚板焊接,立焊及仰焊操作性能较差	交流或直流
低氢型（碱性）	焊接工艺性一般,焊缝金属具有特别良好的抗热裂性能和机械性能,适宜于焊接重要结构	直流

3.3 焊条的型号及牌号

3.3.1 焊条的型号

焊条的型号是按国家有关标准与国际标准确定的。以结构钢为例,型号编制法为:字母 E 表示焊条,第 1,2 位表示熔敷金属最小抗拉强度,第 3 位数字表示焊条的焊接位置,第四位数字表示焊接电流种类及药皮类型。

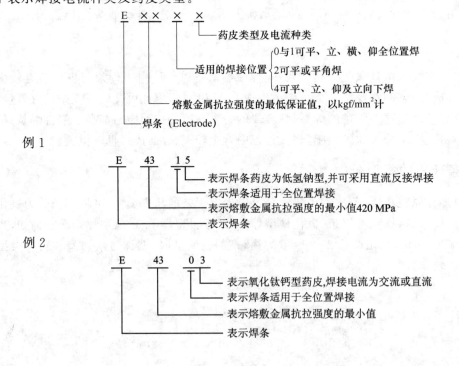

3.3.2 焊条牌号

焊条牌号是焊条的生产厂家所制定的代号。这样,易造成不同生产厂家出现同一型号焊条的若干牌号。为了管理方便,改变混乱现象,由国家权威部门规定了统一牌号编制原则,即焊条牌号由代表焊条用途的字母及后缀3位数字组成。目前应用较多的代表用途的字母如表3-2所列。

表3-2 焊条牌号代表字母

焊条类别	代表字母	焊条类别	代表字母
结构钢焊条	J(结)	低温钢焊条	W(温)
低合金钢焊条		铸铁焊条	Z(铸)
钼和铬钼耐热钢焊条	R(热)	镍及镍合金焊条	Ni(镍)
铬不锈钢焊条	G(铬)	铜及铜合金焊条	T(铜)
铬镍不锈钢焊条	A(奥)	铝及铝合金焊条	L(铝)
堆焊焊条	D(堆)	特殊用途焊条	TS(特殊)

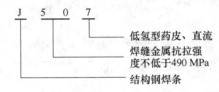

以结构钢为例,牌号的编制法为:结XXX,结为结构钢焊条,第3个数字,代表药皮类型、焊接电流要求,第1、2位数字代表焊缝金属抗拉强度。

3.3.3 典型焊条

1. E4303,E5003焊条

这类焊条为钛钙型。药皮中含30%以上的氧化钛和20%以下的钙或镁的碳酸盐矿,熔渣流动性良好,脱渣容易,电弧稳定,熔深适中,飞溅少,焊波整齐。这类焊条适用于全位置焊接,焊接电流为交流或直流正、反接,主要用于焊接较重要的碳钢结构。

2. E4315,E5015焊条

这两类焊条为低氢钠型,药皮的主要组成物是碳酸盐矿和萤石。其碱度较高,熔渣流动性好,焊接工艺性能一般,焊波较粗,角焊缝略凸,熔深适中,脱渣性较好,焊接时要求焊条干燥,并采用短弧焊。这类焊条可全位置焊接,焊接电源为直流反接,其熔敷金属具有良好的抗裂性和力学性能。主要用于焊接重要的低碳钢结构及与焊条强度相当的低合金钢结构,也被用于焊接高硫钢和涂漆钢。

3.4 焊条的选用及设计制造过程

3.4.1 焊条的选用原则

焊条的选用须在确保焊接结构安全、可靠使用的前提下,根据被焊材料的物理性能、机械性能、化学成分、工作条件和使用要求、焊接结构特点、受力状态、结构使用条件、对焊缝性能的要求、焊接现场设备情况和施工条件、劳动条件和生产效益等综合考查后,有针对性地选用焊条,必要时还需进行焊接性试验。

1. 根据母材的物理、机械性能和化学成分

① 合金结构钢与不锈钢焊接时(属异种金属焊接),应选用适于异种材料焊接的焊条,或采用过渡层的方法来匹配焊条。

② 母材中C,S,P等杂质含量高时,应选用抗裂性、抗气孔性好的焊条来施焊。

③ 凡要求焊缝金属具有高塑性、高韧性,并有相应强度指标时,应选用碱性低氢焊条。

④ 强度不相同的异种材料进行焊接,应该根据强度级别低的母材来选配焊条,目的也是在于保证焊缝有相应的塑性和抗裂性。

⑤ 焊接强度级别高的高强钢时,一般采用低强匹配的原则来保证接头的韧性。

2. 根据母材工作条件和使用要求

① 对于工作环境有特定要求的焊接结构,要选用与它相匹配的特殊焊条,比如低温钢的焊接、水下焊接。

② 在腐蚀介质中工作的焊件,应根据介质的类别、浓度、工作温度、工作压力、工作期限等选用专用的焊条,比如,不锈钢、渗铝钢的焊接。

③ 堆焊焊件时,应根据焊件具体的耐磨性、耐蚀性要求来选配堆焊焊条。

④ 珠光体耐热钢通常选用与母材成分相似的耐热钢焊条相匹配。

3. 根据焊接结构的特点

① 对于立焊、仰焊较多的焊件,应选用立向下等专用焊条。

② 对于几何形状复杂,且厚度刚性大的焊件,应选用抗裂性好的焊条,比如低氢焊条。

③ 对于因受某种条件限制,焊件坡口无法进行清理,或在坡口处存在油污、锈迹的,应选用抗油污、抗铁锈能力强的酸性焊条。

4. 根据焊接现场的设备情况和施工条件

① 对于交流焊机和直流焊机应选用与其相匹配的焊条。

② 对于室内、室外、高空、水下等施工环境应采用相应的焊条。

5. 根据劳动条件和生产效益

① 当酸性和碱性焊条都能满足设计要求时,应选用酸性焊条,因为酸性焊条工艺性好,焊接发尘量少,对焊工身体健康有好处。当必须采用碱性焊条时,应考虑通风和相应的劳动保护措施。

② 当几种焊条都能满足产品设计要求时,应选用价格低的焊条以降低产品成本。

③ 在焊接工艺措施上,能确保产品质量时,应选用大规格的焊条,以提高劳动生产率。

以下依据焊条的选用原则,举例说明焊条的选用。如在耐大气、海水腐蚀用钢中,除了含磷钢外,实际上与一般的低合金热轧钢没有原则上差别,因此焊接性都比较好。焊接时选择焊接材料时除了要满足强度要求外,必须在耐蚀性方面与母材相匹配。至于含P低合金耐蚀钢,为了得到良好的焊接接头性能。在焊接时主要采用Ni-Cu或Ni-Cr-Cu合金,如选用J507铬镍焊条,含Ni在0.4%左右,含Cr在0.6%左右。又如焊接铝镇静钢时,可以选择成分与母材相同的低碳钢和C-Mn钢型的焊条(如E7016),其焊缝性能在－30℃时具有足够的冲击吸收功,但数据波动大,最低值往往低于27J。因此,为了保证获得良好的低温韧性,选用含 Ni 0.5%～1.5%的低镍焊条更为可靠,如日本的 DL5016B-1 和 DL5016C-1 这两种焊条能分别适用于-45℃和-60℃。

3.4.2 焊条的设计

焊条的设计原则是技术可行,符合相关国家规定的各项性能要求,能进行机械化生产,经济效益好,卫生指标先进,确保焊工的身体健康且符合环保要求。

1. 焊条设计的依据

① 被焊母材的化学成分、力学性能、被焊件的工作要求(如抗氧化性、耐热性、低温韧性、耐磨性、耐腐蚀性等)。

② 现场施工条件(如交、直流焊接)、焊条制造成本、制造工艺及使用工艺要求等。

2. 对焊条的要求

① 必须满足对焊接接头的技术要求。

② 具有良好的冶金性能及工艺性能。

③ 药皮压涂性好,易成形,压制后表面光滑无裂纹,并具有一定的强度和耐潮性能。

3. 设计方法

① 焊条配方设计继承传统的优秀配方并加以创新,对现在生产的焊条品种进行改良。

② 通过计算化学成分配比,确定焊条药皮的组成。

③ 采用了计算机成分配比优选计算和正交设计等试验方法,可以减小试验次数并得到理想的配方方案。

但无论采用哪种方法,对药皮设计配方进行充分的实验、调整和性能测试都是不可缺少的。

4. 设计步骤

(1) 设计焊缝成分及焊缝金属的合金化方式

焊缝的化学成分既要满足接头使用性能的要求,又要考虑对焊接性的影响。常用的方法是经验法。化学成分确定后,应该考虑通过什么途径将合金元素过渡到焊缝中。可选择的途径是:通过焊芯过渡、药皮直接过渡和经过熔渣与液态金属的置换反应过渡。

(2) 焊芯的选定

根据焊条熔敷金属设计成分的要求,尽可能选用与设计成分相近的焊芯。就我国当前实际情况来看,除了不锈钢、镍基合金、有色金属、少数铸铁和堆焊焊条外,大多数品种的焊条都选用了 H08A 焊芯,通过药皮过渡合金元素,实现合金化,获得各种不同类型或不同用途的焊条。

(3) 选定药皮类型及确定药皮配方

焊条药皮配方的确定,一般是以经验为主,以计算为辅,根据焊条设计的技术要求,如力学性能、化学成分、工艺性能指标及其他特殊性能的要求等,参考目前成熟的配方,来选定适宜的药皮类型,如钛型、钛钙型、钛铁矿型、氧化铁型、纤维素型、低氢型、石墨型、盐基型等。如:焊接重要结构或低合金高强钢时,多选用低氢型药皮;对于焊接不太重要的碳钢或强度较低的低合金钢结构,可选用钛钙型或钛铁矿型药皮。

(4) 试验调整

一般情况下,焊条药皮基础配方设计只能算是初步设计,总会与预定目标有一定差距,有时差距可能很大,因此焊条药皮配方必须通过试验来进行调整。在药皮配方调整试验中,有先调工艺性能后调理化性能指标的,由于通常工艺性能调整比理化性能调整容易,且调整理化性能时也将进一步影响工艺性能,故这种试验方法使用较多,特别是用于靠药皮过渡合金成分较少的焊条(如 E4303 焊条)。药皮配方调整试验中,也有先调理化性能后调工艺性能的,多用于靠药皮过渡合金成分较多的焊条(如碳钢芯不锈钢焊条等)。也有工艺性能和理化性能同时进行试验调整的,这可根据具体情况和实际条件去选用。

在焊条药皮试验配方调整过程中,根据需要可单组元或多组元进行试验调整。当各项技术和经济指标达到预定国家标准或设计要求时,可进行试产、试用、技术鉴定和批量生产。

3.4.3 焊条的制造工艺流程

焊条的制造工艺过程主要包括 3 部分,即焊芯加工、涂料制备及焊条压涂。

1. 焊芯制备及原材料准备

目前焊条厂使用的盘条外径多为直径 $\phi 6.5$ mm。经剥壳、酸洗去除盘条表面氧化皮后,在拉丝机上拉拔到所需的直径,再在矫直切断机上按要求的长度进行矫直和切断。一般碳钢焊条焊芯长度为 $400\sim 450$ mm。

块状的铁合金和矿石先经破碎机破碎成 20 mm 左右的小块,然后用磨粉机、球磨机或辊式粉碎机磨成粒度为 $60\sim 325$ 目的细粉。对于硅铁、锰铁等铁合金应当进行钝化处理。钝化处理就是采用焙烧或用高锰酸钾浸泡等方法,使铁合金颗粒表面产生一层氧化膜,防止与水玻璃(作为黏结剂)接触时发生化学反应。也有采用在水玻璃中加入 0.3% 的高锰酸钾的方法,以防止焊条药皮的发泡现象。

2. 药皮配料及压涂

将各种焊条药皮用粉料(矿石、铁合金及化工产品等)按焊条配方比例进行配料,可以用人工称重或电子计算机控制电子秤进行自动称重。配好的料在搅拌机中进行干混使之均匀,此时的材料称为干涂料。然后慢慢倒入适量的水玻璃,搅拌成具有一定黏性的涂料,此时称为湿涂料,即可送到压涂机上压制焊条。

焊条压涂机是一种联合设备,它的作用是将搅拌好的湿涂料压涂到焊芯上,并对焊条夹持端及引弧端进行加工,使之具有焊条的外形。焊条压涂机有以下两种。

(1) 螺旋式压涂机

通过螺旋轴旋转时产生的推力,将涂料挤压出来。由于螺旋式压涂机的推力较小,因此要求涂料有较好的滑性和塑性,通常用来生产 J421、J422 等酸性药皮的焊条。

(2) 油压式压涂机

活塞的推力为 $1\,000\sim 2\,000$ tf($9.8\times 10^6\sim 1.96\times 10^7$ N),目前最高的可达 4 500 tf(4.41×10^7 N),涂料在粉缸中要承受 $80\sim 100$ MPa 的压力。由于压力高,这种设备可用来压涂各种类型的焊条,如结构钢焊条 J507、不锈钢焊条 A102 等。

用机器压涂焊条,每分钟可压涂 $500\sim 1\,000$ 根,目前大型设备最高每分钟可压涂 1 200 根以上。

3. 烘 焙

为排除焊条药皮所含的水分应当进行焊条烘焙。压涂出来的焊条可以经过自然干燥(或低温晾干)后送入高温干燥炉进行烘焙,也可直接进入连续式烘干炉直接烘干。烘焙温度取决于焊条类型。焊条药皮中含有多量有机物质时,其烘焙温度不能过高,否则易造成烧焦变质。例如,高纤维素型焊条不超过120 ℃,一般酸性结构钢焊条烘焙温度为220~300 ℃,碱性焊条为350~400 ℃,超低氢或高强钢焊条的烘焙温度可高达450 ℃。对烘焙红焊条药皮中的含水量一般要求:酸性焊条≤1%(高纤维素型除外);碱性焊条<0.4%。

4. 焊条的质量检验

① 跌落检验。将焊条平举一米高,自由落到光滑的厚钢板上,如药皮无脱落现象,即证明药皮的强度合乎质量要求。

② 外表检验。药皮表面应光滑、无气孔和机械损伤,焊芯无锈蚀,药皮不偏心。

③ 焊接检验。通过施焊来检验焊条质量是否满足设计要求。

经过检验,质量合格的焊条产品即可包装、入库、入厂。

3.5 焊条的损坏与保管

3.5.1 焊条的损坏

焊条保管的好坏对焊接质量有直接影响,尤其在野外工作时要特别注意。每个焊工、保管员和技术人员都应该知道焊条存储、保管规则。焊条和其他涂料在很多情况下会遭到破坏。

1. 运输、搬运、使用时受到损伤

虽然焊条在一般情况下具有抗外界破坏能力,但也不能忽视,由于保管不好很容易遭受损坏。焊条是一种陶质产品,它不能像钢芯那样耐冲击,所以装货和卸货时不能摔。用纸盒包装的焊条不能用挂钩搬运。某些型号焊条如特殊烘干要求的碱性焊条涂料比正常焊条更要小心轻放。

2. 被水浸泡或吸潮

在焊条涂料中含有太高的水分是很危险的,由于很多工人不了解焊条是湿的,因此焊完时焊缝表面用肉眼不一定看得见气孔,但是经 X 射线检查就显示出气孔来。当焊条出厂时,所有的焊条有某一定含水量,它根据焊条的型号而变,这个含水量是正常的,即对形成气孔有一个含水量的安全系数,对焊缝质量没有影响。所有的焊条在空气中都能吸收水分,在相对湿度为90%时,焊条涂料吸收水分很快,普通碱性焊条露在外面一天受潮就很严重,甚至相对湿度为70%时涂料水分增加也较快,只在相对湿度为40%或更低时,焊条长期储存才不受影响。由于昼夜湿度之间的差别很大,因此,空气水分在早上很容易凝结成露水,很容易打湿焊条包装。焊条存放时间较长时就很容易受潮,所以最好做到先入库的焊条先使用。在一般情况下焊条由塑料袋和纸盒包装,为了防止吸潮,在焊条使用前,不能随意拆开,尽量做到现用现拆,有可能的话,焊完后剩余的焊条再密封起来。

3. 简单识别受潮的方法

① 焊条受潮,颜色发黑,从不同位置取出几根焊条在两个手的拇指和食指之间将焊条支撑起来并轻轻摇动,如果焊条是干燥的就产生硬而脆的金属声,如果焊条受潮,声音发钝。在使用焊条时常做各种试验,干燥过的和受潮焊条声音是不同的,这样可以防止误用受潮焊条。

② 如果用某种型号受潮焊条焊接时发现有裂纹声音和气孔,那么这时一定要考虑焊条是

否烘干,然后再考虑其他原因。

③ 用受潮焊条焊接时如果焊条含水量非常高,甚至可以看到焊条表面有水蒸气发出来,或者当焊条烧焊一多半时,发现焊条尾部有裂纹现象存在。

④ 受油或其他腐蚀介质污染。

3.5.2 焊条的保管

1. 焊条的存储

① 各类焊条必须分类、分牌号堆放,避免混乱。

② 焊条必须存放在较干燥的仓库内,建议室温在 10 ℃ 以下,相对湿度小于 60%。

③ 各类焊条存储时,必须离地面高 300 mm,离墙壁 300 mm 以上存放,以免受潮。

④ 一般焊条一次出库量不能超过两天的用量,已经出库的焊条,必须要保管好。

2. 焊条的烘干

焊条从制造到使用因放置相当长的时间而吸潮,如果焊芯不生锈和药皮不变质,则焊条重新烘干后,可确保原来的性能。

焊条烘干,一般采用专用的带自动控制温度的烘箱,宜采取用多少烘多少,随烘随用的原则,烘干后在室外露放时间不超过 4 小时。焊条在烘箱中叠起层数 ϕ 4 mm 为不超过 3 层,ϕ 3.2 mm 不超过 5 层,否则,叠起太厚造成温度不均匀,局部过热而使药皮脱落。烘干箱必须带有排潮装置。重新烘干次数,一般可以重复两次,超过两次必须征求焊条制造厂的意见。

① 酸性焊条对水分不敏感,而有机物金红石型焊条能容许有更高的含水量。所以要根据受潮的具体情况,在 70~150 ℃ 烘干 1 小时,存储时间短且包装良好,一般使用前可不烘干。

② 碱性低氢型焊条在使用前必须烘干,以降低焊条的含氢量,防止气孔、裂纹等缺陷产生,一般烘干温度为 350 ℃、一小时。不可将焊条在高温炉中突然放入或突然冷却,以免药皮干裂。对含氢量有特殊要求的,烘干温度应提高到 400~500 ℃,一至两个小时。经烘干的碱性焊条最好在另一个温度控制在 50~100 ℃ 的低温烘干箱中存放,并随用随取。

③ 烘干焊条时,每层焊条不能堆放太厚(一般 1~3 层),以免焊条烘干时受热不均和潮气不易排出。

④ 露天操作时,隔夜必须将焊条妥善保管,不允许露天存放,应该在低温箱中恒温存放,否则次日使用前必须重新烘干。

3. 过期焊条的处理

所谓"过期"并不是指存放时间超过某一时间界限,而是指质量发生了程度不同的变化(变质)。各种类型的焊条存放时间较长,有时在焊条表面发现有白色结晶(白毛),这通常是由水玻璃引起的,这些结晶不是有害的,它意味着焊条存放时间很长而受潮的表现。

① 对存放多年的焊条应进行工艺性试验,焊条按规定温度进行烘干。如果施焊时没有发现焊条工艺性能有异常变化,如药皮有成块脱落现象,以及气孔、裂纹等缺陷,则焊条机械性能一般是可以保证的。

② 焊条由于受潮,焊芯有轻微锈迹,基本上不会影响性能,但如果要求焊接质量高,就不宜使用。

③ 焊条受潮锈迹严重,可酌情降级使用或用于一般构件焊接。最好按国家标准试验其力学性能,然后决定其使用范围。

④ 如果焊接涂料中含有大量铁粉,在相对湿度很高而存放时间较长,焊条受潮严重,甚至涂料中有锈蚀现象,那么,这样的焊条虽经烘干,但焊接时仍产生气孔或扩散氢含量很高,因此也要报废。按要求进行改进包装防止焊条吸潮,在存储中必须妥善保管。

⑤ 各类焊条严重变质,药皮已有严重脱落现象,此批焊条应报废。

思考与练习题

1. 什么是焊条?对焊条有什么要求?
2. 焊条由几部分组成?各部分的作用是什么?
3. 为什么碱性焊条又称为低氢焊条?
4. 焊条的型号和牌号有什么区别?
5. 试举例说明结构钢焊条的编制方法。
6. 试述焊条的设计步骤。
7. 试述焊条的制造工艺流程。
8. 过期焊条如何处理?

第 4 章　焊接应力与变形

金属结构在焊接过程中总要产生焊接应力和各种焊接变形。焊接应力和各种焊接变形直接影响焊接结构的产品质量和使用安全，因此必须加以防止。如果能够从中找出它们的规律，那么就可以大大减少焊接应力与变形的危害。

4.1　焊接应力和变形概述

4.1.1　焊接应力和变形的概念

在物体受到外力作用发生变形的同时，在其内部会出现一种抵抗变形的力，这种力就叫做内力。物体受到外力的作用，在单位截面积上的内力就叫做应力。

但应力并不都是由外力引起的，如物体在加热膨胀或冷却收缩过程中受到阻碍，也会在其内部出现应力。在没有外力作用时，物体内部所存在的应力叫做内应力。

焊接构件由焊接而产生的内应力称为焊接应力。按作用的时间可分为焊接瞬时应力和焊接残余应力。焊接瞬时应力是焊接过程中某一瞬时的焊接应力，它随着时间而变化。焊接残余应力是焊后残留在焊件内的焊接应力。

物体在受到外力的作用时，会出现形状、尺寸的变化，这就称为物体的变形。外力作用时产生的变形有弹性变形和塑性变形两种。若在外力去除后，物体能恢复到原来的形状和尺寸，这种变形就称弹性变形，反之就称塑性变形，也就是永久变形。

焊接变形是焊件由焊接而产生的变形（包括尺寸和形状的改变）。焊后焊件（或结构）残留的变形称为焊接残余变形，简称焊接变形。

4.1.2　焊接应力和变形产生的过程

焊接是一个加热和冷却的热循环过程，焊接时金属受热和冷却的整个热循环的温度范围通常在 1 500 ℃以上。随着温度的变化，金属的物理性能和机械性能也随之发生剧烈的变动。图 4-1 为低碳钢（20 钢）在加热时，其主要机械性能的变化。由图 4-1 可知，低碳钢的塑性参数随温度（>300℃）的提高，塑性也明显提高，而它的强度参数却随温度的提高而下降。图 4-2 是屈服强度与温度的关系。屈服强度在加热初期缓慢下降，随着加热温度的升高，曲线下降转快。当温度达到 600～650 ℃时，屈服强度接近于零。如图 4-2 所示，当温度在 0～500 ℃时，σ_s 可视为一个常数，而在 500～600 ℃时，σ_s 按直线规律减小到零。依据这种假定，低碳钢在 600 ℃及 600 ℃以上时，就变为塑性材料，这对焊接应力与变形有着重大影响。

焊接时的应力和变形的形成主要取决于焊接热过程，以及焊件在焊接过程中受拘束的条件。

1. 均匀加热时引起应力与变形的原因

整体均匀加热的杆件在不同拘束条件下，产生应力、变形的情况是不同的。

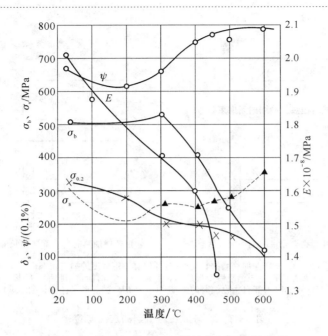

图 4-1 低碳钢的主要机械性能与温度的关系

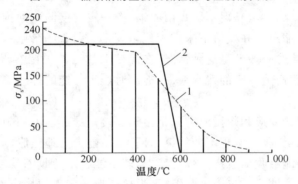

图 4-2 屈服强度与温度的关系

(1) 能自由膨胀和收缩的无拘束状态

金属材料如果在整体均匀加热和冷却过程中,能完全自由热胀冷缩,那么在加热过程中产生变形(伸长),不产生应力;冷却之后,恢复到原来的尺寸,没有残余变形[见图 4-3(a)],也没有残余应力。

(2) 杆件两端完全固定,不能膨胀也不能收缩的刚性拘束状态

如果只考虑杆件的纵向变形和应力,并假设杆件在加热膨胀时受到纵向压缩而不产生弯曲,那么杆件被加热到一定温度以上时,不能膨胀伸长而产生压缩塑性变形,杆件塑性压缩后的长度与原来一样,如图 4-3(b)所示。因此,杆件加热时长度方向没有变形(即长度不变),杆件内部受压应力。冷却时,杆件不能从加热时的长度(即原始长度)收缩,而由刚性拘束拉住它。因此,冷却到室温,杆件的长度仍然不变,即杆件没有变形;但杆件内部产生相当大的拉应力,并且残留下来成为残余应力。例如,焊接刚性固定的焊件。

(3) 有一定程度的拘束状态

此种情况如图 4-3(c)所示,杆件在加热时,不能自由膨胀伸长,虽然也能伸长一点,但仍

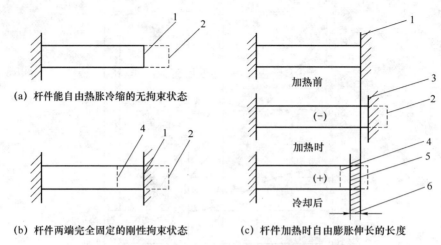

(a) 杆件能自由热胀冷缩的无拘束状态
(b) 杆件两端完全固定的刚性拘束状态
(c) 杆件加热时自由膨胀伸长的长度

1—杆件加热前的长度；2—杆件有一定程度的拘束状态；
3—加热时产生压缩塑性变形后的长度；4—冷却时能自由收缩时的长度；
5—冷却时不能自由收缩时的长度；6—冷却后的变形（杆件长度缩短）

图 4-3 均匀加热时引起的应力与变形

然要发生压缩塑性变形。因此，杆件在加热时有一定变形（伸长），并有压应力。杆件在冷却时，能有一定程度的收缩（缩短），但不能自由收缩，有一定程度的刚性拘束拉着它。因此，杆件冷却后有一定的变形（缩短），并残留下来成为残余变形；同时还产生一定的拉应力，也残留下来成为残余应力。焊接时一般就是这种情况，在焊接加热区的周围有母材冷金属的一定程度的拘束作用。焊接之后产生一定的残余变形，冷却时产生一定的焊接应力，焊后残留在焊件内成为焊接残余应力。

由此分析可知，焊接变形和焊接应力都是由于焊接是局部的不均匀加热引起的。焊接时，加热区金属在周围母材金属一定程度的拘束作用下，不能自由地热胀冷缩；在加热时发生压缩塑性变形，在冷却时若能够收缩就产生焊接变形，若不能自由地收缩就产生焊接应力。当焊件拘束度较小时，冷却时能够比较自由地收缩，则焊接变形较大而焊接应力较小；反之，若焊件拘束度较大或外加较大刚性拘束，则冷却时不能自由地收缩，焊接变形很小而焊接应力很大。这就是焊接应力与变形的关系。

2. 不均匀加热时引起应力与变形的原因

对于焊接加热区金属而言，可以认为是均匀加热，上述把它看成是杆件，仅分析其长度方向尺寸的改变，这是焊接变形的一种。对于焊接构件而言，焊接当然是局部的不均匀加热，除了引起尺寸改变之外，还会引起构件形状的改变，这是另一类焊接变形。

（1）长钢板一侧加热产生的应力与变形

现在再分析金属长钢板受不均匀加热时所产生的焊接变形与应力。采用长度比宽度大得多的长钢板，可根据平面假设原理（即当构件受纵向力或弯矩作用而变形时，在构件中的截面始终保持是平面）来进行分析。

如图 4-4(b) 所示，在长钢板右侧加热，T 为加热温度分布曲线。金属在加热时的伸长量是与温度成正比的，因此长钢板端面自由伸长后形成与温度分布曲线相似的曲面。根据平面假设原理和内应力平衡原理，在长钢板金属内部互相联系的拘束作用下实际端面应该是如图 4-4(b) 所示的斜平面；加热时的应力（纵向应力）也如图 4-4(b) 所示，长钢板两侧受压应力，中间受拉应力,在加热一侧产生压缩塑性变形,其余为拉伸或压缩弹性变形。长钢板加热时产生如图 4-4(b)所示的弯曲变形。

冷却时温度回到原始温度,在自由收缩条件下,弹性变形部分回到原始端面位置,而发生压缩塑性变形的部分,自由收缩后比原始长度还短,如图 4-4(c)的"自由收缩面"所示。同样,根据平面假设原理和内应力平衡原理,长钢板实际端面应该是如图 4-4(c)所示的斜平面。冷却到室温后,长钢板的内应力(纵向应力)也如图 4-4(c)所示,两侧受拉应力,中间受压应力;单边加热的长钢板条,除了加热边的纵向缩短外,还产生如图 4-4(c)所示的弯曲残余变形,方向与加热时相反。

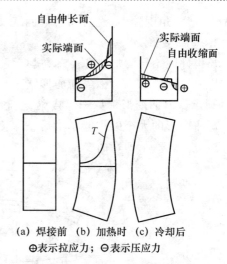

(a) 焊接前　(b) 加热时　(c) 冷却后
⊕表示拉应力；⊖表示压应力

图 4-4　长板条右侧受热的焊接应力变形

(2) 对接接头 Y 形坡口焊接后的角变形

对接接头 Y 形坡口的焊缝,在焊缝正面较宽,在根部较窄,因此,冷却时焊缝横向收缩变形在焊件厚度方向上不均匀,焊缝横截面上部横向收缩变形大,下部与根部横向收缩变形小。这样就造成了构件平面的偏转,产生了角变形,如图 4-5 所示。

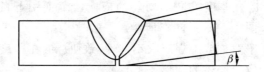

图 4-5　对接接头的角变形

4.2　焊接残余变形

焊接热过程是一个不均匀加热的过程,以致在焊接过程中出现应力和变形,焊后便导致焊接结构产生焊接残余应力和焊接残余变形。

4.2.1　焊接残余变形的分类

焊接残余变形主要有收缩变形、弯曲变形(也叫挠曲变形)、角变形、波浪变形和扭曲变形等几种。

1. 收缩变形

焊接时,工件仅局部受热,温度分布极不均匀。温度较高部分的金属由于受到周围温度较低金属的牵制,不能自由膨胀而产生压缩塑性变形,致使焊接接头焊后冷却过程中发生缩短现象,这种现象叫做收缩变形。

沿焊缝长度方向的缩短叫纵向收缩。焊缝的纵向收缩量一般是随焊缝长度的增加而增加的。另外,母材线膨胀系数越大,其焊后焊缝纵向收缩量也越大,如不锈钢和铝的焊后收缩量就比碳钢大。多层焊时,第一层引起的收缩量最大,这是因为焊第一层时焊件的刚性较小。

垂直焊缝方向的缩短叫横向收缩。一般对接焊的横向收缩,随着板厚的增加而增加；同样的板厚,坡口角度越大,横向收缩量也越大。

2. 弯曲变形

长构件因不均匀加热和冷却在焊后两端翘起的变形,称弯曲变形,又称挠曲变形。这是由于结构上焊缝布置不对称或断面形状不对称,焊缝的纵向收缩或横向收缩所产生的变形,如图4-6所示。弯曲变形常见于焊接梁、柱和管道等焊件,对这类焊接结构的生产造成较大的危害。弯曲变形的大小以挠度 f 的数值来度量,f 是焊后焊件的中心轴偏离原焊件中心轴的最大距离,挠度越大,即弯曲变形越大。

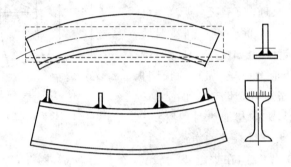

图 4-6 弯曲变形(挠曲变形)

3. 角变形

焊接时由于焊接区沿板材厚度方向不均匀的横向收缩而引起的回转变形叫角变形,如图4-5、图4-7所示。一般这是由于焊缝横截面形状沿厚度方向不对称或施焊层次不合理,致使焊缝在厚度方向上横向收缩量不一致所产生的变形。

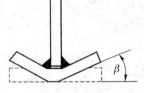

图 4-7 角变形

4. 波浪变形

薄板焊接时,因不均匀加热,焊后构件呈波浪状变形,或由几条相互平行的角焊缝横向收缩产生的角变形而引起的波浪状变形,称波浪变形,如图4-8所示,也称翘曲变形。

5. 扭曲变形

由于装配不良,施焊程序不合理等,焊后构件发生扭曲,称扭曲变形。产生这种变形的原因与焊缝角变形沿长度上的分布不均匀性及工件的纵向错边有关。如图4-9所示的变形是因为角变形沿着焊缝上逐渐增大,使构件扭转。

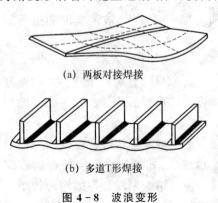

(a) 两板对接焊接

(b) 多道T形焊接

图 4-8 波浪变形

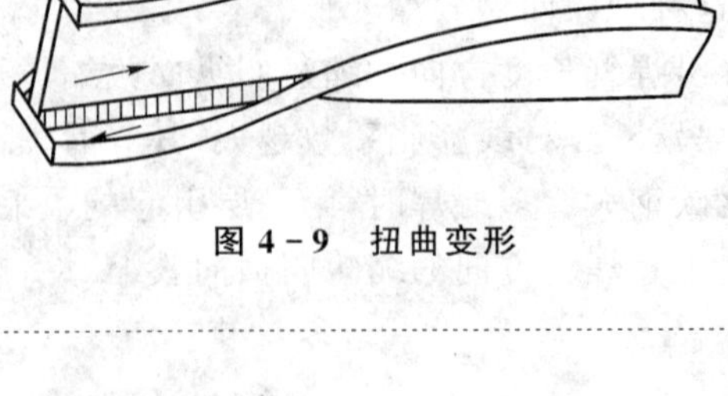

图 4-9 扭曲变形

此外,焊接变形还有错边变形等。错边变形是两块板材在焊接过程中因刚度或散热程度不等所引起的纵向或厚度方向上位移不一致造成的变形。

4.2.2 影响焊接残余变形的因素

影响焊接残余变形大小的因素有焊缝在结构中的位置、焊接结构的刚性、焊缝的长度和坡口形式、焊接结构的装配焊接顺序、焊接工艺方法、焊接工艺参数、焊接操作方法以及结构材料的膨胀系数等。

1. 焊缝在结构中的位置

在焊接结构刚性不大、焊缝在结构中对称布置或焊缝在结构的中性轴上、焊缝截面重心与接头截面重心在同一位置(即焊缝截面上下左右均对称)、施焊顺序与方向合理时,主要产生纵向缩短和横向缩短。焊缝在结构中布置不对称时,则焊后要产生弯曲变形,弯曲方向朝向焊缝较多的一侧。焊缝偏离结构中性轴时,则焊后要产生弯曲变形,弯曲方向朝向焊缝一侧;焊缝偏离结构中性轴越远,则越容易产生弯曲变形。

2. 焊接结构的刚性

某些金属结构在力的作用下,不容易发生变形,就说它的刚性大。衡量焊接接头刚性大小的一个定量指标是拘束度。拘束度有拉伸拘束度和弯曲拘束度两类。拘束度越大,即刚性越大,焊接结构就越不易变形。金属结构的刚性主要取决于结构的截面形状及其尺寸的大小。

① 结构抵抗拉伸的刚性主要决定于结构截面积的大小。截面积越大,拉伸拘束度就越大,则抵抗拉伸的刚性就越大,变形就越小。

② 结构抵抗弯曲的刚性主要看结构的截面形状(见图 4-10)和尺寸大小。就梁来说,一般封闭截面比不封闭截面抗弯刚性大;板厚大(即截面积大),抗弯刚性也大;截面形状、面积和尺寸完全相同的两根梁,长度越小,抗弯刚性越大;同一根封闭截面的箱形梁,垂直放置比横向放置时的抗弯刚性大(在受相同力的情况下)。

③ 结构抵抗扭曲的刚性除了决定于结构的尺寸大小外,最主要的是结构截面形状。如结构截面是封闭形式的,则抗扭曲刚性比不封闭截面的大。图 4-10(b)的截面,抗扭力比图 4-10(c),(d),(e)大。

综前所述,一般短而粗的焊接结构,刚性较大;细而长的构件,抗弯刚性小。

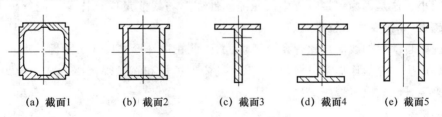

(a) 截面1　　(b) 截面2　　(c) 截面3　　(d) 截面4　　(e) 截面5

图 4-10　梁的截面形状

3. 焊缝的长度和坡口形式

焊缝截面越大,焊缝长度越长,则引起的焊接变形越大。Y 形坡口的焊缝和角焊缝横向收缩要产生角变形。坡口角度越大,角变形也越大。Y 形(V 形)坡口比 U 形坡口角变形大。X 形(双 Y 形)坡口比 Y 形坡口角变形小。X 形坡口比双 U 形坡口角变形大。I 形坡口角变形最小。坡口的根部间隙越大,则变形越大。

4. 焊接结构的装配及焊接顺序

焊接结构的刚性是在装配、焊接过程中逐渐增大的,结构整体的刚性总比它的零、部件刚性大。所以,尽可能先装配成整体,然后再焊接,可减少焊接结构的变形。以工字梁为例,按图4-11(c)所示,先整体装配再焊接,其焊后的上拱弯曲变形,要比按图4-11(b)所示边装边焊顺序所产生的弯曲变形小得多。但是,并不是所有焊接结构都可以采用先总装后焊接的方法。

有了合理的装配方法,如没有合理的焊接顺序,结构还是达不到变形最小的程度。即使焊缝布置对称的焊接结构,如焊接顺序不合理,结果还会引起变形。图4-11(c)中,若按$1'$,$2'$,$3'$,$4'$的顺序焊接,焊后同样还会产生上拱的弯曲变形。而如果按$1'$,$4'$,$3'$,$2'$的顺序焊接,焊后的弯曲变形将会减小。

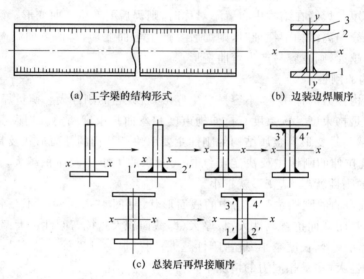

图4-11 工字梁的装配顺序与焊接顺序

5. 焊接线能量

焊接线能量越大,焊接变形也越大。焊接变形随着焊接电流的增大而增大,随着焊接速度的加快而减小。这是因为焊接过程中的压缩塑性变形与线能量成正比。线能量越大,则压缩塑性变形越大,焊接变形也就越大。

由于埋弧自动焊的线能量比焊条电弧焊大,因此在焊件形式尺寸及刚性拘束相同条件下,埋弧自动焊产生的变形比焊条电弧焊大,CO_2气体保护焊和氩弧焊产生的变形比焊条电弧焊小。一般来说,气焊、电渣焊的焊接变形大,电弧焊引起的焊接变形较小。电子束焊和激光焊的焊接变形极小。

单道焊、大电流慢速摆动焊的线能量大,引起的焊接变形比多层多道焊、小电流快速不摆动焊大。对称的焊缝对称施焊时,可以减小焊接变形或不产生某种变形。1 m以上长焊缝,直通焊[见图4-12(a)]变形最大;从中央向两端逐段倒退焊法[见图4-12(c),图中数字表示焊接顺序]变形最小;从中央向两端焊[见图4-12(b)]也能减小变形。

此外,结构材料的线膨胀系数大(如不锈钢),热胀冷缩量大,引起的焊接变形也大。因此,要控制焊接变形,就要针对各种因素采取必要的措施。

(a) 变形最大　　(b) 变形较小　　(c) 变形最小

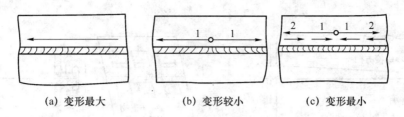

图 4-12　长焊缝的焊接方向和顺序

4.2.3　控制焊接残余变形的措施

控制焊接残余变形,可从焊接结构设计时考虑。如在保证结构有足够强度的前提下,适当采用冲压结构来代替焊接结构,以减小焊缝的数量和尺寸;尽量使焊缝对称布置,以使焊接时产生均匀的变形,防止弯曲变形。

1. 设计措施

① 选用合理的焊缝尺寸和形状,在满足结构承载能力的前提下,应采用尽量小的焊缝尺寸,如角焊缝用小的焊脚尺寸。坡口形式应选用焊缝金属少的坡口形式。尽可能减少焊缝的长度。

② 尽可能减少焊缝数量。

③ 合理地安排焊缝的位置。焊缝应尽可能对称于结构截面中性轴布置,或使焊缝尽可能接近中性轴,如图 4-13 所示。

2. 工艺措施

① 反变形法在焊接前对焊件施加具有大小相同、方向相反的变形,以抵消焊后发生变形的方法,称为反变形法。如图 4-14 所示为反变形法的示例。反变形法需要积累实践经验数据,能够很好地控制焊接变形。这是一种用于生产的、行之有效的措施。装配间隙有时也要采用反变形,如图 4-15 所示。反变形法主要用来减小角变形和弯曲变形。

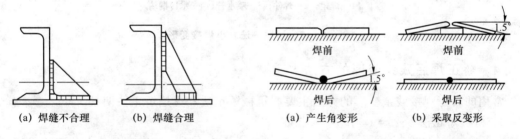

(a) 焊缝不合理　　(b) 焊缝合理

图 4-13　合理安排焊缝位置

(a) 产生角变形　　(b) 采取反变形

图 4-14　Y 形坡口对接的反变形

② 刚性固定法,刚性大的焊件焊后变形一般都比较小。当焊件刚性较小时,利用外加刚性拘束来减小焊件焊后变形的方法称为刚性固定法。刚性固定法用于薄板是很有效的,特别是用来防止由于焊缝纵向收缩而产生的波浪变形更有效。如图 4-16(a)所示是用重物固定的刚性固定方法;如图 4-16(b)所示是利用夹具刚性固定防止角变形。刚性固定法焊后的应力大,不适用于容易产生裂纹的金属材料和结构的焊接。

③ 选择合理的装焊顺序,尽可能采用整体装配后再进行焊接的方法。对于不能进行整体装配后焊接的大型构件和形状,可把结构适当地分成若干部件,分别装配焊接,然后再装配焊

接成整体。

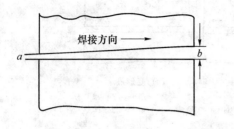

图 4-15 装配间隙的反变形

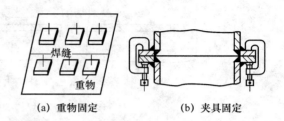

(a) 重物固定　　(b) 夹具固定

图 4-16 刚性固定法

合理的焊接方向和顺序是减小焊接变形的有效方法。当结构具有对称布置的焊缝时,应尽量采用对称焊接,采用相同焊接工艺参数,同时施焊。采用图 4-12(c)所示的从中间向两端逐步退焊法能有效减小长焊缝的焊接变形。

④ 选择合理的焊接方法和焊接参数,采用快速高温焊接方法或小线能量(热输入)可以减小焊接变形。采用 CO_2 气体保护焊、等离子弧焊代替气焊和焊条电弧焊,可以减小变形量。

此外,还有散热法和锤击法也可以减小焊接变形。焊接时用强迫冷却的方法将焊接区的热量散走,使焊缝附近的金属受热面大为减小,以减小焊接变形,这种方法称为散热法。如图 4-17 所示为 3 种用散热法减小焊接变形的方法。散热法常用于不锈钢焊接,但不适用于淬硬倾向大的易淬火钢的焊接。由于焊接变形主要是因焊缝发生横向和纵向收缩所引起的,因此对焊缝及其周围区域进行适当锤击使其展宽展长以补偿焊缝的收缩,也可以减小焊接变形。

(a) 喷水冷却　　(b) 浸入水中冷却　　(c) 水冷铜块冷却

1—焊矩；2—焊件；3—喷水管；4—水冷铜块

图 4-17 用散热法减小焊接变形

4.2.4 矫正焊后残余变形的方法

常用的矫正焊接残余变形的方法主要有机械矫正法和火焰矫正法两种。

1. 机械矫正法

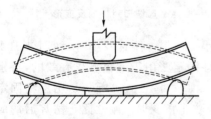

图 4-18 机械矫正

机械矫正是将焊件中尺寸较短部分通过施加外力的作用,使之产生塑性延展,从而达到矫正变形的目的。如图 4-18 所示是一种机械矫正的方法。

对于薄板波浪变形的机械矫正,应采用锤打焊缝区的拉伸应力段的方法,因为拉伸应力区的金属经过锤打被延伸了,即产生了塑性变形,减小了对薄板边缘的压缩应力,从而矫正了波浪变形。在锤打时,必须垫上平锤,以免出现明显的锤痕。

机械矫正法是通过冷加工塑性变形来矫正变形的,因此,要损耗一部分塑性,故机械矫正法通常适用于低碳钢等塑性好的金属材料。

2. 火焰矫正法

火焰矫正是将焊件中尺寸较长部分通过火焰局部加热,利用加热时发生的压缩塑性变形和冷却时的收缩变形,从而达到矫正变形的目的。火焰加热采用一般的气焊焊炬,加热用火焰一般用中性焰。火焰矫正时的加热温度最低可到 300 ℃,最高温度要严格控制,不宜超过 800 ℃。对于低碳钢和普通低合金高强度钢,加热温度为 600~800 ℃。

(1) 点状加热矫正

图 4-19 为点状加热矫正钢板和钢管的实例。图 4-19(a)所示为钢板(厚度在 8 mm 以下)波浪变形的点状加热矫正,其加热点直径 d 一般不小于 15 mm,点间距离 l 应随变形量的大小而变,残余变形越大,l 越小,一般在 50~100 mm 之间变动。为提高矫正速度和避免冷却后在加热处出现小泡突起,往往在加热完一个点后,立即用木锤锤打加热点及其周围,然后浇水冷却。

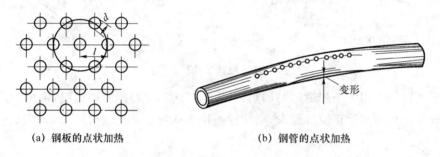

(a) 钢板的点状加热　　　(b) 钢管的点状加热

图 4-19　点状加热矫正

如图 4-19(b)所示为钢管弯曲的点状加热矫正。加热温度为 800 ℃,加热速度要快,加热一点后迅速移到另一点加热。经过同样方法加热、自然冷却一到两次,即能矫直。

(2) 线状加热矫正

火焰沿着直线方向或者同时在宽度方向作横向摆动的移动,形成带状加热,均称线状加热。图 4-20 为线状加热的几种形式。在线状加热矫正时,加热线的横向收缩大于纵向收缩,加热线的宽度越大,横向收缩也越大。所以,在线状加热矫正时要尽可能发挥加热线横向收缩的作用。加热线宽度一般取钢板厚度的 0.5~2 倍左右。这种矫正方法多用于变形较大或刚性较大的结构,也可矫正钢板。图 4-21 为线状加热矫正的实例。

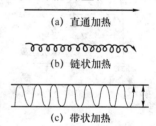

图 4-20　线状加热的形式

线状加热矫正,根据钢材性能和结构的特点,可同时用水冷却,即水火矫正。这种方法一般用于厚度小于 8 mm 以下的钢板,水火距离通常在 25~30 mm 左右。对于允许采用水火矫正的普低钢,在矫正时应根据不同钢种,把水火距离拉得远些。水火矫正如图 4-22 所示。

(3) 三角形加热矫正

三角形加热即加热区呈三角形。加热的部位是在弯曲变形构件的凸缘,三角形的底边在被矫正构件的边缘,顶点朝内,如图 4-23 所示,由于加热面积较大,因此收缩量也较大,尤其

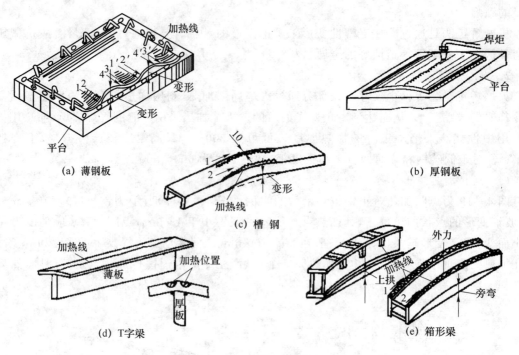

图 4-21 线状加热矫正实例

是在三角形底部。可用多个焊炬同时加热,并根据结构和材料的具体情况,可再加外力或用水急冷。这种方法常用于矫正厚度较大、刚性较强构件的弯曲。

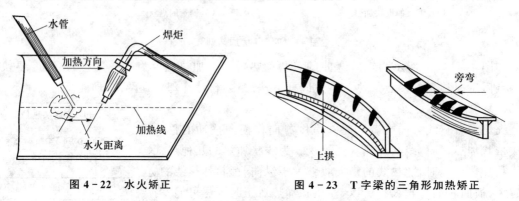

图 4-22 水火矫正　　　　图 4-23 T字梁的三角形加热矫正

4.3 焊接残余应力

4.3.1 焊接残余应力的分类

1. 按应力产生的原因分类

(1) 热应力

焊接是不均匀加热和冷却过程,焊件内部主要由于受热不均匀、温度差异所引起的应力,称为热应力,又称温度应力。

(2) 拘束应力

主要由于结构本身或外加拘束作用而引起的应力,称为拘束应力。

(3) 相变应力

主要由于焊接接头区产生不均匀的组织转变而引起的应力,称为相变应力,又称组织应力。

(4) 氢致集中应力

主要由于扩散氢聚集在显微缺陷处而引起的应力,称为氢致集中应力。

在这 4 种残余应力中,以热应力和相变应力为主,因此内应力按产生的原因可以分为热应力(温度应力)和相变应力(组织应力)两大类。

2. 按应力在空间的方向分类

可分为单向应力、双向应力和三向应力。

① 单向应力:在焊件中沿一个方向存在的应力,称为单向应力,又称线应力。例如,焊接薄板的对接焊缝及在焊件表面上堆焊时产生的应力。

② 双向应力:作用在焊件某一平面内两个互相垂直方向上的应力,称为双向应力,又称平面应力。它通常发生在厚度为 15～20 mm 的中厚板焊接结构中。

③ 三向应力:作用在焊件内互相垂直的 3 个方向的应力,称为三向应力,又称体积应力。例如,焊接厚板的对接焊缝和互相垂直的 3 个方向焊缝交汇处的应力。

金属受热和冷却时产生的体积膨胀和收缩都是 3 个方向的,因此,严格地讲,焊件中产生的残余应力总是三向应力。但当在一个或两个方向上的应力值很小可以忽略不计时,就可以认为它是双向应力或单向应力。

4.3.2 焊接残余应力对结构的影响

焊接残余应力对结构的影响主要有以下几点。

① 焊接应力会引起热裂纹和冷裂纹。

② 焊接残余应力促使接触腐蚀介质的结构在使用时容易发生应力腐蚀,产生应力腐蚀裂纹,也会引起应力腐蚀低应力脆断。

③ 焊接残余应力的存在,提高了结构在使用时的应力水平。在厚壁结构的焊接接头区和立体交叉焊缝交汇处等部位,存在三向焊接残余应力,会使材料的塑性变形能力降低。总之,焊接残余应力会降低结构的承载能力。

④ 在结构应力集中部位、结构刚性拘束大的部位或焊接缺陷较多的部位,存在拉伸焊接残余应力会降低结构使用寿命,并易导致低应力脆断事故的发生。

⑤ 有较大的焊接残余应力的结构,在长期使用中,由于残余应力逐渐松弛、衰减,会产生一定程度的变形。有焊接残余应力的构件,在机械加工之后,原来平衡的应力状态改变,导致切削加工后构件形状发生变化,从而影响构件机械加工精度和尺寸稳定性。

因此,对于塑性较差的高强钢焊接结构、低温下使用的结构、刚性拘束度大的厚壁容器,存在较大的三向拉伸残余应力的结构,焊接接头中存在着难以控制和避免的微小裂纹的结构,有产生应力腐蚀破坏可能性的结构,以及对尺寸稳定性和机械加工精度要求较高的结构,通常均应采取消除焊接残余应力的措施,以提高结构使用寿命。并防止低应力脆性破坏事故的发生。

同时也要说明,在低碳钢、16 Mn 等一般性结构中存在的焊接残余应力对结构使用的安全性影响并不大,所以,对于这样的结构,焊后可以不必采取消除残余应力的措施。

4.3.3 减小焊接残余应力的措施

在结构设计和焊接方法确定的情况下,通常采用工艺措施来减小焊接残余应力。

1. 采用合理的焊接顺序和方向

① 尽可能让焊缝能自由收缩,以减小焊接结构在施焊时的拘束度,最大限度地减小焊接应力。

如图 4-24(a)所示为一大型容器底部,是由许多平板拼接而成的。考虑到焊缝能自由收缩的原则,焊接应从中间向四周进行,使焊缝的收缩由中间向外依次进行。焊接顺序见图中所标的数字,这样能最大限度地让焊缝自由收缩,以减小焊接应力。

如图 4-24(b)所示为带肋板的工字梁的焊接顺序,同时逐个并两边对称地焊接,使构件能自由收缩,焊接应力便会大大减小。

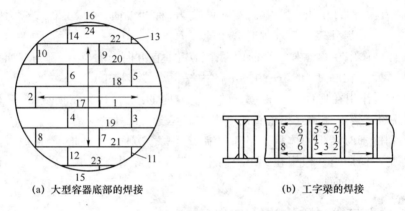

(a) 大型容器底部的焊接　　(b) 工字梁的焊接

图 4-24 考虑焊缝尽可能自由收缩的焊接顺序

② 先焊收缩量最大的焊缝,将收缩量大、焊后可能产生较大焊接应力的焊缝,置于先焊的地位,使它能在拘束度较小的情况下收缩,以减小焊接残余应力。如对接焊缝的收缩量比角焊缝的收缩量大,故同一构件中应先焊对接焊缝。

③ 焊接平面交叉焊缝时,先焊横向焊缝,这主要是保证横向焊缝在焊后有自由收缩的可能,如图 4-25 所示为焊接顺序。要注意在施焊时必须保证焊缝交点处的焊接质量,因为该处的焊接应力较大。

2. 采用较小的焊接线能量

小线能量可以减小不均匀加热区的范围及焊缝收缩量,从而减小焊接应力。采用较小线能量和合理的焊接操作方法,对减小焊接应力有一定的效果。例如,采用多层多道焊、小电流快速不摆动焊法代替单道焊、大电流慢速摆动焊法等。

3. 采用整体预热法

焊件内由焊接加热引起的温差越大,焊接残余应力也越大。整体预热可以减小焊接接头区与结构整体温度之间的差别,使加热和冷却时不均匀膨胀和收缩有所减小,从而使不均匀塑性变形尽可能减小,达到减小焊接应力的目的。预热温度越高,则焊接应力越小。预热法通常用于低合金高强度结构钢的焊接,不适用于不锈钢的焊接。

4. 锤击法

焊接每条焊道之后,用一定形状的小锤迅速均匀地轻敲焊缝金属,使其横向有一定的展

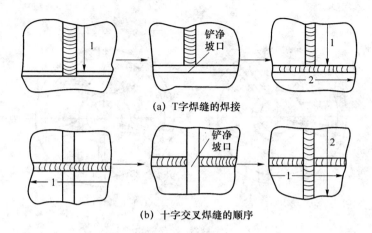

图 4-25 交叉焊缝的焊接顺序

宽,这样可以减小焊接变形,还可以减小焊接残余应力。利用锤击焊缝来减小焊接残余应力是行之有效的方法,应力可减小 1/2~1/4。多层多道焊时,第一层不锤击,以防止产生根部裂纹;最后一层也不锤击,以免影响焊缝表面质量。

5. 减少氢的措施及消氢处理

减小氢致集中应力的措施如下:

① 选用低氢型碱性焊条和碱性焊剂。
② 焊条和焊剂应在规定的较高烘干温度下严格烘干。
③ 清除焊丝和坡口表面及两侧的水汽与油、锈蚀。
④ 控制环境湿度。
⑤ 焊接后应对焊缝进行消氢处理。焊后立即加热到 250~350 ℃,保温 2~6 h,使焊缝中的扩散氢逸出焊缝表面。这样可以大大降低氢致集中应力,避免产生冷裂纹(氢致延迟裂纹)。

此外,减小焊接应力还可以采用加热减应区法。选择结构的适当部位进行加热,使之伸长。加热区的伸长带动焊接部位,使其产生一个与焊缝收缩方向相反的变形。然后再焊接原来刚性很大的焊缝。在冷却时,加热区的收缩与焊缝的收缩方向相同,可使焊缝的焊接应力减小。这个加热区俗称"减应区",如图 4-26 所示。带轮轮辐、轮缘断裂常用此法焊补,如图 4-27 所示。用加热减应区法可以焊接一些刚性比较大的焊缝,能取得降低焊接应力、防止裂纹的良好效果。

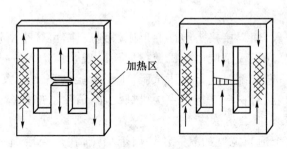

图 4-26 框架断口焊接

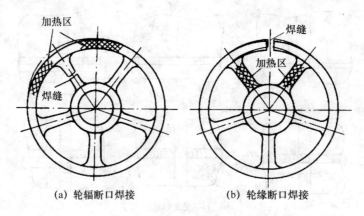

图 4-27 轮辐、轮缘断口焊接

4.3.4 消除焊接残余应力的方法

消除焊接残余应力的方法有热处理法和加载法两大类。

1. 热处理法

钢结构常用的消除焊接残余应力的方法是采用焊后热处理,把焊件的整体或局部均匀加热至材料相变点以下的某一温度范围(一般为 550～650 ℃),经一定时间保温(一般钢材按 2.5 min/mm 算,超过 50 mm,每增加 25 mm 加 15 min),此时,金属虽未发生相变,但在此温度下,其屈服极限降低,使内部由于残余应力的作用而产生一定的塑性变形,使应力得以消除(一般在 80%～90%以上),然后再均匀、缓慢地冷却。这种方法还可改善焊缝热影响区的组织与性能,这种热处理方法就叫做消除应力热处理。

整体消除应力热处理,一般在炉内进行。对于某些构件不允许或无法用加热炉进行加热的,可用红外线加热器、工频感应加热器等进行局部热处理,这样可降低焊接结构内部焊接残余应力的峰值,使应力分布趋于平缓,起到部分消除应力的作用。局部消除应力热处理的加热宽度,一般应不小于焊件厚度的 4 倍。在冷却时,应该用绝热材料包裹加热区域,以减缓冷却速度。

2. 加载法

加载法是利用力的作用使焊接接头拉伸残余应力区产生塑性变形,从而松弛焊接残余应力的方法。

(1) 机械拉伸法

对焊接结构进行加载,使焊接接头塑性变形区得到拉伸,可减小由焊接引起的局部压缩塑性变形量,从而消除部分焊接残余应力。机械拉伸消除残余应力对一些焊接压力容器特别有意义,因为这些容器焊后通常都要进行水压试验,水压试验的压力均大于容器的工作压力,所以在进行水压试验的同时,对材料进行了一次机械拉伸,消除了部分焊接残余应力。

(2) 温差拉伸法(又称低温消除应力法)

在焊缝两侧各用一个适当宽度的氧—乙炔焰炬加热,在焰炬后面一定距离用一根带有排孔的水管进行喷水冷却,焰炬和喷水管以相同速度向前移动,如图 4-28 所示。这样就形成了一个两侧温度高(其峰值约为 200 ℃)、焊缝区温度低(约为 100 ℃)的温度差。两侧金属受热膨胀(沿焊缝纵向)对温度较低的焊缝区进行拉伸,使其产生拉伸塑性变形,从而松弛焊缝区的焊接残余应力,消除的效果可达 50%～70%。温差拉伸法适用于焊缝比较规则、厚度不大(小于 40 mm)的板、壳结构,如容器、船舶等,有一定的应用价值。温差拉伸法主要参数有:焰炬宽度约 100 mm,两焰炬中心距 180 mm,焰炬与喷水管距离为 130 mm,焰炬移动速度与板厚有关,在 150～600 mm/min 之间。

(3) 振动法

在结构中拉伸残余应力区施加振动载荷,使振源与结构发生稳定的共振。利用稳定共振所产生的变载应力,使焊接接头拉伸残余应力区产生塑性变形,从而松弛焊接残余应力。试验证明,当变载荷达到一定数值,经过多次循环加载后,结构中的残余应力逐渐降低。

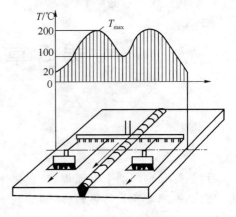

图 4-28 温差拉伸法

思考与练习题

1. 焊接应力和变形是如何形成的?
2. 焊接残余变形的基本形式有哪几种?它们各自产生的原因是什么?
3. 影响焊接结构残余变形的因素有哪些?为什么?
4. 控制焊接残余变形的措施有哪些?试说明其道理。
5. 矫正焊接结构残余变形有哪两类方法?火焰矫正法的原理是什么?它有哪几种形式?试举例说明。
6. 控制焊接残余应力的措施有哪些?试说明其道理。

第 5 章 埋弧自动焊

5.1 埋弧自动焊概述

埋弧焊又称焊剂下电弧焊,是焊接生产中广泛应用的高效率焊接方法之一,本章主要介绍埋弧自动焊的实质与特点,自动调节基本原理,以及有关的焊接设备、焊接材料、焊接工艺等方面的内容。

5.1.1 电弧焊接过程自动化的基本概念

一般电弧焊接过程是引燃电弧、正常焊接和熄弧收尾等3个阶段。手工电弧焊操作时,这些阶段是依靠焊工用手工控制来完成的。若使电弧焊接过程实现自动化,就是将3个阶段完全用机械动作来取代。首先要实现机械化操作,并要求自动地、相应地调节焊接工艺参数,以满足焊接过程的需求。为此,用自动焊接装置完成全部焊接操作的焊接方法,就称为自动焊。

由于应用科学和焊接技术的迅速发展,在电弧焊的范围中,出现了各种各样的自动焊接方法。从焊接设备方面看,要达到自动完成焊接操作的目的,必须具备送丝机构(焊接机头)和行走机构(焊车或自行焊接机头)两部分。

1. 焊接机头动作

(1) 引燃电弧

一般是先使焊丝与焊件接触短路,焊机启动时靠焊丝的向上回抽而引燃电弧。

(2) 正常焊接

使焊丝按预定的焊接工艺参数向电弧区给送,并保持焊接工艺参数的基本稳定。

(3) 熄弧收尾

通常是先停止送丝,再切断电源,这样既可使弧坑填满,又不致使焊丝与焊件"粘住"。

2. 行走机构动作

使焊接机头按预定速度沿着焊接方向移动,同时能够方便地调速。

按上述的电弧焊接机械化程度,如果是部分实现的,例如焊丝送进有专门机构完成,而行走机构动作是用手工操纵来完成的,也就是说是用手工操作完成焊接热源的移动,那么,就称为"半自动焊"。所以埋弧焊有埋弧自动焊和半自动焊之分。

5.1.2 埋弧自动焊的实质与特点

埋弧自动焊的实质简单地说,就是一种电弧在焊剂层下燃烧进行焊接的方法。埋弧自动焊如图5-1所示。

焊丝1由送丝机构送入焊剂层2下,与母材之间产生电弧4,使焊丝与母材同时熔化,形成熔池5,冷却结晶后形成焊缝6,另外,焊剂熔化后,部分被蒸发,焊剂蒸气在电弧区周围形成封闭空间,使电弧区与外界空气隔绝,有利于熔池冶金反应的进行。比重较轻的熔渣7浮在熔池表面,冷却凝固后形成覆盖在焊缝上的渣壳 8。电弧随着焊车沿焊接方向移动,焊剂不断地撒在电弧区周围,焊丝连续地给送,熔池金属熔化并结晶,由此获得成形的焊缝。

埋弧自动焊与手工电弧焊相比,具有以下的特点:

(1) 焊接生产率高

由于埋弧自动焊采用较大的焊接电流,因此使单位时间内焊丝的熔化量显著增加,即熔化系数增大。如手工电弧焊的熔化系数为 $8\sim 12$ g/(A·h),而埋弧自动焊可达 $14\sim 18$ g/(A·h),这样就可以提高焊接速度。另外,电流大,熔池也大,一般焊件厚度在 14 mm 以下可以不开坡口。还有,连续施焊的时间较长,所以提高了生产率。

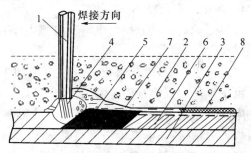

1—焊丝;2—焊剂;3—母材;4—电弧;
5—熔池;6—焊缝;7—熔渣;8—渣壳

图 5-1 埋弧自动焊示意图

(2) 焊接接头质量好

埋弧自动焊时,焊接区受到焊剂和熔渣的可靠保护,大大减少有害气体的侵入。由于焊接速度较快使热影响较小,因此焊件的变形也减小。而且,自动调节的功能在焊接过程较为稳定,使焊缝的化学成分、性能及尺寸比较均匀,焊波也光洁平整。

(3) 节约焊接材料和电能

由于熔深较大埋弧自动焊时可不开或减少开坡口,减少焊丝的填充量,也节省因加工坡口而消耗掉的母材。由于焊接时飞溅极少,又没有焊条头的损失,因此节约焊接材料。另外,埋弧焊的热量集中,而且利用率高,故在单位长度焊缝上,所消耗的电能也大为降低。

(4) 改善了劳动条件

由于实现了焊缝过程机械化,操作简便,从而减轻焊工的劳动强度,而且电弧在焊剂层下燃烧,没有弧光的有害影响,放出的烟尘也较少,改善了劳动条件。

埋弧自动焊的优点是显著的,但也存在一些不足之处。例如,焊接设备较为复杂,维修保养的工作量较大。另外埋弧自动焊的熔池体积大,液体金属和熔渣的量多,所以只能适用于水平或倾斜不大的位置焊接。还有,埋弧焊对焊件边缘的加工和装配质量要求较高。

埋弧自动焊主要用于焊接碳钢、低合金高强度钢,也可以用于焊接不锈钢等,因此埋弧自动焊的方法是大型焊接结构生产时常用的焊接工艺方法。

5.2 等速送丝式埋弧自动焊机

5.2.1 等速送丝式埋弧自动焊机的工作原理

等速送丝式埋弧自动焊机的特点是:选定的焊丝给送速度,在焊接过程中维持恒定不变。当电弧长度变化时,依靠电弧的自身调节作用来相应地改变焊丝的熔化速度,以保持焊接工艺参数的稳定。这样在电弧伸长时,焊丝的熔化速度会减慢;反之,电弧缩短时,焊丝的熔化速度就加快,其结果就保持电弧长度的不变。

1. 熔化速度曲线

等速送丝式焊机的焊接电流及电弧电压自动调节,关键在于焊丝的熔化速度与哪些因素有关。

在焊接过程中,焊丝熔化是受到电弧和电阻热量加热的结果,应该说电弧的热量是主要的。由于焊丝的直径是固定的,其伸出长度一般也变化不大,因此,焊丝的熔化速度与焊接电流和电弧电压直接相关,其中焊接电流的影响关系更大些。当焊接电流增大时,焊丝的熔化速度有较大的增快;当电弧电压升高时,焊丝的熔化速度却略有降低,这是因为电弧电压升高,电弧长度拉长,将会使较多的电弧热量被用于熔化焊剂,因此造成焊丝熔化速度的降低。

如果选定一个焊丝给送速度,在确定的焊接工艺条件下(焊丝直径和伸出长度不变、焊剂牌号不变等),调节几个适当的焊接电源外特性曲线位置,焊接时分别测出电弧稳定燃烧点(此时焊丝熔化速度已等于给送速度)的焊接电流和电弧电压值,以及相应的电弧长度,连接这几个电弧稳定燃烧点,就可以得到一条曲线 C,如图 5-2 所示。它表明电弧燃烧点在这条曲线上(曲线上每一点都对应着一定的焊接电流和电弧电压),虽然其焊接电流和电弧电压各不相同,但是焊丝的熔化速度都是相等的,而且就等于选定的焊丝给送速度,电弧在一定的长度下稳定燃烧。所以,这条曲线称为"等熔化速度曲线",也叫电弧自身调节静特性曲线。

等熔化速度曲线,可以近似地看作一条直线,并略微向右倾斜。如果在其他条件相同时,焊丝给送速度增快,使 C 曲线向右移,反之向左移,而斜率不变,如图 5-3 所示。这说明焊丝给送速度的变化,必须利用焊接电流的变化,来改变焊丝的熔化速度,以达到互相平衡。而 C 曲线向右倾斜,则说明随着电弧电压的升高,焊接电流也相应增大。因为电压升高会使焊丝熔化速度降低,需要增大电流来补偿,以达到焊丝熔化速度和给送速度之间的平衡,才能保持电弧长度,稳定焊接工艺参数。

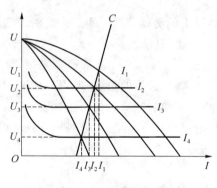

图 5-2 等熔化曲线

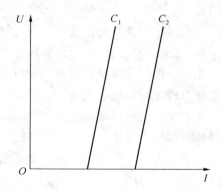

图 5-3 等熔化速度曲线的移动

2. 自身调节作用

根据等熔化速度曲线的含义,等速送丝式焊机的电弧稳定燃烧点,应是电源外特性曲线和等熔化速度曲线以及电弧静特性曲线三线的相交点 O(见图 5-4)。

当电弧长度发生变化时,电弧是怎样进行自身调节呢?如图 5-5 所示,假定电弧先在 O_1 点所对应的焊接电流和电压($I_1 U_1$)下稳定燃烧。由于某种外界的干扰,使电弧长度突然 l_1 从伸长到 l_2,这时电弧燃烧点,将从 O_1 点移到左上方的 O_2 点,焊接电流从 I_1 减小到 I_2,电弧电压由 U_1 增大到 U_2。然而在 O_2 上燃烧是不稳定的,因为焊接电流的减小和电弧电压长度逐渐缩短。电弧的燃烧点沿着电源外特性曲线,从 O_2 点回到原来的 O_1 点,这样又恢复到平衡状态,保持了原来的电弧长度和焊接参数。

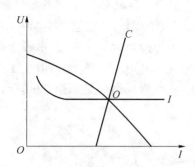

图 5-4　等速送丝式焊机的电弧稳定燃烧点

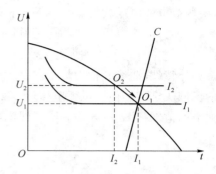

图 5-5　弧长变化时电弧自身调节过程

反之,如果电弧长度突然缩短,由于焊接电流随之增大,就会加快焊丝的熔化速度,同样也会恢复到原来的电弧长度和焊接工艺参数。

在受到外界的干扰,使电弧长度变化(增长或缩短)时,会引起焊接电流和电弧电压发生变化,尤其是焊接电流的显著变化,进而引起焊丝熔化速度的自动改变(加快或减慢),可使电弧恢复到原来的长度而稳定燃烧,这称为电弧自身调节作用。

影响电弧自身调节性能的因素如下:

(1) 焊接电流

电弧自身调节作用主要是依靠焊接电流的增减,来改变焊丝熔化速度的。当然,在电弧长度变化后,焊接电流的变化越显著,则电弧长度恢复得越快。从图 5-6 中可以看出,在电弧长度变化相同时,选用大电流焊接的电流变化值(ΔI_1)。要大于选用小电流焊接的电流的变化值(ΔI_2),因此,采用大电流焊接时,电弧的自身调节作用就强烈,调节性能良好,即电弧自动恢复到原来长度的时间就短。

(2) 电源的外特性

从图 5-6 中可以看出,当电弧长度变化相同时,下降较为平坦的电源外特性曲线 1 的焊接电流变化值,要比陡降的电源外特性曲线 2 的焊接电流变化值大些。这说明了电源下降外特性曲线越平坦,焊接电流变化值越大,电弧的自身调节性能就越好。所以,等速送丝式埋弧焊机都要求焊接电源具有缓降的外特性曲线。

(3) 电压波动的影响

当焊接电源所接的网路电压发生波动时,电源的外特性曲线也会发生相应的变化,如图 5-7 所示,从而影响了焊接电流和电弧电压。

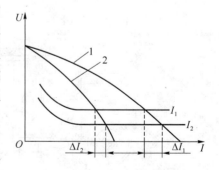

图 5-6　焊接电流和电源外特性对自身调节作用的影响

3. 等速送丝式焊机的焊接工艺参数调节

等速送丝式焊机的电弧稳定燃烧点,在电源外特性曲线和等熔化速度曲线的交点上,因此,焊接工艺参数的调节可以通过改变电源外特性和焊丝给送速度来实现。

电源外特性不变时,改变焊丝给送速度,使等熔化速度曲线平行移动,于是,焊接电流变化值较大,电弧电压变化值较小,反之,焊丝给送速度固定,调节电源外特性,因等熔化速度曲线近似垂直,所以电弧电压变化值较大。为此,等速送丝式焊机要调节电流,就要改变焊丝给送速度,要调节电弧电压就要调节电源外特性。而在焊接生产中,要求工艺参数相互配合,如焊接电流增大时,电弧电压也要相应地升高,所以往往要同时改变焊丝给送速度和电源外特性。

图 5-8 中,曲线 1 代表焊丝最小给送速度,曲线 2 代表焊丝最大给送速度,曲线 I 代表焊机的最小外特性,曲线 II 代表焊机的最大外特性。焊接电流及电压调节范围是由这 4 条曲线所围的区域决定的。但因电弧电压低于 20 V 和高于 50 V 时,电弧燃烧是不稳定的,所以真正可以调节的范围是图 5-8 中有阴影线的部分。

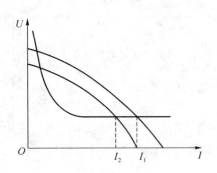

图 5-7 网路电压波动的影响

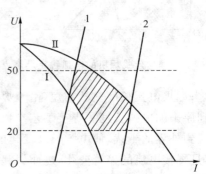

图 5-8 等速送丝式焊机的调节范围

5.2.2 MZ 1-1000 型埋弧自动焊机

MZ 1-1000 型焊机,是一种等速送丝式的埋弧自动焊机,如图 5-9 所示,根据电弧自身调节原理设计的。

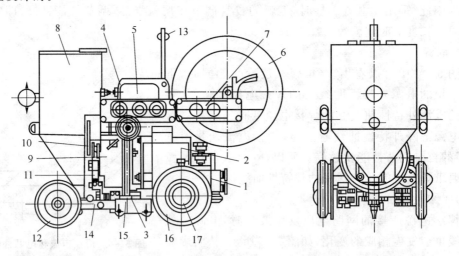

1—减速机构;2—电动机;3—扇形蜗轮;4—调节手轮;5—控制按钮板;6—焊丝盘;
7—电流表和电压表;8—焊剂斗;9—减速箱;10—偏心压紧轮;11—导电嘴;
12—前手轮;13—导丝轮;14—连杆;15—前底架;16—后轮;17—离合器手轮

图 5-9 MZ 1-1000 型埋弧自动焊小车

焊机可用交流和直流焊接电源,适用于对接、搭接焊缝,船形位置角焊缝,容器的环形焊缝或直线焊缝等焊接。

MZ1-1000型焊机的结构:MZ1-1000型焊机主要由焊车、控制箱和焊接电源3部分组成。

（1）焊车

MZ1-1000焊车(见图5-9)的特点是：送丝机构和行走机构共同使用一只交流电动机,所以结构紧凑、体积小、重量轻。电动机两头出轴,一头经焊丝给送机构减速器输送焊丝；另一头经行走机构减速器带动焊车。焊车的前轮和主动轮后轮与车体绝缘,装有橡皮轮。主动后轮的轴与行走机构减速器之间装有摩擦离合器,脱开时,可以用手推拉焊车。焊车的回转托架上装有焊剂斗、控制板、焊丝盘、焊丝矫直机构和导电嘴等。焊丝从焊丝盘经焊丝矫直机构、给送轮送入导电嘴。焊车的传动系统中有两对可调齿轮,可按工艺参数选择的要求进行调换,以得到所需的焊丝给送速度和焊接速度。焊车上再加装一些零部件后,可以焊接不同形式的焊缝。

（2）控制箱

控制箱内装有电源接触器、中间继电器、降压变压器、电流互感器等电气元件。

（3）焊接电源

一般选用容量较大的BX2-1000型弧焊变压器,有特殊要求时,选用具有缓降外特性的弧焊发电机或弧焊整流器。

5.3 变速送丝式埋弧焊机

5.3.1 变速送丝式埋弧焊机的工作原理

变速送丝式埋弧焊机的特点是：通过改变焊丝给送速度来消除对弧长的干扰,焊接过程中电弧长度变化时,依靠电弧电压自动调节作用,来相应改变焊丝给送速度,以保持电弧长度的不变。

1. 电弧电压自动调节静特性曲线

变速送丝式埋弧焊机的自动调节原理,主要是引入电弧电压的反馈,用电弧电压来控制焊丝给送速度,而原来选定的焊丝给送速度,由决定送丝的给定电压来进行调节。由于焊接过程中的电弧电压直接与焊丝给送速度有关,当电弧电压升高时,焊丝给送速度就增快。反之,电弧电压降低时,则焊丝给送速度减慢,因此保持了电弧长度的不变。

通过实验的方法,在确定的焊接工艺条件下,所选定的送丝给定电压不变,然后调节焊接电源外特性,并分别测出电弧稳定燃烧点的焊接电流和电弧电压,连接这几个电弧稳定燃烧点,可得到一条曲线A(见图5-10)。这条曲线基本上可看做是一条直线,称为电弧电压自动调节静特性曲线。

电弧电压自动调节静特性曲线与等熔化速度曲线一样,是反映建立稳定焊接过程的焊接电流和电弧电压关系的曲线,表明电弧在曲线的每一点上燃烧时,其焊丝熔化速度等于焊丝给送速度。但是,变速送丝式的焊丝给送速度不是恒定不变的,因而在曲线上的各个不同点,都有不同的焊丝给送速度,对应着不同的焊丝熔化速度,使电弧在一定的长度下稳定燃烧。

电弧电压自动调节静特性曲线稍微上升,说明随着焊接电流的增大,电弧电压需相应升高,因为焊接电流增大时,使焊丝熔化速度增快,这需要加快焊丝给送速度来配合,以达到焊丝给送速度与熔化速度之间的平衡。电弧电压自动调节静特性曲线的平行上移或下移是通过电位器的调节来改变给定电压的大小而达到的。当其他条件相同时,如给定电压通过电位器调节而增大,则电弧电压自动调节静特性曲线 A 上移,反之,则下移,但斜率不变(见图5-11)。

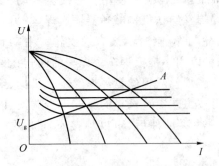

图5-10 电弧电压自动调节静特性曲线

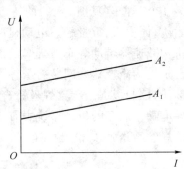

图5-11 电弧电压自动调节静特性曲线的平行移动

2. 电弧电压自动调节作用

按照电弧电压自动调节静特性曲线的含义,变速送丝式焊机的电弧稳定燃烧点,必定是电源外特性曲线、电弧静特性曲线和电弧电压自动调节静特性曲线的三线相交点,如图5-12所示。当电弧长度发生变化时,通过自动调节而恢复到原来弧长的过程,如图5-13所示。当受到某种外界干扰时,电弧长度突然从 l_1 拉长至 l_2,这时,电弧燃烧点从 O_1 点移到 O_2 点,电弧电压从 U_1 增大到 U_2。因电弧电压的反馈作用,使焊丝给送速度加快,而焊接电流由 I_1 减小到 I_2,引起焊丝熔化速度减慢,由于焊丝给送速度的加快,同时焊丝熔化速度又减慢,因此,电弧长度迅速缩短,电弧从不稳定燃烧的 O_2 点,回到原来的 O_1 点,于是又恢复至平衡状态,保持了原来的电弧长度。反之,电弧长度突然缩短时,由于电弧电压随之减小,使焊丝给送速度减慢。同时焊接电流的增大,引起焊丝熔化速度加快,结果也是恢复到原来的电弧长度。

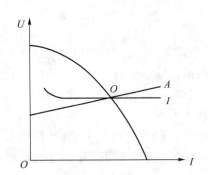

图5-12 变速送丝式的电弧稳定燃烧点

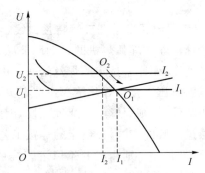

图5-13 弧长变化时电弧电压自动调节过程

上述的自动调节过程中,存在着电弧自身调节作用。不过,电弧长度的自动恢复,主要是由电弧电压的变化,依靠焊丝给送速度的变化,也就是电弧电压自动调节作用所决定的。

在受到外界的干扰,造成电弧长度改变,即电弧电压引起变化时,使焊丝给送速度随着电弧电压的变化而相应改变,以达到恢复原来的电弧长度而稳定燃烧的目的,这称为电弧电压自动调节作用。

3. 影响电弧电压自动调节性能的因素

主要的影响因素是网路电压波动。当网路电压升高时,电源外特性曲线也相应上移,如图 5-14 所示。

因为电源外特性曲线的改变,电弧从原来的稳定燃烧点 O_1,移到新的稳定燃烧点 O_2,致使焊接电流和电弧电压发生变化,焊接电流由 I_1 增大到 I_2,电弧电压由 U_1 升高到 U_2。由于 O_2 点在电弧电压自动调节静特性曲线上,因此不能恢复至原值。所以,网路电压波动严重影响电弧电压自动调节性能,同时影响焊接电流和电弧电压的稳定。

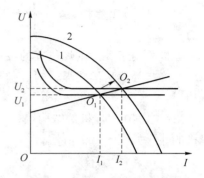

图 5-14 网路电压波动对电弧电压自动调节性能影响

由于电弧电压自动调节静特性曲线近似于水平,因此对电弧电压影响较小,而对焊接电流影响比避免网路电压波动时对焊接电流产生较大的影响,变速送丝式焊机适宜采用陡降外特性的焊接电源。

4. 焊接电流和电弧电压调节方法

变速送丝式埋弧焊机的焊接电流和电弧电压调节方法,可以通过改变给定电压和电源外特性来实现,如图 5-15 所示。

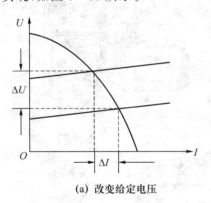
(a) 改变给定电压

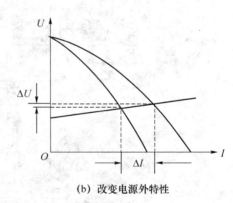
(b) 改变电源外特性

图 5-15 变速送丝式焊接电流和电弧电压的调节方法

电源外特性不变时,改变给定电压,使电弧电压静特性曲线平行移动,这时,电弧电压变化值较大,焊接电流变化值较小[见图 5-15(a)]。反之,当给定电压一定时,改变电源外特性,焊接电流变化值较大,电弧电压变化值较小[见图 5-15(b)]。据此,需调节电弧电压,就改变给定电压;需调节焊接电流,就改变电源外特性。由于焊接过程中焊接电流和电弧电压要相互配合,因此给定电压和电源外特性需要同时改变。

变速送丝式埋弧焊机的焊接电流和电弧电压调节范围如图 5-16 所示。焊接电流调节范围由电源外特

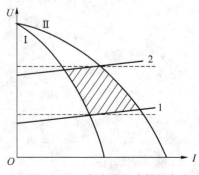

图 5-16 变速送丝式焊接电流和电弧电压调节范围

性的最大、最小值确定;电弧电压调节范围由给定电压的最大、最小值确定,可以调节范围在图 5-16 中的由 4 条曲线所围的阴影线的区域内。

5.3.2 MZ-1000 型埋弧自动焊机的组成

MZ-1000 型焊机,是一种变速送丝式的埋弧自动焊机,是根据电弧电压自动调节原理设计的。

焊机适用于焊接平焊位置的各种对接、搭接焊缝和船形位置角焊缝,容器的环形焊缝或直线焊缝等与等速送丝式焊机的区别是:MZ-1000 型焊机更适用于直径 4 mm 以上的粗丝埋弧自动焊。

MZ-1000 型焊机的结构:MZ-1000 型焊机主要由焊车、控制箱和焊接电源 3 部分组成,焊机的外形如图 5-17 所示。

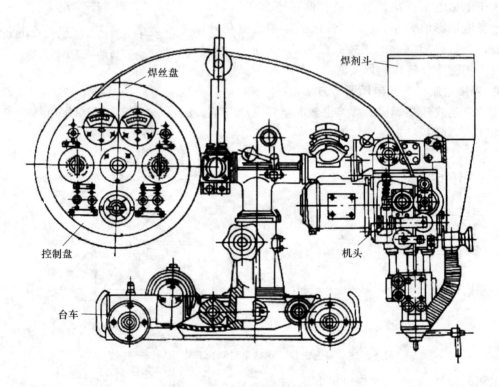

图 5-17 MZ-1000 型埋弧自动焊小车

1. 焊　车

MZ-1000 型焊车,可分为机头、控制盘、焊丝盘、焊剂斗和台车等几个部分,其主要特点是:焊丝给送机构和行走机构,各由一个直流电动机拖动,每个电动机又各有自己的直流发电机来供电,所以调速非常方便,而且均匀、可靠。

焊丝给送机构如图 5-18 所示,电动机 1 装在机头上,经减速器后带动焊丝给送的主动轮 2,焊丝由焊盘中引出后,经主动轮和从动轮压紧轮 3、矫制直滚轮 6 后,通过导电嘴送入电弧区。另外焊丝的给送压力可用杠杆 4 和弹簧 5 来调节。

台车是由行走电动机、经减速器带动主动车轮,以使焊车行走。在减速器与主动车轮之间,装有离合器,来满足操作的要求。为了适应于焊接不同形式的焊缝,焊车在机构上可在一定的方位上转动。

2. 控制箱

控制箱内装有电动机——发电机组,还有接触器、中间继电器、降压变压器、整流器、电流互感器等电气元件,其中体积比等速送丝式的控制箱略微大些。

3. 焊接电源

一般选用 BX 2-1000 型弧焊变压器,或选用具有陡降外特性的弧焊发电机和弧焊整流器。

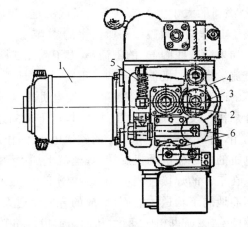

1—电动机;2—主动送丝轮;3—从动压紧轮;
4—杠杆;5—弹簧;6—矫直滚轮

图 5-18 MZ-1000 型焊机的焊丝给送机构

5.3.3 MZ-1000 型埋弧自动焊机基本电气原理

MZ-1000 型埋弧自动焊机的焊丝给送和电弧电压自动调节的基本电气原理,如图 5-19 所示。

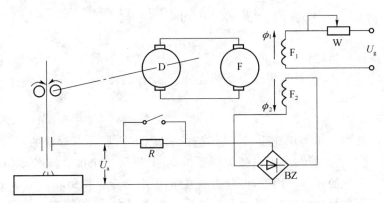

D—他激式直流电动机;F—他激式直流发电机;W—电位器;BZ—桥式整流器;
U_a—电弧电压;U_g—给定电压;F_1、F_2—激磁线圈;ϕ_1、ϕ_2—激磁线圈 F_1、F_2 的磁通量

图 5-19 MZ-1000 型埋弧自动焊机基本电气原理图

他激式直流电动机 D,通过减速机构带动送丝滚轮,即进行焊丝给送。而电动机 D 由他激式直流发电机 F 供电,因此,直流发电机 F 发出的电压高低,控制了电动机的转速,也就控制了焊丝给送速度的大小。还有,直流发电机 F 的极性,决定了电动机的转向,即使焊丝下送或上抽。当直流发电机的电压为零时,直流电动机不旋转,焊丝也停止给送。

由此可知,焊丝下送或上抽及给送速度的变化,是与直流发电机输出的极性和电压高低有关的。从图 5-19 中可知,直流发电机有 F_1 和 F_2 两个激磁线圈,F_1 与 F_2 激磁线圈所产生磁通 ϕ_1 与 ϕ_2 的方向相反。其中激磁线圈 F_1 由网路经降压、整流后再经给定电压调节电位器 W 供电,因而 ϕ_1 磁通的大小取决于给定电压;激磁线圈 F_2 是引入焊接回路中电弧电压的反馈,

则 ϕ_2 磁通的大小由电弧电压的高低决定。因此,作用于直流发电机的合成磁通方向和大小,取决于 F_1 与 F_2 激磁线圈所产生的 ϕ_1 与 ϕ_2 磁通的变化。

如果激磁线圈 F_2 的磁通 ϕ_2 大于激磁线圈 F_1 的磁通 ϕ_1,则合成磁通的方向与 ϕ_2 一致,这时直流发电机的极性使电动机正转,焊丝即下送,而且,电弧电压越高,反馈到激磁线圈 F_2 所产生的磁通 ϕ_2 也越大,致使直流发电机的电压增高,电动机的正转速度增快,因此焊丝下送的速度加快。反之,电弧电压越低,焊丝下送的速度越慢。如果只有激磁线圈 F_1 所产生磁通 ϕ_1 的作用,而没有激磁线圈 F_2 的磁通中 ϕ_2 的作用,则合成磁通的方向必定与 ϕ_1 一致,这时直流发电机的极性使电动机反转,焊丝就上抽。

在正常的焊接过程中,激磁线圈 F_2 的磁通 ϕ_2 总是大于激磁线圈 F_1 的磁通 ϕ_1,以保证焊丝不断地向下给送。然而,形成的合成磁通大小不是恒定的,它将随着弧长变化而使电弧电压反馈的 ϕ_2 磁通也相应变化,从而引起电动机转速的变化,使焊丝给送速度发生变化,达到利用电弧电压自动调节的基本目的。

焊接启动时,焊丝与焊件之间在接触短路的条件下,电弧电压为零,因而激磁线圈 F_2 不起作用,直流发电机只受到激磁线圈 F_1 的作用,所以焊丝上抽,电弧被引燃。随着电弧的逐渐拉长,电弧电压不断升高,激磁线圈 F_2 的作用也不断增强,当 F_2 的磁通 ϕ_2 大于 F_1 的磁通 ϕ_1 时,则直流发电机的极性改变,电动机的转向也相应改变,焊丝就下送,直至焊丝给送速度等于焊丝熔化速度时,电弧燃烧趋向稳定状态,进入正常的焊接过程。

5.4 埋弧焊的焊接材料

埋弧焊的焊接材料指焊丝和焊剂。在焊接过程中焊丝和焊剂如同手工电弧焊的焊条,是焊接冶金反应的重要因素,关系到焊缝金属的成分、组织和性能。

5.4.1 焊 丝

焊丝在埋弧自动焊中作为填充金属,是焊缝的组成部分,所以对焊缝的质量有直接的影响。目前,埋弧自动焊的焊丝与手工电弧焊焊条的钢芯,同属一个国家标准,即 GB 1300—77 焊接用钢丝。根据焊丝的成分和用途,可分为碳素结构钢、合金结构钢和不锈钢 3 大类。

焊丝的化学成分对焊接的工艺、过程和焊缝质量影响很大,从焊接冶金的角度来看,增加锰、硅的含量,能使焊缝金属脱氧充分,并可减小气孔的倾向,而且还能提高强度。但是,焊缝金属的硬度也因此提高,增加了生产焊接裂纹的可能性,所以这些元素的含量都应限制在一定范围之内。例如碳素结构钢焊丝,其硅含量均不大于 0.03%,硫、磷的杂质含量应小于 0.04%。

埋弧自动焊常用的焊丝直径为 2 mm、3 mm、4 mm、5 mm 和 6 mm。使用时,要求焊丝的表面清洁情况良好,在表面不应有氧化皮、铁锈及油污等。

5.4.2 焊 剂

1. 焊剂的作用和要求

焊剂相当于手工电弧焊焊条的药皮,在埋弧焊焊接过程中能保护熔池,有效地防止了空气的侵入,还起到稳弧、造渣、脱氧、渗合金、脱硫和脱磷等作用。同时,覆盖在焊缝上的熔渣,能延缓焊缝的冷却速度,有利于气体的逸出,改善了焊缝金属的组织和性能。

为了提高焊缝的质量及良好的成形,焊剂必须满足下列的要求:
① 保证电弧稳定地燃烧;
② 保证焊缝金属得到所需的成分和性能;
③ 减小焊缝产生气孔和裂纹的可能性;
④ 熔渣在高温时有合适的黏度以利焊缝成形,凝固后有良好的脱渣性;
⑤ 不易吸潮并有一定的颗粒度及强度;
⑥ 焊接时无有害气体析出。

2. 焊剂的分类

对焊剂的分类主要是根据制造方法和化学成分,下面分别加以讨论。

(1) 按制造方法分为熔炼焊剂和烧结焊剂

熔炼焊剂是由各种矿物原料混合后,在电炉中经过熔炼,再倒入水中粒化而成的。熔炼焊剂呈玻璃状,颗粒强度高,化学成分均匀,但需经过高温熔炼,所以不能在焊剂中加入用于脱氧和渗合金的铁合金粉。

烧结焊剂是用矿石、铁合金粉和黏结剂(水玻璃)等,按一定比例制成颗粒状的混合物,经过一定温度烘干固结而成。烧结焊剂可以加入铁合金粉,有补充或添加合金的作用,但颗粒强度较低,容易吸潮。目前,埋弧焊接生产中,广泛采用熔炼焊剂。

(2) 按化学成分分为高锰焊剂、中锰焊剂等

这是以焊剂中的氧化锰,二氧化硅和氟化钙的含量来分的,有高锰焊剂、中锰焊剂、无锰焊剂等,我国目前的焊剂牌号主要是按化学成分而编制的。

3. 焊剂牌号的编制

焊剂以"焊剂×××"牌号的方法来编制,具体的含义说明如下:
① 牌号前面的"焊剂"二字,即表示是埋弧自动焊用的焊剂。
② 牌号第一位数字表示焊剂中氧化锰的平均含量,按表5-1的规定编排。

表 5-1 焊剂牌号与氧化锰的平均含量

牌 号	焊剂类型	氧化锰平均含量
焊剂 1××	无锰	$MnO<2\%$
焊剂 2××	低锰	$MnO\approx 2\%\sim15\%$
焊剂 3××	中锰	$MnO\approx 15\%\sim30\%$
焊剂 4××	高锰	$MnO>30\%$

③ 牌号第二位数字表示焊剂中二氧化硅和氟化钙的平均含量,按表5-2的规定编排。

表 5-2 焊剂牌号与二氧化硅和氟化钙的平均含量

牌 号	焊剂类型	二氧化硅和氟化钙的平均含量	
焊剂×1×	低硅低氟	$SiO_2<10\%$	$CaF_2<10\%$
焊剂×2×	中硅低氟	$SiO_2\approx 10\%\sim30\%$	$CaF_2<10\%$
焊剂×3×	高硅低氟	$SiO_2>30\%$	$CaF_2<10\%$
焊剂×4×	低硅中氟	$SiO_2<10\%$	$CaF_2\approx 10\%\sim30\%$

续表 5-2

牌　号	焊剂类型	二氧化硅和氟化钙的平均含量	
焊剂×5×	中硅中氟	$SiO_2 \approx 10\% \sim 30\%$	$CaF_2 \approx 10\% \sim 30\%$
焊剂×6×	高硅中氟	$SiO_2 > 30\%$	$CaF_2 \approx 10\% \sim 30\%$
焊剂×7×	低硅高氟	$SiO_2 < 10\%$	$CaF_2 > 30\%$
焊剂×8×	中硅高氟	$SiO_2 \approx 10\% \sim 30\%$	$CaF_2 > 30\%$

④ 牌号第三位数字表示同一类型焊剂的不同牌号,按照 0,1,2,…,9 的顺序排列。

⑤ 对同一种牌号焊剂生产两种颗粒度,在细颗粒产品的后面加一个"细"字。

为了保证焊接质量,焊剂在保存时应注意防潮,使用前必须按规定的温度烘干并保温,一般焊剂应在 250 ℃烘干,并保温 1~2 小时,埋弧自动焊常用的焊剂及成分如表 5-3 所列。

表 5-3　常用埋弧焊剂及其成分

牌　号	焊剂类型	化　学　成　分								
		SiO_2	CaF_2	CaO	MgO	Al_2O_3	TiO_2	MnO	FeO	S	P
焊剂 130	无锰高硅低氟	35~40	5~7	10~18	14~19	12~16	7~11		1~2	≤0.05	≤0.05
焊剂 230	低锰高硅低氟	40~46	7~11	8~14	10~14	10~17		5~10	≤1.5	≤0.05	≤0.05
焊剂 431	高锰高硅低氟	40~44	3~6.5	≤5.5	5~7.5	≤4		34.5~38	≤1.5	≤0.10	≤0.10
焊剂 250	低锰中硅中氟	18~22	23~30	4~8	12~16	18~23			≤1.5	≤0.05	≤0.05
焊剂 350	中锰中硅中氟	30~35	14~20	10~18		13~18		14~19	≤1.0	≤0.06	≤0.07

5.4.3　焊丝与焊剂的选配

焊丝和焊剂的正确选用,以及两者之间合适的配合,是焊缝金属能否获得较为理想的化学成分和机械性能,以及能否防止裂纹、气孔等缺陷的关键,所以必须按焊件的成分、性能和要求,正确合理地选配焊丝与焊剂。

在焊接低碳钢和强度等级较低的低合金高强度钢时,为了保证焊缝的综合性能良好,并不要求其化学成分必须与基本金属完全相同,通常要求焊缝金属的含碳量较低些,并含有适量的锰、硅等元素,以达到焊件所需的性能。

根据生产实践的结果表明,较为理想的焊缝金属化学成分,其含碳量为 0.1%~0.13%,含锰量为 0.6%~0.9%,含硅量为 0.15%~0.30%,这就需要利用焊丝与焊剂的选配来达到。

用熔炼焊剂焊接低碳钢或强度等级较低的合金高强度钢时,有以下两种不同的焊丝与焊剂配合方式:

① 用高锰高硅焊剂(如焊剂 431、焊剂 430),配合低锰焊丝(H08A)或含锰焊丝(H08MnA)。

② 采用无锰高硅或低锰中硅焊剂(如焊剂 130、焊剂 230),配合高锰焊丝(如 H10Mn2)。

第一种的配合方式,焊缝所需的锰、硅,主要通过焊剂来过渡,当然,这种过渡是比较小的,通常渗入的锰在 0.1%~0.4%;硅在 0.1%~0.3%之间,由于焊剂中有适量的氧化锰和二氧化硅,因此焊缝质量是可以保证的。高锰高硅焊剂的熔渣氧化性强,致使抗氢气孔能力强并且熔池中碳的烧损较多,可降低焊缝的含碳量,同时熔渣中的氧化锰又能去硫,提高焊缝抗热裂纹的性能。但制造焊剂所消耗的大量高品位优质锰矿,在焊接过程中被有效利用的比例极小,资源利用不合理。第二种的配合方式,主要由焊丝来过渡合金,以满足焊缝中的含锰量,这比较适应我国矿产资源的情况,而且焊缝金属含磷量较低,熔渣的氧化性较弱,脱渣性也较好。

可是抗氢气孔和抗裂性能不如第一种配合,尤其是目前生产低碳高锰焊丝有些困难,成本较高。所以,目前焊接生产中,多采用第一种的配合方式。

5.5 埋弧自动焊工艺

5.5.1 焊缝形状和尺寸

埋弧自动焊时,焊丝与基本金属在电弧热的作用下,形成了一个熔池,随着电弧热源向前移动,熔池中的液体金属逐渐冷却凝固就成为焊缝。因此,熔池的形状就决定了焊缝形状,并对焊缝金属的结晶具有重要影响。

焊缝形状如图 5-20 所示,可用焊缝熔化宽度(c)、焊缝熔化深度(s)和焊缝余高(h)的尺寸来表示。

合理的焊缝形状,要求各尺寸之间有恰当的比例关系,焊缝形状系数(φ)表示焊缝形状的特征,即焊缝熔宽与熔深之比。

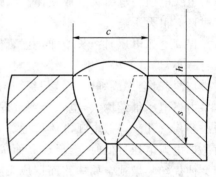

图 5-20 焊缝形状

5.5.2 焊接工艺参数对焊缝质量的影响

在手工电弧焊时,焊接工艺参数主要指焊接电流的选择,而电弧电压(电弧长度)、焊接速度等,则由电焊工操作时按具体情况掌握。但是埋弧自动焊接时,这些焊接工艺参数都要事先选择好,尽管电弧长度在一定范围可以自动调节,却是有限度的。另外,电弧在一定厚度的焊剂层下燃烧,焊工是无法观察熔池情况而随时调整的。所以,正确合理地选择焊接工艺参数,不仅可保证焊缝的成形和质量,而且能提高焊接生产率。

埋弧焊最主要的工艺参数是焊接电流、电弧电压和焊接速度,其次是焊丝直径、焊丝的伸出长度、焊剂和焊丝类型、焊剂粒度和焊剂层厚度等。

1. 焊接电流

焊接电流是埋弧焊最重要的工艺参数,它直接决定焊丝的熔化速度、焊缝熔深和母材熔化量的大小。

增大焊接电流使电弧的热功率和电弧力都增加,因此,焊缝熔深增大,焊丝熔化量增加,有利于提高焊接生产率。在给定的焊接速度条件下,如果焊接电流太大,则焊缝会因熔深过大而熔宽变化不大造成成形系数偏小。这样的焊缝不利于熔池中气体及夹杂物的上浮和逸出,容易产生气孔、夹渣及裂纹等缺陷,严重时还可能烧穿焊件。太大的电流也使焊丝消耗增大,导致焊缝余高过大。电流太大还使焊缝热影响区增大并可能引起较大焊接变形。焊接电流减小时焊缝熔深减小,生产率降低。如果电流太小,就可能造成未焊透、电弧不稳定。

焊接电流对焊缝形状的影响如图5-21所示。

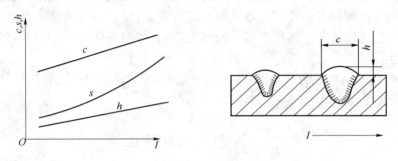

图 5-21 焊接电流对焊缝形状的影响

2. 电弧电压

电弧电压与电弧长度成正比。电弧电压主要决定焊缝熔宽,因此对焊缝横截面形状和表面成形有很大影响。

提高电弧电压时弧长增加,电弧斑点的移动范围增大,熔宽增加。同时,焊缝余高和熔深略有减小,焊缝变得平坦。当装配间隙较大时,提高电弧电压有利于焊缝成形。但电弧电压太高,对焊接时会形成"蘑菇形"焊缝,容易在焊缝内产生裂纹;角接时会造成咬边和凹陷焊缝。如果电弧电压继续增大,电弧会突破焊剂的覆盖,使熔化的液态金属失去保护而与空气接触,造成密集气孔。降低电弧电压可增加电弧的刚直性,能改善焊缝熔深,并提高抗电弧偏吹的能力。但电弧电压过低时,会形成高而窄的焊缝,影响焊缝成形并使脱渣困难;在极端情况下,熔滴会使焊丝与熔池金属短路而造成飞溅。

因此,埋弧焊时适当增加电弧电压,对改善焊缝形状、提高焊缝质量是有利的,但应与焊接电流相适应。

3. 焊接速度

焊接速度对熔深、熔宽有明显影响,它是决定焊接生产率和焊缝内在质量的重要工艺参数。不管焊接电流和电弧电压如何匹配,焊接速度对焊缝成形的影响都有着一定的规律。在其他参数不变的条件下,焊接速度增大时,电弧对母材和焊丝的加热减少,熔宽、余高明显减小;与此同时,电弧向后方推进金属的作用加强,电弧直接加热熔池底部的母材,使熔深有所增加。当焊接速度增大到40 m/h以上时,由于焊缝的线能量明显减少,则熔深随焊接速度增大而减小。

焊接速度的大小是衡量焊接生产率高低的重要指标。从提高生产率的角度考虑,总是希望焊接速度越大越好;但焊接速度过大,电弧对焊件的加热不足,使熔合比减小,还会造成咬边、未焊透及气孔等缺陷。减小焊接速度,使气体易从正在凝固的熔化金属中逸出,能降低形成气孔的可能性;但焊接速度过小,则将导致熔化金属流动不畅,容易造成焊缝波纹粗糙和夹渣,甚至烧穿焊件。

4. 焊丝直径与伸出长度

焊丝直径主要影响熔深。在同样的焊接电流下,直径较小的焊丝电流密度较大,形成的电弧吹力大,熔深大。焊丝直径也影响熔敷速度。电流一定时,细焊丝比粗焊丝具有更高的熔敷速度;而粗焊丝比细焊丝能承载更大的电流,因此,粗焊丝在较大的焊接电流下使用也能获得更高的熔敷速度。粗丝越粗,允许使用的焊接电流越大,生产率越高。当装配不良时,粗焊丝比细焊丝的操作性能好,有利于控制焊缝成形。

5. 焊剂成分和性能

焊剂成分影响电弧极区压降和弧柱电场强度的大小。稳弧性好的焊剂含有容易电离的元素,所以电弧的电场强度较低,弧柱膨胀,电弧燃烧的空间增大,所以使熔宽增大,熔深略有减小,有利于改善焊缝成形。但焊剂颗粒度过大或焊剂层厚度过小时,不利于焊接区域的保护,使焊缝成形变差,并可能产生气孔。

例 锅炉筒体纵焊缝的焊接工艺实例

1. 焊前准备

锅炉锅筒体的材料是 20 g,厚度 30 mm,锅炉筒体示意图如 5-22 所示,其坡口形式及尺寸如图 5-23 所示。

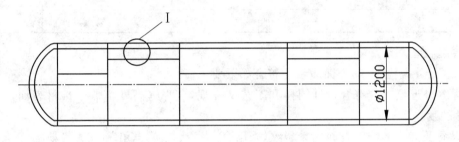

图 5-22 锅炉筒体示意图

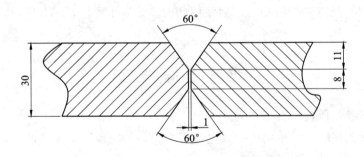

图 5-23 坡口形式及尺寸

筒体装配时,定位焊缝长度为 30～40 mm,间距为 300 mm,用 E4303 焊条。间隙要符合要求。

将焊缝坡口及其两侧各 20 mm 范围内的铁锈,氧化皮及污垢等清理干净,至露出金属光泽为止。

焊条、焊丝和焊剂要按规定烘干,焊丝表面油锈等须彻底清除,若局部弯折盘丝时应校直。

2. 焊 接

先采用焊条电弧焊定位焊。焊接参数如表 5-4 所列,待焊完后,用碳弧气刨清理焊根,再用埋弧焊方法焊接纵焊缝。采用 H08MnA 焊丝,配 SJ101 焊剂,焊接参数如表 5-5 所列。

焊接过程中,应做好层间清理,以防止产生夹渣等缺陷。

表 5-4 焊条电弧焊的焊接参数

焊接层次	焊条直径/mm	焊接电流/A	电源极性
一层	4	160～180	直流反接
其他层	5	210～240	

表 5-5 纵焊缝埋弧焊的焊接参数

焊接层次	焊丝直径/mm	焊接电流/A	电弧电压/V	焊丝速度/(m/h)	电源极性
正 1	4	680～730	35～38	22～25	
正 2	4	630～670	35～38	22～25	
背 1	4	630～670	35～38	22～25	直流反接
背 2	4	620～670	35～38	22～25	
背 3	4	530～580	35～38	22～25	

3. 焊缝检查

焊后进行外观检查,其表面质量应符合如下要求。

① 焊缝外形尺寸应符合设计图样和工艺文件规定,焊缝高度不低于母材表面,焊缝与母材应圆滑过渡。

② 焊缝及其热影响区表面应无裂纹、未熔合、夹渣、弧坑、气孔和咬边等缺陷。

③ 每条焊缝至少应进行 25% 的射线探伤。射线探伤按 GB/T3323—1987《钢熔化焊对接接头射线照相和质量分级》规定执行。射线照相的质量要求不应低 AB 级,焊缝质量不低 Ⅲ 级为合格。

思考与练习题

1. 埋弧焊有哪些特点?有哪些局限性?
2. 为什么埋弧焊时允许使用比焊条电弧焊大得多的电流和电流密度?
3. 埋弧焊机必须具备哪些功能?
4. 埋弧焊机中为什么要引入自动调节系统?
5. 与焊条电弧焊相比,埋弧焊的冶金过程有哪些特点?
6. 埋弧焊时为什么容易产生氢气孔?如何防止?
7. 低碳钢埋弧焊时焊剂和焊丝应如何配合?为什么?
8. 埋弧焊时焊前应做些什么准备工作?其目的是什么?
9. 简要说明焊接参数对埋弧焊焊缝质量的影响。
10. 埋弧焊选择焊接工艺参数时应注意些什么问题?

第6章 气体保护电弧焊

气体保护电弧焊适用于绝大多数金属材料的焊接,目前在焊接生产中应用极其广泛。本章主要介绍气体保护的原理与特点,以及常用的二氧化碳气体保护焊和钨极氩弧焊的基本知识。

6.1 气体保护电弧焊概述

气体保护电弧焊和手工电弧焊、埋弧自动焊一样,都是属于以电弧为热源的熔化焊接方法。大家知道,在熔焊过程中,为了获得性能优良的焊缝,必须设法保护焊接区,防止空气中的有害气体侵入。因此,手工电弧焊和埋弧自动焊是采用渣—气联合保护的形式,有效地保护焊接区,来满足焊接接头质量的需要的。

气体保护电弧焊是采用气体保护的。随着工业生产和科学技术的迅速发展,各种新的合金钢、有色金属及其合金、稀有金属的应用日益增多,对于这些金属材料的焊接,以渣保护为主的电弧焊接方法是很难适应的,由于气体保护电弧焊的一系列特点,因此能够可靠地解决它们的焊接问题,可以弥补手工电弧焊的缺陷,在结构制造中的应用日益广泛。

6.1.1 气体保护电弧焊的原理

气体保护电弧焊是用外加气体作为电弧介质并保护电弧和焊接区的电弧焊,简称气体保护焊。它直接依靠从喷嘴中送出的气流,在电弧周围造成局部的气体保护层,使电极端部、熔滴、熔池与空气机械地隔离开来,从而保证了焊接过程的稳定性,并获得高质量的焊缝。

气体保护电弧焊主要以两种方式进行,如图6-1所示,一种是采用一根不熔化电极(钨极

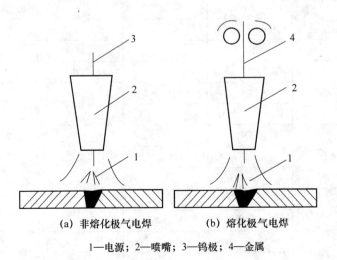

(a) 非熔化极气电焊　　　(b) 熔化极气电焊

1—电源；2—喷嘴；3—钨极；4—金属

图6-1 气体保护电弧焊示意图

或钍钨极)的电弧焊,称为不熔化极气体保护焊;另一种是采用一根或多根熔化电极(金属丝)的电弧焊,称为熔化极气保护焊。

6.1.2 保护气体的特点

气体保护电弧焊时,要依靠保护气体在焊接区形成保护层,同时电弧又是在气体中放电的,因此,保护气体的性质对焊接状态和质量,有着重要的影响。

焊接时,可用来作保护气体的主要有:氩气(Ar)、氦气(He)、氮气、二氧化碳等气体。在气体保护焊初期,使用的主要是单一气体。以后,在不断的焊接实践中,发现在一种气体中加入一定份量的另一种气体,可以提高电弧的稳定性和焊接效果,因此,现在采用混合气体保护也很普遍。

根据这些保护气体的化学性质和物理特性,各自适用范围有所区别:氩气、氦气是惰性气体,对化学性质活泼、易与氧起反应的金属,是非常理想的保护气体,故常用于铝、镁、钛等金属及其合金的焊接,由于氦气的消耗量很大,而且价格昂贵,所以很少用单一的氦气,常和氩气等混合起来使用。

氮气、氢气是还原性气体。氮可以同多数金属起反应,是焊接中的有害气体,但是对于铜,实际上是惰性的,它不溶于铜,所以,可作为铜及铜合金焊接的保护气体。氢气主要用于原子氢焊,目前这种方法已很少应用。另外,氮气、氢气也常和其他气体混合起来使用。

二氧化碳气体是氧化性气体。由于二氧化碳气体来源丰富,而且成本低,因此值得推广应用。目前主要用于碳素钢及低合金钢的焊接。

常用保护气体的选择如表 6-1 所列。

表 6-1 常用保护气体的选择

被焊材料	保护气体	混合比/(%)	化学性质	焊接方法
铝及铝合金	Ar		惰性	熔化极及钨极
	Ar+He	He:10		
铜及铜合金	Ar		惰性	熔化极及钨极
	Ar+N_2	N_2:20		熔化极
	N_2		还原性	
不锈钢	Ar		惰性	钨极
	Ar+O_2	O_2:1~2	氧化性	熔化极
	Ar+O_2+CO_2	O_2:2;CO_2:5		
碳钢及低合金钢	CO_2		氧化性	熔化极
	Ar+CO_2	CO_2:10~15		
	CO_2+O_2			
钛及钛合金	Ar		惰性	熔化极及钨极
	Ar+He	He:25		
镍基合金	Ar		惰性	熔化极及钨极
	Ar+He	He:15		
	Ar+N_2	N_2:6	还原性	钨极

6.1.3 气体保护电弧焊的分类

根据所用的电极材料不同可分为不熔化极气体保护和熔化极气体保护焊两类。按保护气体的种类不同又可分为：氩弧焊、氦弧焊、氮弧焊、氢原子焊、二氧化碳气体保护焊、混合气体保护焊等方法。另外，按操作方法分为：手工、半自动和自动气体保护焊。

6.2 二氧化碳气体保护电弧焊

6.2.1 二氧化碳气体保护电弧焊概述

利用二氧化碳作为保护气体的气体保护焊。按焊接所用的焊丝直径，可分为细丝焊（焊丝直径<1.2 mm）及粗丝焊（焊丝直径≥1.6 mm）。按操作方法可分为半自动焊和自动焊，它们的区别在于，半自动焊是用手工操作完成焊接热源的移动的，而送丝、送气等同自动焊一样，是由相应的机械化装置来完成的。

1. 二氧化碳气体保护电弧焊的过程

二氧化碳气体保护电弧焊的过程如图 6-2 所示。焊接时使用成盘的焊丝，焊丝由送丝机构经软管和焊枪的导电嘴送出。电源的输出端分别接在焊枪和焊件上。焊丝与焊件接触后产生电弧，在电弧高温作用下，金属局部熔化形成熔池，而焊丝端部也不断熔化，形成熔滴过渡到熔池中去。同时，气瓶中送出的气体以一定的压力和流量从焊枪的喷嘴中喷出，形成一股保护气流，使熔池和电弧区与空气隔离。随着焊枪的移动，熔池金属凝固后形成焊缝。焊接过程中，焊丝是连续自动送进的，可以不间断地进行焊接。半自动焊具有手工电弧焊的机动性，适用于各种焊缝的焊接。自动焊主要用于较长的接缝及环缝的焊接。

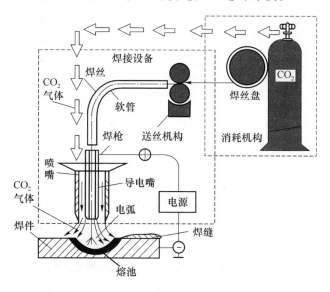

图 6-2 CO_2 保护焊过程示意图

2. 二氧化碳气体保护电弧焊的特点

与其他电弧焊接方法比较，具有以下优点：

① 生产率高，由于焊接电流密度较大，电弧热量利用率较高，且焊后不需清渣，因此比手工电弧焊的生产率高。

② 成本低，气体价格便宜，而且电能消耗小，所以焊接成本低。

③ 焊接变形小，由于电弧加热集中，焊件受热面积小，同时气流有较强的冷却作用，因此，保护焊的变形小，特别适用于薄板焊接。

④ 焊接质量好，保护焊的焊缝含氢量小，抗裂性能好，焊缝金属机械性能良好。

⑤ 操作简便，焊接时可以观察到电弧和熔池的情况，容易掌握。与埋弧焊相比，不易焊偏，有利于实现机械化和自动化焊接。

⑥ 适用范围广，保护焊常用于碳钢及低合金钢的焊接，不仅适宜焊接薄板，也能焊接中、厚板，同时可进行全位置焊接。除了适用于焊接结构生产外，还适用于修理，如磨损零件的堆焊。

但是，二氧化碳气体保护焊也存在一些缺点，采用大电流焊接时，焊缝表面质量不及埋弧焊，飞溅较多。还有，不能焊接容易氧化的有色金属等材料。由于二氧化碳气体保护焊的优点是显著的，而其不足之处，随着人们对其认识的深化，对焊接设备及工艺的不断改进，将逐步得到克服，因此，目前在焊接结构制造中，得到广泛应用。

6.2.2 二氧化碳气体保护焊的冶金特点

从焊接冶金基础知识中可以知道：焊接过程是复杂的冶金反应过程。那么，仅采用保护，而不是采用焊条的药皮或焊剂形成的熔渣，这对焊缝的质量又有什么影响？

根据二氧化碳的化学性能，在常温下呈中性，但在高温时进行分解，以致电弧气氛具有强烈的氧化性，它会使合金元素氧化烧损，降低焊缝金属的机械性能，还可能是产生气孔及飞溅的主要原因。因此，在焊接冶金方面，有它的特殊性。

1. 合金元素的氧化及脱氧方法

二氧化碳气体在电弧高温作用下，分解的化学反应式为：

$$CO_2 = CO + O$$

而且，CO_2 的分解程度与温度有关，温度越高，分解程度越大，反应进行得就越强烈。在5 000 K以上时，已基本上完全分解；达到6 000 K时，CO及O约各占一半。

其中，CO在焊接条件下不会熔于金属，也不与金属发生作用，但原子状态的氧使铁及其他合金元素迅速氧化，其反应方程式为：

$$Fe + O = FeO$$
$$Si + 2O = SiO_2$$
$$Mn + O = MnO$$

以上氧化反应既发生在熔滴过渡过程中，也发生在熔池里。而反应的结果，使铁氧化生成FeO，能大量熔于熔池中，将导致焊缝产生大量气孔，锰和硅氧化成 MnO 和 SiO_2，成为熔渣浮出，使焊缝中有用的合金元素减少，机械性能降低。此外，因碳氧化生成大量 CO 气体，还会增加焊接过程的飞溅，因此必须采用有效的脱氧措施。

在 CO_2 焊的冶金过程中，通常的脱氧方法是采用含有足够数量脱氧元素的焊丝。这些元素与氧的结合能力比铁强，在焊接时可降低液态金属中 FeO 的浓度，抑制碳的氧化，从而防止 CO 气孔并减少飞溅，并得到性能合乎要求的焊缝。

CO_2 焊用于焊接低碳钢和低合金高强度时,主要是采用硅锰联合脱氧的方法,也就是说,必须采用硅锰钢焊丝。由于电弧气氛具有强烈的氧化性,如果焊丝中缺少脱氧元素,则不能满足焊接质量的要求,硅和锰是最常用的脱氧元素,硅、锰脱氧后的生成物 SiO_2 和 MnO,复合组成熔渣,且容易浮出熔池,形成一层微薄的渣壳覆盖在焊缝的表面。

2. 气孔的产生与防止途径

在 CO_2 保护中,如果使用化学成分不合格的焊丝,纯度不符合要求或焊接工艺参数选用不当,焊缝中就可能产生气孔。

焊缝中产生气孔的根本原因,是熔池金属中存在过量的气体,在熔池凝固过程中没有完全逸出,或者由于凝固过程中化学反应产生的气体来不及逸出,以致残留在焊缝之中。加上 CO_2 气体又对焊缝有冷却作用,因此熔池凝固较快,增大了产生气孔的可能性。

CO_2 焊时,可能出现以下 3 种气孔。

(1) 一氧化碳气孔

产生气孔的原因,是焊丝的脱氧元素不足,以致大量的 FeO 不能还原,而熔于熔池金属中,在熔池结晶时发生如下的反应:

$$FeO+C=Fe+CO\uparrow$$

这样,生成 CO 气体,来不及逸出,从而形成气孔。

因此,应保证焊丝含有足够的脱氧元素,同时严格控制焊丝的含碳量,就可以减少产生 CO 气孔的可能性。

(2) 氮气孔

产生的氮气孔的原因,主要是 CO_2 气体的保护效果不好,或者 CO_2 气体纯度不高,含有一定量空气造成的。焊接时,空气中的氮大量溶于熔池金属中,当焊缝金属结晶凝固时,氮在金属中的溶解度降低,来不及从熔池中逸出,于是便形成氮气孔。

影响 CO_2 气体保护效果的因素较多,如 CO_2 气流量太小、焊接速度过快以及在有风的地方焊接等。所以,应当针对不同的具体情况,保证 CO_2 气体在焊接过程中稳定与可靠,以防止氮气孔的产生。

(3) 氢气孔

氢气孔是由氢产生的,其形成过程与氮气孔相同,CO_2 保护焊时。氢的来源是很多方面的,例如,焊件和焊丝表面的铁锈、水分及油污等杂物,CO_2 气体含有的水分。这样在熔池金属中存在大量的扩散氢,就可能形成氢气孔。因此,为防止产生氢气孔,应当尽量减少氢的来源,如对焊件和焊丝表面作适当的清理,对 CO_2 气体进行提纯和干燥处理等。

必须指出,由于 CO_2 保护焊电弧气氛的氧化性较强,可以减小氢的影响,故形成氢气孔的可能性是较小的,而当采用的焊丝材料具有适当的脱氧元素时,CO 气孔也不易产生。因此,最常发生的是氮气孔,而氮是来自于空气,由空气侵入焊接区造成的。所以,必须加强 CO_2 气流的保护效果,这是防止焊缝气孔的重要途径。

6.2.3 二氧化碳气体保护焊的熔滴过渡

CO_2 保护焊是一种熔化极焊接方法,焊丝除了作为电弧的一极外,其端部还不断受热熔化,形成熔滴,并陆续脱离焊丝过渡到熔池中去。

熔化极气电焊的熔滴过渡形式,同其他熔焊一样,大致分为 3 种,即短路过渡、粗滴过渡和喷射过渡。熔滴过渡的特点和形式,取决于焊接工艺的参数及有关条件。

CO_2 保护焊的熔滴过渡,也同样存在 3 种形式。但是由于 CO_2 气体的特点,在熔滴过渡方面具有一些特殊性,并直接影响到焊接过程的稳定性、飞溅程度和焊缝的质量。因此,必须认识和掌握 CO_2 保护焊熔滴过渡的规律,才能提出对焊接设备及焊接工艺参数的要求。现将 CO_2 保护焊的熔滴过渡形式分述如下。

1. 短路过渡

(1) 短路过渡过程

短路过渡是在采用细焊丝、小电流、低电弧电压焊接时出现的。因为电弧很短,所以,焊丝末端的熔滴未形成大滴时,即与熔池接触而短路,电弧熄灭。在短路电流产生的电磁收缩力及熔池表面张力的共同作用下,熔滴迅速脱离焊丝末端过渡到熔池中去,以后电弧又重新引燃。这样周期性的短路—燃弧交替过程,就称为短路过渡过程。

短路过渡时,焊接电流和电弧电压,是按一定的规律变化的,这个变化,从一般的电流表和电压表上是观察不出来的。如果用示波器来进行观察过渡中电流电压的变化,就可以看得比较清楚。图 6-3 表示出了短路过渡过程中,焊接电流和电弧电压的变化波形,以及相应的熔滴过渡情况。

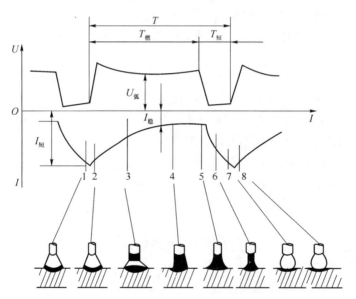

T——一个短路过渡周期的时间;$T_燃$——电弧燃烧时间;$T_短$——短路时间;
$U_弧$——电弧电压;$I_短$——短路最大电流;$I_稳$——稳定的焊接电流

图 6-3 短路过渡过程及焊接电流、电弧电压波形图

通常把每一次短路和燃弧的时间,称为一个周期,每秒钟内的周期数,称为短路频率。由图 6-3 可以看出,一个完整的短路过渡周期,是由短路和燃弧两个阶段组成的,即:

$$T = T_燃 + T_短$$

改变 T 的时间长短,也改变了短路频率,短路频率越高,熔滴过渡就越快,焊接过程也越稳定。因此,短路频率就成为衡量短路过渡稳定性的指标。

CO_2 保护焊时,短路频率可达每秒几十次到一百多次。由于短路频率很高,每次短路完成一次熔滴过渡,因此焊接过程非常稳定,飞溅小,焊缝成形好。同时由于焊接电流小,而且电弧是断续燃烧,电弧热量低,适合于焊接薄板及全位置焊接。目前,细丝 CO_2 焊中主要采用短路过渡的形式。

(2) 短路过渡的稳定性

CO_2 保护焊时,要使短路过渡过程稳定地维持下去,这取决于焊接电源的动特性和焊接工艺参数。对焊接电源动特性的要求是,所供给的电流和电压必须满足短路过程的变化,具体地说,应有合适的短路电流增长速度和短路最大电流值,以及足够大的空载电压恢复速度。

从图 6-3 中可以看到,当熔滴与焊件短路时,焊接电源应能在很短的时间内,提供合适的电流,即有一个合适的短路电流增长速度,以有利于产生缩颈并断裂,使熔滴快速平稳地过渡,在恢复燃弧时,需要足够大的电压恢复速度,促使电弧顺利重新燃烧,因此,用作短路过渡的焊接电源必须具有良好的动特性。

短路电流的增长速度,不仅与焊接电源本身的动特性有关,还与焊接回路内的电感大小有关,短路过渡焊接时,对于不同直径的焊丝,所需要的短路电流增长速度不一样。通常要在焊接回路内串入一定的电感,通过调节电感来调节短流增长速度,同时也限制了短路电流最大值。此外,选择合适的焊接电流、电弧电压等焊接工艺参数,也是保持短路过渡稳定的重要条件。

2. 粗滴过渡

(1) 粗滴过渡过程

粗滴过渡是采用的焊接电流和电弧电压高于短路过渡时发生的,由于电弧长度加大,焊丝熔化较快,而电磁收缩力不够大,以致熔滴的体积不断增大,并在熔滴自身的重力作用下,向熔池过渡。此时,熔滴的直径比焊丝大,过渡频率也低,每秒只有几滴到二十几滴,中间还伴有不规则的短路过渡现象。

当进一步增大焊接电流和电弧电压时,由于电磁收缩力加强,阻止了熔滴自由张大,并促使熔滴加快过渡,因此,粗滴过渡过程的熔滴体积减小,过渡频率略有增加,但不再发生短路现象。

保护焊粗滴过渡的特点是:电弧比较集中,而且电弧总是熔滴的下方产生,并形成偏离焊丝轴线方向的过渡;焊接过程的稳定性差些,焊缝成形较粗糙,飞溅较大。

CO_2 保护焊粗滴过渡的形式,常用于中、厚板焊接。

(2) 粗滴过渡的稳定性

粗滴过渡过程的稳定性,通常用熔滴体积或者每秒中过渡的滴数来衡量。其影响因素主要是焊接电流和电弧电压。

焊接电流对粗滴过渡过程的稳定性有显著的影响。之前已经谈过,当焊接电流稍高于短路过渡的电流时,熔滴过渡的形式将发生改变。焊接电流对熔滴过渡频率和熔滴体积的影响如图 6-4 所示。可见在用粗滴过渡形式焊接时,焊接电流增高,焊接过程就更稳定。同时随着焊接电流的增加,非轴线方向的熔滴过渡的现象大大减少,而且熔滴与熔池短路的现象也随之消失,所以飞溅也减少。因此,尽量选用较大的焊接电流,粗滴过渡的稳定性较好。但是,焊接电流的提高会受到许多条件的限制,为了保证粗滴过渡过程的正常进行,随着焊接电流的增加,电弧电压也要相应增大,这样有利于提高焊接过程的稳定性。

有短路现象的粗滴过渡形式,要求焊接电源具有良好的动特性,以使电弧显得柔和,飞溅也减少,焊缝成形得到改善。

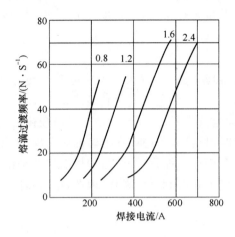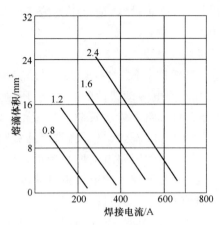

图 6-4 焊接电流与熔滴过渡频率、熔滴体积的关系

3. 喷射过渡

在粗滴过渡的基础上,再增大焊接电流,当达到一定的电流值时,熔滴过渡的形式就会变为喷射过渡。

喷射过渡的特点是:焊丝末端的熔滴形成尖锥形,从焊丝的尖端喷射出速度很高、尺寸很小的熔滴微粒流,沿着电弧中心线过渡到熔池中去,电弧非常稳定,几乎没有飞溅,焊缝成形美观。

由于 CO_2 焊时达到喷射过渡的焊接电流很大,而且由粗滴过渡变为喷射过渡的电流值比较明显,同时产生很大的极点压力,形成强烈的喷射熔滴流,以致熔池中液态金属冲刷出去,焊缝无法成形,因此难以采用喷射过渡的形式。

6.2.4 二氧化碳气体保护焊的飞溅问题

CO_2 焊容易产生飞溅,这是由 CO_2 气体的性质所决定的,因此,如何尽量减少飞溅,是 CO_2 焊在生产引用中必须重视的问题。

1. 飞溅对焊接过程的影响

CO_2 焊时,大量的飞溅会降低焊接生产效率,并使熔敷系数下降,增加了焊接材料及电能的损耗。焊接过程中需要经常清除喷嘴和到电嘴上的飞溅物,焊后还要清除焊件表面的飞溅物,增加了辅助工作量。

同时,过量的飞溅使焊接质量下降。飞溅金属容易堵塞喷嘴,使气流的保护效果受到影响,焊缝中容易产生气孔,飞溅物粘在导电嘴上,可能造成送丝速度的不稳定,使焊缝成形不均匀,积聚在导电嘴上的飞溅层常会成块地落入熔池,因此,应该把飞溅减少到最低的程度。

2. 产生飞溅的原因及减少飞溅的措施

(1) 由冶金反应引起的飞溅

这种主要是 CO 气体在电弧高温作用下,体积急剧膨胀,逐渐增大的 CO 气体压力最终突破熔滴或熔池表面的约束,形成爆破,从而产生大量细粒的飞溅,但采用含有硅锰脱氧元素的焊丝时,这种飞溅已不显著,如果进一步降低焊丝的含碳量,并适当增加铝、钛等脱氧能力强的元素时,则飞溅还能进一步减少。

(2) 由极点压力引起的飞溅

这种飞溅主要取决于电弧的极性。当用正极性焊接时(焊件接正极,焊丝接负极),正离子飞向焊丝末端的熔滴,机械冲击力大,因而造成大颗粒的飞溅。用反极性焊接时,主要是电子撞击熔滴,极点压力大大减小,故飞溅比较少,所以 CO_2 焊多采用直流反接进行焊接。

(3) 由熔滴短路引起的飞溅

这是在短路过渡或有短路的粗滴过渡焊接时产生的飞溅,焊接电源的动特性不好时,则更显得严重。短路电流增长速度过快,或者短路最大电流值过大时,当熔滴刚与熔池接触,由于短路电流强烈加热及电磁收缩力的作用,结果使缩颈处的液态金属发生爆破,产生较多的细颗粒飞溅。如果短路电流增长速度过慢,则短路电流不能及时增大到要求的电流值,此时,缩颈处就不能迅速断裂,使伸出导电嘴的焊丝在电阻热的长时间加热下,成段软化和断落,并伴随着较多的大颗粒飞溅,减少这种飞溅的方法,主要是调节焊接回路中的电感值,若串入焊接回路的电感值合适,则噪声较小,过渡过程比较稳定。

(4) 由非轴向粗滴过渡造成的飞溅

这种飞溅是在粗滴过渡焊接时,由于电弧的斥力所产生的。当熔滴在极点压力和弧柱中气流的压力共同作用下,熔滴被推向焊丝的一边,并抛到熔池外面,形成大颗粒的飞溅。

(5) 由焊接工艺参数选用不当引起的飞溅

这种飞溅是在焊接过程中,由于焊接电流、电弧电压回路电感等焊接工艺参数选用不当所造成的。因此,必须正确地选择 CO_2 焊的焊接工艺参数,以使产生这种飞溅的可能性减小。

6.2.5 二氧化碳气体保护焊的焊接材料

1. 焊　丝

CO_2 焊时,为了保证焊缝具有足够的力学性能,以及不产生气孔等,焊丝中必须比母材含有较多的硅、锰或铝等脱氧元素,此外,为了减少飞溅,焊丝的含碳量必须限制在 0.10% 以下。CO_2 焊常用的焊丝牌号及用途如表 6-2 所列。生产中应根据焊件材料、接头设计强度和有关的质量要求,以及施焊的具体条件,来选择不同牌号的焊丝。其中,H08Mn$_2$SiA 焊丝是 CO_2 焊用得最普遍的一种焊丝,有较好的工艺性能和较高的机械性能指标。对于焊接低碳钢和某些低合金高强度钢(如 16 锰钢)是很有效的,这种焊丝在低碳钢上焊接,可以获得良好的力学性能。

表 6-2　CO_2 焊常用的焊丝牌号及用途

焊丝牌号	用　途
H08MnSi H08MnSiA	焊接低碳钢及 σ_s<300 MPa 的低合金钢
H10MnSiA	焊接一般低碳钢及低合金钢
H08Mn2Si	焊接 σ_s<500 MPa 的低合金钢
H04Mn2SiTiA H04MnSiAlTiA	焊接质量要求高的低合金钢
H08MnSiCrMoA H08MnSiCrMoVA	焊接耐热钢和调质钢

CO_2 焊所用的焊丝,一般直径在 0.5～5.0 mm 范围内,要求焊丝直径均匀,CO_2 半自动常用的焊丝,有 $\phi0.8$,$\phi1.0$,$\phi1.2$,$\phi1.6$ mm 等几种。CO_2 自动焊时,除上述各种直径焊丝外,还可以采用直径 2.0～5.0 mm 的焊丝。焊丝表面有镀铜和不镀铜的两种,镀铜可防止生锈,有利于保存,并可改善焊丝的导电性能,提高焊接过程的稳定性。焊丝使用时应彻底去除表面的油、锈等杂物。

2. CO_2 气体

焊接用的 CO_2 气体,通常是将其压缩成液态储存于钢瓶内,以供使用,CO_2 气瓶的涂色标记为黑色,并应标有"CO_2"的字样。容量为 40 L 的气瓶,每瓶可装 25 kg 的液体 CO_2,满瓶压力约为 5～7 MPa。气瓶内 CO_2 气体的压力与外界温度有关,其压力随着外界温度的升高而增大。因此,CO_2 气瓶不准靠近热源或置于烈日下暴晒,以防发生爆炸事故。

焊接用 CO_2 气体的一般标准是:CO_2 气体纯度应不小于 99.5%,含水量、含氮量均不得超过 0.1%,如果纯度不够,可以进行提纯处理。

6.2.6 二氧化碳气体保护焊的设备

CO_2 保护焊所用的设备,按操作形式不同,可分为半自动焊设备和自动焊设备两类。而自动焊所用的设备与半自动焊基本相同,仅多一套焊枪与焊件相对运动的机构,或者采用焊接小车进行自动操作。从 CO_2 保护焊实际应用的情况来看,半自动焊设备用得最多,且具有代表性,所以,下面以 CO_2 半自动设备(见图 6-5)为例,对焊接电源、送丝系统、焊枪、供气系统及控制系统等几部分,分别介绍各个组成部分的基本原理、构造及作用。

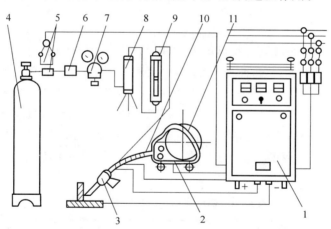

1—电源;2—送丝机;3—焊枪;4—气瓶;5—预热器;
6—高压干燥器;7—减压器;8—低压干燥器;9—流量计;
10—软管;11—焊丝盘

图 6-5 CO_2 保护半自动焊设备示意图

1. CO_2 焊焊接电源

(1) 对焊接电源的要求

由于 CO_2 焊用交流电源焊接时,电弧很不稳定,飞溅也很严重,因此只能使用直流电源。同时,为了适应 CO_2 焊的特点,对焊接电源提出如下的要求。

① 在采用等速送丝时,焊接电源应具有平特性及缓降的外特性曲线,这是由 CO_2 焊电弧

的静特性曲线和电弧自身调节作用所决定的。

CO_2 焊时,由于电流密度大($\geqslant 75A/mm^2$),而且 CO_2 气体对电弧有较强的冷却作用,因此电弧的静特性曲线是上升的。焊丝直径越小,电流密度越大,静特性曲线上升的斜率越大,如图 6-6 所示。

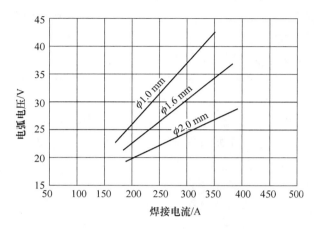

图 6-6 CO_2 保护焊时电弧的静特性

在等速送丝的条件下,当电弧长度发生变化时,将引起焊接电流的变化,从而使焊丝的熔化速度相应地变化,会使电弧长度恢复到原来的长度,以达到恢复稳定状态的目的,这就是电弧自身的调节作用。而且,焊接电流的变化值越显著,电弧自身调节的性能就越好。

CO_2 焊采用不同的电源外特性,电弧自身调节性能如图 6-7 所示,设 o 点为原来的电弧稳定燃烧,当电弧长度由 l_1 降低到 l_2 时,3 种不同的外特性,各自产生了新的电弧燃烧点 a,b,c。由图 6-7 可见,在同样的电弧长度变化情况下,平硬特性电源所引起的焊接变化值 ΔI_c 要比陡降特性电源的焊接电流变化值 ΔI_a 大,即 $\Delta I_c > \Delta I_b > \Delta I_a$。因此,平特性电源的电弧自身调节性能最好,缓降特性电源次之,陡降特性电源较差。这是 CO_2 焊要求采用具有平特性和缓降特性电源的主要原因。

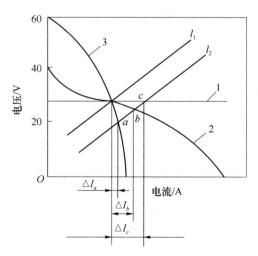

图 6-7 焊接电源外特性与电弧自身调节作用的关系

同时，短路过渡焊接时采用平特性电源，其电弧长度和焊丝长度的变化对电弧电压的影响最小。此外，用平特性电源，可以对电弧电压和焊接电流分别加以调节，相互之间没有多大影响。

② 焊接电源应有良好的动特性。从 CO_2 焊的熔滴过渡和飞溅问题的讨论中可知，焊接电源的电压恢复速度能够满足要求，以使电弧迅速复燃。短路电流增长速度的调节方法，除了改变在焊接回路中电抗器的电感外，还有改变电源空载电压、改变主变器漏感、改变焊接回路电阻的大小等方法，这要视焊接电源的结构而异。

有短路的粗滴过渡焊接多采用缓降特性的电源，因为短路电流值较小，使电弧显得较柔和，飞溅较少，焊缝成形也得到改善。

③ 焊接电流及电弧电压能在一定范围内调节。用于细丝短路过渡的焊接电源，一般要求电弧电压为 17～23 V。电弧电压分级调节时，每级不应大于 1 V；焊接电流能在 50～250 A 范围内均匀调节。

用于粗滴过渡的焊接电源，一般要求调节电弧电压能在 25～44 V 范围内调节，其最大焊接电流，可以按需要定为 300 A，500 A，1 000 A 等。

(2) 焊接电源的分类

CO_2 焊的焊接电源，可分为弧焊整流器和弧焊发电机两类。由于弧焊整流器与弧焊发电机相比较，具有性能好、无噪声、结构简单、制造方便等优点，所以通常用来作 CO_2 保护焊的焊接电源。

2. 焊枪及送丝机构

CO_2 半自动焊的焊丝送给为等速送丝，其送丝方式有拉丝式、推丝式和推拉式 3 种（见图 6-8）。

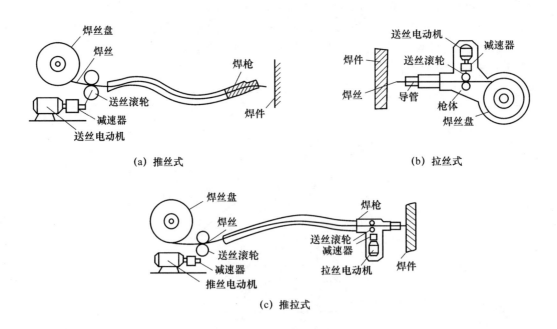

图 6-8 CO_2 半自动焊送丝方式

在拉丝式中,焊丝盘、送丝机构与焊枪连在一起,故不必采用软管,送丝较稳定,但焊枪结构复杂,重量增加。拉丝式只适用于细焊丝(直径为 0.5～0.8 mm),操作的活动范围较大。

在推丝式中,焊丝盘、送丝机构与焊枪分离,因此焊枪结构简单,重量减轻,但焊丝通过软管时会受到阻力作用,故软管不能过长或扭曲,否则,焊丝不能顺利送出,影响送丝的稳定。推丝式所用的焊丝直径宜在 0.8 mm 以上,其焊枪的操作范围在 2～4 m 以内。目前 CO_2 半自动焊多采用推丝式焊枪。

推拉式送丝,具有前两种送丝方式的优点,焊丝送给时以推丝为主,而焊枪内的送丝机构起着将焊丝拉直的作用,可使软管中的送丝阻力减小,增加送丝距离和操作的灵活性。

3. CO_2 供气装置

CO_2 的供气装置由气瓶、干燥器、预热器、减压器和流量计等组成。

因为瓶装的液态 CO_2 汽化时要吸热,其中所含水分可能结冰,所以需经预热器加热。并在输送到焊枪之前,应经过干燥器吸收 CO_2 气体中的水分,使保护气体符合焊接要求。减压器是将 CO_2 气体调节至 0.1～0.2 MPa 的工作压力,流量计是控制和测量 CO_2 气体的流量,以形成良好的保护气流。

4. 控制系统

CO_2 焊控制系统的作用是对 CO_2 焊的供气、送丝和供电等系统实现控制。

对供气系统的控制大致是 3 个过程,引弧时要求提前送气约 1～2 s,以排除引弧区的空气;焊接时气流要均匀可靠;结束时,因熔池金属尚未完全冷却凝固,应滞后停气 2～3 s。给予继续保护,这样可防止空气的有害作用,保证焊缝的质量。

对送丝系统的控制,是指对送丝电动机的控制,应保证能够完成焊丝的正常送进与停止动作,焊前可调节焊丝伸出长度,均匀调节送丝速度,对焊接过程的网路电压波动有补偿作用。

对供电系统的控制,即对焊接主电源的控制,这与送丝部分密切相关。供电可在送丝之前接通,或与送丝同时接通,但在停电时,要求送丝先停而后断电,这样可以避免焊丝末端与熔池粘连,而影响焊缝弧坑处的质量。

CO_2 保护半自动焊的焊接控制程序如图 6-9 所示。

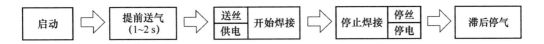

图 6-9 CO_2 半自动焊接控制程序方框图

5. CO_2 气体保护焊机

随着 CO_2 气体保护焊技术的应用范围日益扩大,CO_2 气体保护焊机的发展也很迅速。目前,已定型生产各种 CO_2 半自动和自动焊机,并且成功地在焊接生产中普遍应用。

定型的 NBC 系列 CO_2 半自动焊机,是使用性能良好的 CO_2 气体保护焊设备,这些 CO_2 半自动焊机分别适用于薄板、中厚板的低碳钢和低合金钢等材料的焊接,也可进行各种位置的焊缝焊接。此外,CO_2 半自动焊机的选用,必须结合具体生产条件及结构产品的特点。常用的 CO_2 半自动焊机主要技术数据如表 6-3 所列。

表 6-3 常用的 CO_2 半自动焊机主要技术数据

型 号	NBC-200	NBC_1-300	NBC_4-500	NBC_1-500-2
电源电压/V	380	380	380	220
空载电压/V	17~30	17~30	15~42	15~42
额定焊接电流/A	200	300	500	500
电流调节范围/A	40~200	50~300	35~500	35~500
焊丝送给速度/(m·min^{-1})	1.5~9	2~8	1.7~25	1.3~13
焊丝直径/mm	0.5~1.0	0.8~1.4	0.8~2.0	0.8~2.0
CO_2气体流量/(L·min^{-1})	6~12	20	25	25
送丝方式	拉丝式	推丝式	推丝式	推丝式
用 途	焊接低碳钢及低合金钢薄板	焊接板厚小于8mm的低碳钢和低合金钢	焊接低碳钢、低合金钢薄板或中厚板,也可用于定位焊	焊接低碳钢、低合金钢薄板和中厚板

注:N—熔化极气体保护焊;B—半自动焊;C—CO_2气体保护焊。

6.2.7 二氧化碳气体保护焊工艺参数

为了保证 CO_2 气体保护焊时能获得优良的焊接质量,除了要有合适的焊接设备和工艺材料以外,还应合理地选择焊接工艺参数。CO_2 气体保护焊的焊接工艺参数,主要包焊丝直径、焊接电流、电弧电压、焊接速度、焊丝伸出长度、气体流量、电源极性及回路电感等。这些工艺参数对焊接过程的稳定性、焊接质量及焊接生产率,都有不同程度的影响,而且有些工艺参数是互相联系的,必须配合适当才能得到满意的结果。下面对各个焊接工艺参数的选择及影响分别加以讨论。

1. 焊丝直径

焊丝直径应根据焊件厚度、焊接位置及生产率的要求来选择。当焊接薄板或中厚板的立、横、仰焊时,多采用直径 1.6 mm 以下的焊丝;在平焊位置焊接中厚板时,可以采用直径 1.2 mm 以上的焊丝。焊丝直径的选择如表 6-4 所列。

表 6-4 焊丝直径的选择

焊丝直径/mm	焊件厚度/mm	施焊位置
0.8	1.0~3.0	各种位置
1.0	1.5~6.0	
1.2	2.0~12	
1.6	6.0~25	
≥1.6	中厚	平焊、平角焊

2. 焊接电流

焊接电流是 CO_2 焊的重要焊接工艺参数,它的大小应根据焊件厚度、焊丝直径、焊接位置及熔滴过渡形式来决定。用直径 0.8~1.6 mm 的焊丝,当短路过渡时,焊接电流在 50~230 A 内选择;颗粒状过渡时,焊接电流可在 250~500 A 内选择。如图 6-10 所示为不同直径焊丝适用的焊接电流范围,图中阴影区为最佳的短路过渡电流范围。

3. 电弧电压

电弧电压必须与焊接电流配合恰当,它的大小会影响到焊缝成形、熔深、飞溅、气孔及焊接过程的稳定性。短路过渡焊接时,电弧电压与焊接电流的关系如图 6-11 所示,通常电弧电压在 16～24 V 范围内。颗粒状过渡焊接时,电弧电压随着焊接电流增大而相应增高,对于直径为 1.2～3.0 mm 的焊丝,电弧电压可在 25～36 V 范围内选择。

4. 焊接速度

在一定的焊丝直径、焊接电流和电弧电压条件下,焊速增加,焊缝的熔宽与熔深减小。焊速过大,容易产生咬边及未熔合等缺陷,且气体保护效果变差,可能出现气孔;但焊速过小,则焊接生产率降低,焊接变形增大,一般 CO_2 半自动焊时的焊接速度在 15～30 m/h。

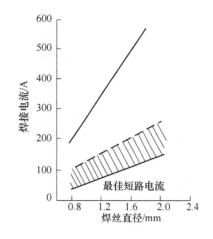

图 6-10 不同直径焊丝适用的焊接电流范围

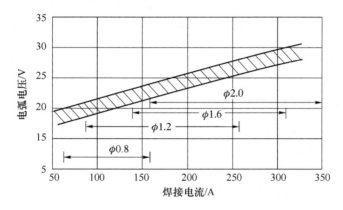

图 6-11 短路过渡时电弧电压与焊接电流的关系

5. 焊丝伸出长度

焊丝伸出长度取决于焊丝直径,一般约等于焊丝直径的 10 倍,且不超过 15 mm。

6. CO_2 气体流量

CO_2 气体流量应根据焊接电流、焊接速度、焊丝伸出长度及喷嘴直径等选择,过大或过小的气体流量都会影响气体保护效果。通常在细丝 CO_2 焊时,气体流量约为 8～15 L/min;粗丝 CO_2 焊时,CO_2 气体流量约在 15～25 L/min。

7. 电流极性

为了减少飞溅,保证焊接电弧的稳定性,CO_2 焊应选用直流反接。

8. 回路电感

焊接回路的电感值应根据焊丝直径和电弧电压来选择。不同直径焊丝的合适电感值如表 6-5 所列。电感值通常随焊丝直径增大而增加,并可通过试焊的方法来确定,若焊接过程稳定,飞溅很少,则此电感值是合适的。

CO_2 焊的焊接工艺参数应按细丝焊与粗丝焊及半自动焊与自动焊的不同形式而确定,同时,要根据焊件厚度、接头形式和焊缝空间位置等因素,来正确选择适用的焊接工艺参数。

表6-5 不同直径焊丝的合适电感值

焊丝直径/mm	0.8	1.2	1.6
电感值/mH	0.01~0.08	0.1.~0.16	0.30~0.70

例1 厚度为6 mm的开V形坡口平板对接CO_2自动焊。

1. 焊前准备

母材选用Q235碳钢,两对接板的厚度为6 mm,开V形坡口,装配间隙及定位焊如图6-12所示,板对接平焊的反变形如图6-13所示。

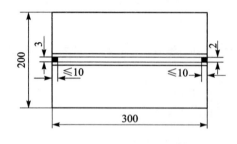

图6-12 装配间隙及定位焊

图6-13 板对接平焊的反变形

将焊缝坡口及其两侧各20 mm范围内的铁锈、氧化皮及污垢等清理干净,至露出金属光泽为止。

焊接时采用H08Mn2SiA焊丝,焊丝要按规定烘干,焊丝表面油锈等须彻底清除,若局部弯折盘丝时应校直,焊接参数如表6-6所列。

表6-6 板厚6 mm V形坡口对接平板的焊接参数

焊接层次位置	焊丝直径/mm	焊接电流/A	焊接电压/V	气体流量/(L/min)	自动焊速/(m·h^{-1})
打底层	1.2	180~420	23~43	15~25	20~42
盖面层		200~450	26~43	20~25	20~42

2. 焊 接

焊前先检查装配间隙及反变形是否合适,试板放在水平位置,间隙小的一端放在右侧。

焊打底层时,调整好打底层焊道的焊接参数后,在试板右端预焊点左侧约20 mm处坡口的一侧引弧。待电弧引燃后迅速右移至试板右端头定位焊缝上,当定位焊缝表面和坡口面熔合出现熔池后,向左开始焊接打底层焊道,焊枪沿坡口两侧作小幅度横向摆动,并控制电弧在离底边约2~3 mm处燃烧,当坡口底部熔孔直径达到4~5 mm时转入正常焊接。因为只有二层焊道,焊打底层焊道时,除注意反面成形外,还要掌握好正面焊道的形状和高度,但要注意如下两点。

① 焊道表面要平整,两侧熔合良好,最好焊道的中部稍下凹,坡口两侧不能咬边,以免焊盖面层焊道时两侧产生夹渣。

② 不能熔化试板上表面的棱边,保证打底层焊道离试板上表面距离2 mm左右较好。

焊接过程中,焊枪除保持原有角度,电弧对中位置和喷嘴高度外,还应加大焊枪的横向摆动幅度,保证熔池两侧超过坡口上表面棱边 0.5~1.5 mm,并匀速前进。

6.3 氩弧焊

6.3.1 氩弧焊概述

氩弧焊是使用氩作为保护气体的一种气体保护焊,氩弧焊过程如图 6-14 所示,它是利用从焊枪喷嘴中喷出的氩气流,在电弧区形成严密封闭的保护层将金属熔池与空气隔绝,以防止空气的侵入,同时利用电弧产生的热量,来熔化填充焊丝和基本金属,液态金属熔池冷却后形成焊缝。

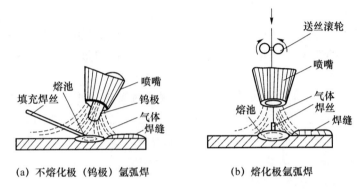

图 6-14 氩弧焊示意图

由于氩气是一种惰性气体,不与金属起化学反应,因此不会使被焊金属中的合金元素烧损,能充分保护金属熔池不被氧化,又因氩气在高温时不溶于液态金属中,所以焊缝不易引起气孔。因此,氩气的保护作用是有效和可靠的,可以得到较高的焊接质量。

1. 氩弧焊的特点

氩弧焊与其他电弧焊接方法相比,具有如下的特点:

① 氩气保护性能优良,焊接时不必配制相应的焊剂或熔剂,基本上是金属熔化与结晶的简单过程,能获得较为纯净及质量高的焊缝。

② 由于电弧受到氩气气流的压缩和冷却作用,电弧热量集中,同时氩弧的温度又很高,因此,热影响区很窄,焊接变形与应力均小,裂纹倾向也小,这尤其适用于薄板焊接。

③ 氩弧焊是明弧焊,操作及观察较方便,故容易实现焊接过程的机械化和自动化。此外,在一定条件下可进行各种空间位置的焊接。

④ 可焊的材料范围很广,几乎所有的金属材料都可以进行氩弧焊,特别适宜焊接化学性质活泼的金属和合金。通常,多用于焊接铝、钛、铜及其低合金钢,不锈钢及耐热钢等。

由于氩弧焊具有这些显著的特点,随着有色金属、高合金钢及稀有金属的产品结构日益增多,而且一般的气焊、电弧焊方法已不易达到所要求的焊接质量。所以,氩弧焊的焊接技术得到越来越广泛的应用。

2. 氩弧焊的分类及应用

氩弧焊按所用的电极不同,分为不熔化极(钨极)氩弧焊和熔化极氩弧焊两类,如图 6-15 所示。

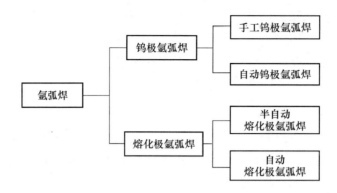

图 6-15 氩弧焊的分类

(1) 钨极氩弧焊

钨极氩弧焊是采用高熔点的钨棒作为电极,在氩气层流保护下利用钨极与焊件之间的电弧热量,来熔化加入的填充焊丝和基本金属,形成焊缝。而钨极本身是不熔化的,只起发射电子产生电弧的作用。

钨极氩弧焊有手工和自动的两种操作形式,焊接时需要另外加入填充焊丝,有时也不加填充焊丝,仅将接缝处熔化后形成焊缝,为了防止钨极的熔化与烧损,所用的焊接电流受到限制,因此电弧功率较小,熔深也受到影响,只能适用于薄板焊接。后来在钨极氩弧焊的基础上,发现了熔化极氩弧焊的工艺方法。

(2) 熔化极氩弧焊

熔化极氩弧焊是采用焊丝作为电极,电弧在焊丝与焊件之间燃烧,同时处于氩气层流的保护之下。焊丝以一定速度连续给送。并不断熔化形成熔滴过渡到熔池中去,液态金属熔池冷却凝固后形成焊缝。其操作形式有半自动和自动的两种。

熔化极氩弧焊的熔滴过渡过程,是采用射流过渡的形式。因为在氩气气氛中,产生射流过渡要比 CO_2 气体保护焊时容易得多,也就是说,熔滴过渡形式转变为射流过渡时,所需的临界电流值较低,所以,容易实现熔滴的射流过渡,与其他形式的熔滴过渡相比,具有焊接过渡过程稳定、飞溅小、熔深大及焊缝成形好等特点。此外,由于电极是焊丝,焊接电流可以增大,电弧功率大,可用于中厚板的焊接。

(3) 脉冲氩弧焊

钨极脉冲氩弧焊和熔化极脉冲氩弧焊,是目前推广应用及发展的一项新工艺方法。与普通氩弧焊的根本区别是采用了脉冲焊接电流,脉冲氩弧焊电源的基本原理如图 6-16 所示。

从图中可看到,它是由两个电源并联组成的,同时接到电极(或焊丝)与焊件上,其中,5 是维弧电源,由一台普通的直流电源提供基本电流,其电流值很小。只要维持电弧稳定燃烧即可,仅对电极(或焊丝)与焊件起着预热作用。脉冲电源 4 的作用是提供一个脉冲电流,用来熔化金属,在焊接时作为主要热源。

在焊接过程中,基本电流和脉冲电流迭加,就可以得到脉冲焊接电流。由脉冲焊接电流完成的连续焊缝,实际上是由许多焊点搭接而成的。高值电流(脉冲电流)时,形成熔化焊点;低值电流(基本电流)时,焊点凝固成形。同时,通过对脉冲电流、基本电流的调节和控制,可达到对焊缝热输入量的控制,从而控制了焊缝的尺寸和质量。因此,在保证足够焊透能力的前提下,可以调节焊接线能量及焊缝高温停留时间,适用于各种可焊性较差材料的焊接,可减少裂

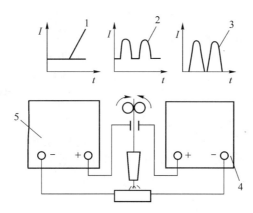

1—基本电流；2—脉冲焊接电流；3—脉冲电流；
4—脉冲电源；5—维弧电源

图 6-16 脉冲氩弧焊电源示意图

缝倾向。还有，对各种焊接位置有较强的适应能力，适用于全位置、单面焊双面成形焊接。此外，容易克服焊缝下塌缺陷，提高抗烧穿能力，特别适合焊接很薄的板材。

目前氩弧焊常用的方法，以钨极氩弧焊应用得最为普遍，下面重点介绍钨极氩弧焊有关的基本知识。

6.3.2 钨极氩弧焊

1. 钨极氩弧焊电弧特性

（1）氩弧的特性

在氩气保护下所产生的电弧，主要具有以下两个方面的特征：

① 引燃电弧较困难

要使气体导电形成电弧，必须经过电离过程，为了使气体分子或原子电离所需的能量即为电离势。氩气的电离势较高，所以引燃较困难。

② 电弧燃烧稳定

氩弧一旦引燃后，就能比较稳定地燃烧，这是因为氩气是单原子气体，电离不经过分子分离成原子的过程，所以能量损失较少。同时，氩气的热容量与导热率较小，故只要较小的热量就可把电弧空间加热到高温，且电弧的热量不易传失，有利于气体的热电离，致使电弧燃烧稳定。

③ "阴极破碎"作用

氩弧焊时，氩气电离后形成大量正离子，并以高速向阴极移动。当采用直流反接时，焊件是阴极，即氩的正离子流向焊件，它撞在金属熔池表面上，能够将高熔点且又致密的氧化膜撞碎，使焊接过程顺利进行，这种现象称为"阴极破碎"作用（或"阴极雾化"作用）。而在直流正接时，没有"破碎"作用，因为撞在焊件表面的是电子，电子质量要比正离子质量小得多，撞击力量很弱，所以不能使氧化膜破碎，此时焊接过程也无法进行。

对于焊接铝、镁及其合金时，由于铝、镁的化学性质很活泼，极易被氧化，因此，即使所用的氩气纯度很高（99.9%），也仍不可避免地含有少量气体和水分。同时，焊接时的气体保护效果会受到一定干扰，以致生成氧化物，形成一层氧化膜覆盖在金属熔池的表面。这样，阻碍了基本金属和填充焊丝金属的良好熔合，无法使焊缝很好地成形。在气焊时，是采用熔剂把氧化膜去掉，氩弧焊时不用熔剂，而是依靠电弧的阴极破碎作用去除氧化膜，可以得到光亮的焊缝，获得满意的焊接效果。钨极氩弧焊时，焊接铝、镁及其合金一般都采用交流电源。因为采用直流反接时，钨极为正极，电弧的阳极温度比阴极温度高得多，所以钨极的烧损严重，电弧不稳定，钨极的许用电流很小。只有当钨极通过的电流密度不大时，才可使用直流反接焊接。为了改善钨极的冷却焊接状况，同时又要产生阴极破碎作用，采用交流焊接电源可以达到这些要求。由于交流电极性是不断变换的，在正极性的半周波里（钨极为阴极），钨极可以得到冷却，以减少烧损。而在反极性的半周波里（钨极为阳极），有阴极破碎作用，熔池表面的氧化膜可以得到去除。但是，采用交流焊接电源时，必须消除直流分量以及解决引弧稳弧的问题。

(2) 交流钨极氩弧的特点

交流钨极氩弧焊时，利用示波器观察到的电压和电流波形，如图 6-17 所示。从图 6-17(a) 中可以看出，电弧电压的波形与电源电压波形相差很大，虽然对电弧供电的电源电压是正弦波，但电弧电压的波形不是正弦波，而是随着电弧空间和电极表面的温度而发生变化的。由于交流电的电源电压是 50 Hz 的正弦波，所以焊接电流每秒钟有 100 次经过零点。当电流经过零点时，电弧空间没有电场，电子发射和气体电离被大大削弱，因此弧柱温度下降，使交流电每次通过零点之后，总有一个电弧重新引燃的过程，电弧重新引燃要求有一定的引燃电压，引燃电压一般都比正常的电弧电压高，所以，只有电弧电压增大到大于引燃电压时，电弧才能引燃，然后过渡到正常的电弧电压。

引燃电压的大小取决于气体介质的电离电位高低和阴极发射电子能力的大小。交流钨极氩弧焊时，焊件和钨极的极性是不断变化的。当正半波时，钨极为负极，因为钨极的熔点高 (3 370 ℃)，钨极的端部能加热到很高的温度，同时钨极的导热系数小，钨极断面的尺寸又小，因传导而损失的热量小，此时钨极的阴极斑点容易维持高温，热电子发射能力强。因此，电弧的导电性能很好，电弧电流很大，而电弧电压较低，反之，当负半波时，焊件的导热性较好，断面尺寸又大，散热能力较强，致使焊件金属熔池表面上阴极斑点的加热温度很低，热电子发射能力很弱，所以电弧导电困难，电弧电流很小，电弧电压较高。这样，交流电两个半波上的电弧电压和电弧电流都不相等，相当于电弧在两个半波里具有不同的导电性，也就是说负半波时电弧的引燃很困难，焊接过程中电弧的稳定性很差。在开始焊接时，电弧空间和焊件都是冷的，引弧就更为困难。

由图 6-17(b) 可知，两个半波的电弧电流不对称，钨极为负的半波电流大于焊件为负的半波的电流。这样，在焊接回路中，相当于除了交流电源之外，还串入一个正极性的直流电源，在焊接交流电路里，所产生的这部分直流叫做直流分量。

直流分量的极性是：钨极为负，焊件为正。直流分量将显著降低阴极破碎作用，阻碍去除被焊金属熔池表面的氧化膜，并使电弧不稳定，焊缝容易出现未焊透、成形差等缺陷。同时由于直流分量的存在，好像在交流焊接回路中通过直流电，使焊接变压器铁芯产生相应的直流磁通，容易使铁芯达到饱和，这对焊接变压器是很不利的，因此，在采用交流电源时，应设法消除这种直流分量。

(3) 直流钨极氩弧的特点

当焊接不锈钢、耐热钢，钛、铜及其合金时，直流钨极氩弧焊一般都采用直流正接。因为直流电没有极性的变化，所以一经引燃便能稳定燃烧，电弧的稳定性好。当采用直流正接时，钨

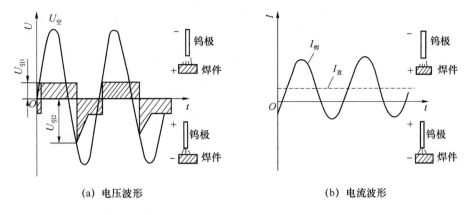

(a) 电压波形　　　　　　　　　　(b) 电流波形

$U_{引1}$—正半波引弧电压；$U_{引2}$—负半波引弧电压；$I_{焊}$—焊接电流；$I_{直}$—直流分量

图 6-17　交流钨极氩弧焊的电压和电流波形

极为负极,电弧稳定性就更好。此外,电弧阳极的热量比阴极的热量多,这样,直接正接时,钨极不容易熔化,损耗很少,而焊件的熔深较大。

2. 引弧、稳弧措施及直流分量的消除

由于氩气的电离电位高,引燃电弧要求较高的空载电压,特别是在采用交流焊接电源时,开始的引燃电弧更为困难,在负半波时需要重新引燃和稳定电弧,同时交流焊接回路中产生直流分量,因此,钨极氩弧焊必须采取引弧与稳弧的措施,以及消除直流分量。

(1) 高频振荡器

这是钨极氩弧焊设备的专门引弧装置,主要用于开始焊接时的第一次引弧,并能达到钨极与焊件非接触而点燃电弧的目的。

高频振荡器是一个高频高压发生器,可在焊接回路中加入约 3 000 V 的高频电压,致使电弧空间产生很强的电场,加强了阴极电子自发射作用,克服氩弧不易引燃的困难,这时焊接电源的空载电压只要 65 V 左右即可。并且,当钨极与焊件距离几毫米时,可引起电弧放电而点燃电弧,不必接触引弧。高频振荡器一般仅供焊接时初次引弧,不用于稳弧,同时要求点燃电弧后马上切断。

(2) 脉冲稳弧器

用脉冲稳弧器稳弧效果良好,这是交流钨极氩弧焊广为使用的方法。

交流负半波时电弧引燃电压较高,使电流通过零点以后电弧再引燃很难,以致电弧不稳定。如果在正半波向负半波转变瞬间,施加一个高压脉冲而迅速地向电弧放电,则电弧就能保持连续燃烧,从而起到稳定电弧的作用。

脉冲稳弧器常用的脉冲电压为 200～250 V,脉冲电流为 2 A 左右。它可与高频振荡器联合使用,当高频振荡器保证第一次引弧后,用高压脉冲放电保证电弧重复引燃,这样解决了交流焊接的引弧和稳弧问题。

(3) 串联电容消除直流分量

在焊接回路中串联电容,是交流钨极氩弧焊时消除直流分量的常用方法,如图 6-18 所示。

由于电容对交流电的阻抗很小,可允许交流电通过,而使直流电通不过,因此隔绝了直流

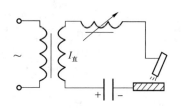

图 6-18 消除直流分量的常用方法

电。这种方法消除直流分量的效果很好,使用维护简单,但所需的电容量大,成本高。通常采用电解电容器,其电容量根据最大焊接电流来计算,一般按每安培电流需要 300 μF 左右。经过消除直流分量的交流电,可获得熔深良好、焊波均匀的焊接结果。

3. 钨极氩弧焊设备

手工钨极氩弧焊设备包括主电路系统、焊枪、供气系统、冷却系统和控制系统等部分,如图 6-19 所示。

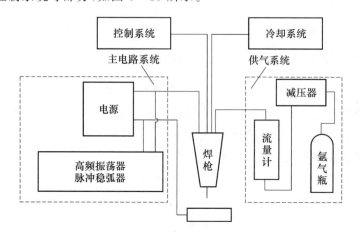

图 6-19 手工钨极氩弧焊设备系统图

自动钨极氩弧焊设备,除上述几部分外,还有等速送丝装置及焊接小车行走机构。

(1) 主电路系统

这部分主要是焊接电源、高频振荡器、脉冲稳弧器和消除直流分量装置,交流与直流的主电路系统部分不相同。

钨极氩弧焊的电弧静特性曲线是水平的。与焊接电源外特性曲线的关系如图 6-20 所示。当电弧长度受到干扰变化时,陡降外特性曲线的焊接电流变化值小,则对焊接过程电弧稳定的影响也小,所以适宜选用具有陡降外特性的,一般手工电弧焊焊接电源,可供钨极氩弧焊使用。

交流钨极氩弧焊的主电路系统,由焊接变压器、高频振荡器、脉冲稳弧器和电解电容器等部分组成。而直流钨极氩弧焊的主电路系统较为简单,直流焊接电源附加高频振荡器即可使用。

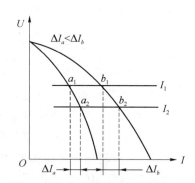

图 6-20 焊接电源外特性与电弧静特性曲线的关系

(2) 焊枪

钨极氩弧焊焊枪的作用是夹持电极、导电和输送氩气流。手工焊焊枪手把上装有启动和停止按钮。焊枪一般分为大、中、小型 3 种,小型的最大焊接电流为 100 A,大型的可达 400~600 A,采用水冷却。焊枪本体用尼龙压制,具有重量轻、体积小、绝缘和耐热性能好等特点。

焊枪的喷嘴是决定氩气保护性能的重要部件，常见的喷嘴形状如图6-21所示。圆柱带锥形或球形尾部的喷嘴，其保护效果最佳，氩气流速度均匀，容易保持层流。圆锥形的喷嘴，因氩气流速度变快，故保护效果较差，但这种喷嘴操作方便，熔池可见度好，焊接时也经常使用。

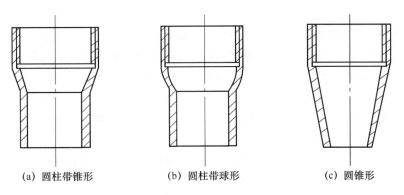

(a) 圆柱带锥形　　(b) 圆柱带球形　　(c) 圆锥形

图6-21　常见的喷嘴形状示意图

(3) 供气系统

钨极氩弧焊的供气系统由氩气瓶、减压器、流量计和电磁气阀等组成。减压器用以减压和调压。流量计是用来标定通过氩气流量的大小，有的气体流量计将减压器与流量计制成一体。电磁气阀是控制气体通断装置。

(4) 冷却系统

一般选用的最大焊接电流在200 A以上时，必须通水来冷却焊枪、电极和焊接电缆。冷却水接通并有一定压力后，才能启动焊接设备，通常在钨极氩弧焊设备中设有保护装置——水压开关。

(5) 控制系统

钨极氩弧焊的控制系统是通过控制线路，对供电、供气、引弧与稳弧等各个阶段的动作程序实现控制。图6-22为交流手工钨极氩弧焊的控制程序方框图。

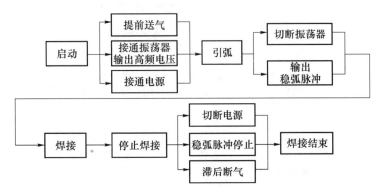

图6-22　交流手工钨极氩弧焊的控制程序方框图

定型生产的NSA系列手工钨极氩弧焊机的应用较为普遍，直流的有NSA1—300型，交流的有NSA—300型、NSA4—300型、NSA—500型，交直流两用的有NSA2—300型等。

4. 钨极氩弧焊工艺

(1) 焊前清理

钨极氩弧焊时，必须对被焊材料的接缝附近及焊丝进行焊前清理，除掉金属表面的氧化膜和油污等杂质，以确保焊缝的质量。焊前清理的方法有：机械清理、化学清理和化学机械清理等方法。

① 机械清理法，这种方法比较简便，而且效果较好，适用于大尺寸、焊接周期长的焊件。通常使用直径细小的不锈钢丝刷等工具进行打磨，或用刮刀铲去表面氧化膜，使焊接部位露出金属光泽，然后再用消除油污的有机溶剂，对焊件接缝附近进行清洁处理。

② 化学清理法，对于填充焊丝及小尺寸焊件，多采用化学清理法。这种方法与机械清理法相比，具有清理效率高、质量稳定均匀、保持时间长等特点。化学清理法所用的化学溶液和工序过程，应按被焊材料和焊接要求而定。

③ 化学机械清理法，清理时先用化学清理法，焊前再对焊接部位进行机械清理。这种联合清理的方法，适用于质量要求更高的焊件。

(2) 气体保护效果

氩气是很理想的保护气体，但氩气保护效果在焊接过程中，会受到多种工艺因素的影响。因此，钨极氩弧焊时必须重视氩气的有效保护，防止氩气保护效果遭到干扰和破坏，否则难以获得满意的焊接质量。

影响气体保护效果的焊接工艺因素有：气体流量、喷嘴形状与直径、喷嘴至焊件的距离、焊接速度、焊接接头形式等，应全面考虑和正确地选择。

气体保护效果的好坏，常采用焊点试验法，通过测定氩气有效保护区大小的方法来评定。例如用交流手工钨极氩弧焊在铝板上进行点焊，试验过程中焊接工艺条件保持不变，这样，电弧引燃后焊枪固定不动，待燃烧 5～10 s 后断开电源，铝板上将会留下一个熔化焊点。在焊点周围因受到"阴极破碎"作用，使铝板表面的一层氧化膜被消除了，出现有金属光泽的灰白色区域。这个去除氧化膜的部分即氩气有效保护区，如图 6-23 所示。有效保护区的直径越大，说明气体保护效果越好。

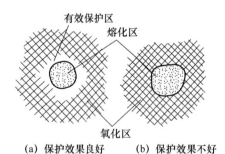

图 6-23 氩气的有效保护区
(a) 保护效果良好　(b) 保护效果不好

此外，评定气体保护效果是否良好，还可直接观察焊缝表面的色泽来评定。如不锈钢材料焊接，若焊缝金属表面呈现银白、金黄色，则气体保护效果良好，而看到焊缝金属表面显出灰、黑色时，说明气体保护效果不好。

(3) 焊接工艺参数

钨极氩弧焊的气体保护效果、焊接过程稳定性和焊缝质量，均直接与焊接工艺参数有关，因此，合理地选择焊接工艺参数是获得优质焊接接头的重要保证。

钨极氩弧焊的焊接工艺参数是：电流种类和极性、钨极直径、焊接电流、氩气流量、焊接速度和工艺因素等。

① 电流种类和极性　钨极氩弧焊的电流种类和极性应根据被焊材料及操作方式而选择。

② 钨极直径　主要按焊件厚度来选取钨极直径。另外，在被焊材料厚度相等时，因使用

的电流种类和极性不同,钨极的许用电流不一样,所以采用钨极直径也不相同。如果钨极直径选择不当,则将造成电弧不稳、严重烧损和焊缝夹钨。

③ 焊接电流　当钨极直径选定后,再选择适用的焊接电流。过大或过小的焊接电流都会使焊缝成形不良或产生焊接缺陷。

各种直径的钍(铈)钨极许用电流范围如表 6-7 所列。

表 6-7　各种直径的钍(铈)钨极许用电流范围

钨极直径/mm	直流正接/A	直流反接/A	交流/A
1.0	15～80	—	20～60
1.6	70～150	10～20	60～120
2.4	150～250	15～30	100～180
3.2	250～400	25～40	160～250
4.0	400～500	40～55	200～320
5.0	500～750	55～80	290～390
6.0	750～1 000	80～125	340～525

④ 氩气流量　主要根据钨极直径及喷嘴直径来选择氩气流量。对于一定孔径的喷嘴,选用的氩气流量要适当,如果流量过大,则气体流速增大,难以保持稳定的层流,对焊接区的保护作用不利,同时带走电弧区的热量多,影响电弧稳定燃烧。而流量过小也不好,容易受到外界气流的干扰,以致降低气体保护效果。通常氩气流量在 3～20 L/min 范围内。

⑤ 焊接速度　在一定的钨极直径、焊接电流和氩气流量条件下,焊速过快会使保护气流偏离钨极与熔池,从而影响气体保护效果,并且,焊速显著影响焊缝形状,因此,应选择合适的焊接速度。

⑥ 工艺因素　主要指喷嘴形状与直径、喷嘴至焊件的距离、钨极伸出长度、填充焊丝直径等。这些工艺因素虽然变化不大,但却对焊接过程及气体保护效果有不同程度的影响,所以应按具体的焊接要求给予选定。

一般喷嘴直径在 5～20 mm 内选用;喷嘴至焊件的距离不超过 15 mm 为宜,钨极伸出喷嘴的长度为 3～4 mm;填充焊丝直径应根据焊件厚度而选择。

例 2　0.106 m³ 气包纵焊缝的焊接工艺实例

1. 焊前准备

0.106 m³ 气包罐体为 1Cr18Ni9Ti 的不锈钢材料,厚度为 8 mm。考虑焊接方便,采用手工单面焊双面成形工艺,同时考虑填充金属数量少,便于焊接操作,U 型坡口的加工比 V 型坡口的加工难,采用角度为 60°的 V 型坡口,坡口加工采用刨边机进行机加工,其坡口形式及尺寸如图 6-24 所示。

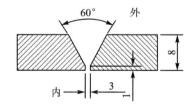

图 6-24　坡口形式及尺寸

将焊缝坡口及其两侧各 15 mm 范围内的污物清除干净,至露出金属光泽为止。

焊条选用 A132 不锈钢电焊条 E347-16,焊接前要先烘干焊条,烘干是为了排除药皮中的水分,防止焊缝中产生气孔,保证焊缝质量。一般采用先低温 40 ℃,保温 3 h 烘干,再高温烘焙。由于焊条选用 E347-16，则选择烘焙温度为 250 ℃，时间 1 小时，焊条烘干后应放在 100～150 ℃ 的保温桶内，随用随取，焊条取出后在常温下超过 4 小时应重新烘干。

2. 焊　接

先采用氩弧焊打底，后手工电弧焊盖面的方法。手弧焊设备选用 WS7-400 手工焊焊机，直流反接。

定位焊点固焊时，应使用与产品焊接时相同牌号的焊接材料，并遵守相同的工艺条件。点焊焊缝有裂纹或者其他缺陷时，必须重新打磨焊接。

打底焊采用手工钨极氩弧焊，使用双面成形技术进行焊接，操作时采用两点送丝的方法，以达到单面焊双面成型的效果。其参数如表 6-8 所列。

表 6-8　氩弧焊焊接参数

焊接方法	焊丝牌号	直径/mm	电流极性	电流/A	电压/V	焊接层数
钨极氩弧焊	H0Cr20Ni10Ti	2.5	直流正接	70～90	23～24	第一层

过渡层焊接手工氩弧焊打底完之后，由于焊缝表面处坡口夹角较小，为了便于清根和运条操作，过渡层焊接采用手工电弧焊，选用 Φ3.2 的焊条，焊接层数为 1 层，同时采用小直径焊条小电流焊对焊缝组织结构形式有所改善。其参数如表 6-9 所列。

表 6-9　过渡层手工电弧焊焊接参数

焊接方法	焊条牌号	直径/mm	电流极性	电流/A	电压/V	焊接层数
手工电弧焊	E347-16	3.2	直流反接	90～110	24～25	第二层

盖面焊接通过打底焊和过渡层焊接后，上面的坡口较宽，为了提高焊接效率，采用直径 Φ4.0 的焊条进行焊接，其参数如表 6-10 所列。

表 6-10　盖面层手工电弧焊焊接参数

焊接方法	焊条牌号	直径/mm	电流极性	电流/A	电压/V	焊接层数
手工电弧焊	E347-16	4	直流反接	120～160	25～27	第三层

焊接过程中，应做好层间清理，以防止产生夹渣等缺陷。

3. 焊接检验

焊接完成后，按照产权单位的要求进行超声波探伤，按规范 GB4730—2005《压力容器无损探测》Ⅱ级要求 98% 以上均能达到要求。外观质量检查按照 GBJ236—95 标转要求。

例 3　管对接焊

1. 焊前准备及焊接工艺参数的选择

① 试件　选用 20 无缝钢管，小径管尺寸为 Φ42 mm×5 mm×100 mm。大管经尺寸为 Φ132 mm×10 mm×100 mm，其加工要求如图 6-25 和图 6-26 所示。

② 焊前清理　用锉刀、砂布、钢丝刷或角向磨光机等工具，将管内外壁的坡口边缘 20 mm 范围内除净铁锈、油污和氧化皮等杂质，使其露出金属光泽。

③ 装配与定位焊　管子在装配与定位焊时，使用的焊丝和正式焊接时相同。定位焊时，室温不低于 15 ℃，定位焊缝均布 3 处，长 10～15 mm，采用搭桥连接，不能破坏坡口的棱边。

当焊至定位焊缝处时,用角向砂轮机将定位焊缝磨掉后再进行焊接。坡口间隙:时钟6点处位置间隙为2 mm,时钟0点处间隙为1.5 mm。坡口钝边自定。

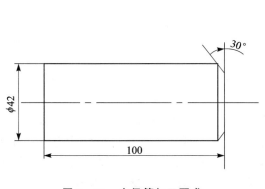

图 6-25 小径管加工要求

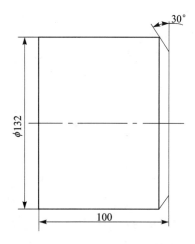

图 6-26 大经管加工要求

④ 焊接材料、设备及焊接工艺参数的选择。
- 焊接电源采用直流正接法。即管子接正极,焊枪的钨极接负极。
- 焊接材料及工艺参数。焊丝选用 H05MnSiAlTiZr,规格 Φ2.5 mm 截成长度每根 800~1 000 mm,并用砂布将焊丝打磨出金属光泽;保护气体的纯度 99.99% 的氩气;焊接电流为 180~230 A,焊接速度为 100~120 mm·min^{-1}氩气流量为 6~10 L·min^{-1},钨棒牌号 WTh-15,规格 Φ2.5 mm × 175 mm,其端部修磨的几何形状如图 6-27 所示。

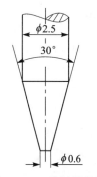

图 6-27 钨极端部的几何形状

2. 焊后检验

小径管需经外观、通球、断口,冷弯检验,大经管需经外观,X 光射线探伤及断口检验。检验要求如下。

外观检验时,经操作者眼睛或小于 5 倍的放大镜检验外观,并用测量工具测定缺陷的位置和尺寸。应符合以下规定:

① 焊缝表面应是原始状态,没有加工或补焊痕迹。外观尺寸符合表 6-11 规定。

表 6-11 焊缝外形尺寸表 单位:mm

焊接方法	焊缝余高	焊缝余高差	焊缝宽度	
			比坡口每侧增宽	宽度差
手工钨极氩弧焊	0~3	≤2	0.5~2.5	≤3

② 焊缝表面不允许有裂纹、未熔合、夹渣、气孔、焊瘤和未焊透缺陷。

③ 允许的焊接缺陷。咬边深度≤0.5 mm,焊缝两侧咬边总长度不应超过焊缝有效长度的 10%;背面凹坑:当 δ≤5 mm 时,深度≤25%δ,且≤1 mm;当 δ>5 mm 时,深度≤20%δ,且深度≤2 mm。

外径小于或等于 76 mm 的管子作通球试验。管外径大于或等于 32 mm 时,通球直径为管内径的85%。管外径小于32 mm时,通球直径为管内径的75%。

- X光射线探伤

管外径大于等于76 mm的管子试件需按照JB 7430—1994《压力容器无损检测》标准探伤,射线透照质量不应低于AB级,焊缝缺陷等级不低于Ⅱ级为合格。

- 力学性能试验

断口试验;

冷弯试验。

6.3.3 熔化极氩弧焊

1. MIG焊的基本原理

MIG焊是采用惰性气体作为保护气,使用焊丝作为熔化电极的一种电弧焊方法。这种方法通常用氩气或氦气或它们的混合气体作为保护气,连续送进的焊丝既作为电极又作为填充金属,在焊接过程中焊丝不断熔化并过渡到熔池中去而形成焊缝。在焊接结构生产中,特别是在高合金材料和有色金属及其合金材料的焊接生产中,MIG焊占有很重要的地位。

随着MIG焊应用的扩展,仅以Ar或He作保护气体难以满足需要,因此发展了在惰性气体中加入少量活性气体如氧气、二氧化碳等组成的混合气体作为保护气体的方法,通常称之为熔化极活性混合气体保护焊,简称为MAG焊(Metal Active Gas Welding)。

2. MIG焊特点

由于MIG焊通常采用惰性气体作为保护气,与二氧化碳电弧焊、焊条电弧焊或其他熔化极电弧焊相比,它具有如下一些特点。

(1) 焊接质量好

由于采用惰性气体作为保护气体,保护效果好,因此,焊接过程稳定,变形小,飞溅极少或根本无飞溅。焊接铝及铝合金时可采用直流反极性,具有良好的阴极破碎作用。

(2) 焊接生产率高

由于是用焊丝作电极,可采用大的电流密度焊接,母材熔深大,焊丝熔化速度快,焊接大厚度铝、铜及其合金时比TIG焊的生产率高。与焊条电弧焊相比,能够连续送丝,材料加工时,焊缝不需要清渣,因此生产效率更高。

(3) 适用范围广

由于采用惰性气体作为保护气体,不与熔池金属发生反应,保护效果好,因此,几乎所有的金属材料都可以焊接,适用范围广。但由于惰性气体生产成本高、价格贵,因此目前熔化极惰性气体保护焊主要用于有色金属及其合金、不锈钢及某些合金钢的焊接。

MIG焊的缺点在于无脱氧去氢作用,因此对母材及焊丝上的油、锈很敏感,易形成缺陷,所以对焊接材料表面清理要求特别严格;另外,熔化极惰性气体保护焊抗风能力差,不适合野外焊接;焊接设备也比较复杂。

3. MIG焊的应用

MIG焊适合于焊接低碳钢、低合金钢、耐热钢、不锈钢、有色金属及其合金。低熔点或低沸点金属材料如铅、锡、锌等,不宜采用熔化极惰性气体保护焊。目前在中等厚度、大厚度铝及铝合金板材的焊接中,已广泛地应用熔化极惰性气体保护焊。所焊的最薄厚度约为1 mm,大厚度基本不受限制。

MIG焊可分为半自动和自动两种。自动MIG焊适用于较规则的纵缝、环缝及水平位置的焊接;半自动MIG焊大多用于定位焊、短焊缝、断续焊缝以及铝容器中封头、管接头、加强圈等焊件的焊接。

思考与练习题

1. 简述气体保护焊的原理。
2. 简述气体保护焊具有哪些特点。
3. 简述二氧化碳气体保护电焊的优缺点。
4. 试分析二氧化碳气体保护电弧焊冶金过程中产生的FeO会造成哪些危害。
5. 二氧化碳气体保护电弧焊会产生哪些气孔?说出原因并指出如何防止。
6. 简述二氧化碳气体保护焊产生飞溅的原因及减少飞溅的措施。
7. 说出二氧化碳气体保护焊的供气系统的组成部分,并简述它们的作用。
8. 简述氩弧焊与其他电弧焊接方法相比,具有哪些特点。
9. 简述氩弧的特征。
10. 说出MIG焊的应用范围。

第 7 章　其他焊接及切割方法

焊接结构的类型及所用的材料品种日益增多,例如重型机械制造的大厚度工件和航空—宇宙火箭中复杂结构的焊接、高熔点低塑性材料的焊接以及金属与非金属的焊接等,若只用上述的几种焊接方法就很难保证焊接质量,甚至根本无法进行焊接,因此必须采用一种新的焊接方法。

7.1　电渣焊

随着重型机械制造工业的发展,需要对许多大厚度板材进行焊接。如果采用埋弧焊,不但要开坡口,还要采用多道多层焊。这样,既使焊接生产率低,质量也难以保证。电渣焊就是为适应焊接大厚度板材的需要而迅速发展起来的。在 1958 年我国已应用电渣焊生产出我国第一台 12 000 t 水压机,以后又相继成功地焊接了大型轧钢设备的机架和大型发电机的转子和机轴,在造船工业中也得到了较多的应用,使我国电渣焊技术达到了世界先进水平。

7.1.1　电渣焊的基本原理、特点与分类

1. 电渣焊的基本原理

电渣焊是利用电流通过液体熔渣所产生的电阻热进行焊接的方法。

电渣焊的简单过程如图 7-1 所示,把电源的一端和电极上另一端接在焊件上,电流经过电极并通过熔池后到达焊件。由于渣池中的液态熔渣电阻较大,通过电流时就产生大量的电阻热,将渣池加热到很高温度(1 700～2 000 ℃)。高温的熔渣把热量传递给电极和焊件,以使电极及焊件与渣池接触的部位熔化,熔化的液态金属在渣池中因其比重较熔渣大,故下沉到底部形成金属熔池,而渣池始终浮于金属熔池上部。随着焊接过程的连续进行,温度逐渐降低的熔池金属在冷却滑块的作用下,强迫凝固成形而形成焊缝。

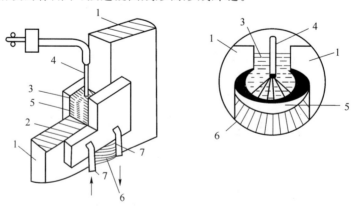

1—焊件；2—冷却滑块；3—渣池；4—电极（焊丝）；
5—金属熔池；6—焊缝；7—冷却水管

图 7-1　电渣焊过程示意图

为了保证上述过程的进行,焊缝必须处于垂直位置,只有在立焊位置时才能形成足够深度的渣池,并为防止液态渣池和金属流出以及得到良好的成形,故采用强迫形成的冷却铜块。

2. 电渣焊的特点

(1) 大厚度焊件可以一次焊成

对于大厚度的焊件,可以一次焊好,且不必开坡口。电渣焊可焊的厚度从理论来上来说,是没有限度的。但在实际生产中,因受到设备和电源容量的限制,故有一定的范围。通常用于焊接板厚度 40 mm 以上的焊件,最大厚度可达 2 m,还可以一次焊接焊缝截面变化大的焊件。对这些焊件而言,电渣焊要比电弧焊的生产率高得多。

(2) 经济效果好

电渣焊的焊缝准备工作简单,大厚度焊件不需要进行坡口加工,只要在焊缝出保持 20～40 mm 的间隙,就可以进行焊接,这样简化了工序,并节省了钢材。而且焊接材料消耗少,与埋弧焊相比,焊丝的消耗量减少 30%～40%,焊剂的消耗量仅为埋弧焊的 1/15～1/20。此外,由于在加热过程中,几乎全部电能都能传给渣池而转换成热能,因此电能消耗也小,比埋弧焊减少 35%。焊件的厚度越大,电渣焊的经济效果越好。

(3) 焊缝缺陷少

电渣焊时,渣池在整个过程中是覆盖在焊缝上面的。一定深度的熔渣使液态金属得到了良好的保护,以避免空气的有害作用并对焊件进行预热,使冷却速度缓慢,这有利于熔池中的气体、杂质有充分的时间析出,所以焊缝不易产生气孔、夹渣及裂纹等工艺缺陷。

(4) 焊接接头晶粒粗大

这是电渣焊的主要特点,由于电渣焊热过程的特点,造成焊缝和热影响区的晶粒粗大,以致焊接接头的塑性和冲击韧性降低,但是通过焊后热处理,能够细化晶粒,满足对机械性能的要求。

3. 电渣焊的类型

根据所用的电极形状不同,电渣焊可分为以下几种:

(1) 丝极电渣焊

这种是用焊丝作为熔化电极,根据焊件的厚度不同可以用一根焊丝(见图 7-1)或多根焊丝(见图 7-2)。在焊接时,焊丝不断送入渣池熔化,作为填充金属。为了适应厚板焊接,焊丝

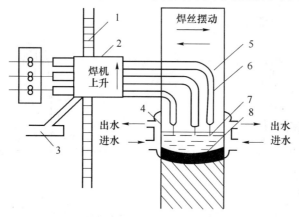

1—导轨;2—焊机机头;3—控制台;4—冷却滑块;
5—焊件;6—导电嘴;7—渣池;8—熔池

图 7-2 丝极电渣焊示意图

可作横向摆动。此方法一般适用于中小厚度及较长焊缝的焊接。

（2）板极电渣焊

用一条或数条金属板作为熔化电极（见图 7-3）。其特点是设备简单，不需要电极横向摆动和送丝机构（板条可以手动送给），只要求板极材料的化学成分与焊件相同或相似即可，因此可利用边料作电极，这就比焊丝经济得多。板极电渣焊比丝极电渣焊生产率高，但需要大功率焊接电源。同时要求板极长度是焊缝长度的 3.5 倍。由于板极太长会造成操作上的不方便，因此使焊缝长度受到限制。此法多用于大断面而长度小于 1.5 m 的短焊缝。

（3）熔嘴电渣焊

熔嘴电渣焊如图 7-4 所示，它是采用板极和丝极联合组成的电极。板极的形状与焊件断面相同，固定在装配间隙内，并和焊件绝缘，板极上端接焊接电源，侧面开槽或附钢管 2，焊接过程中焊丝 1 就通过此钢管进入渣池 5，补充板极的不足，这种板极称为熔嘴，因此熔嘴起着导电、填充金属和送丝的导向作用。熔嘴电渣的特点是设备简单，可焊接大断面的长缝和变断面的焊缝。

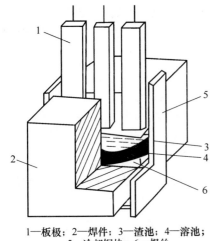

1—板极；2—焊件；3—渣池；4—溶池；
5—冷却铜块；6—焊丝

图 7-3 板极电渣焊示意图

目前可焊焊件厚度达 2 m，焊缝长度达 10 m 以上。

（4）管状熔嘴电渣焊

管状熔嘴电渣焊如图 7-5 所示，是一种新的工艺方法，其原理与熔嘴电渣焊基本相同，它是用外面涂有药皮（即管状焊条）来代替熔嘴，电源的一极接在管状熔嘴的上端。在焊接过程中，管状熔嘴与由管内不断送给的焊丝（即丝极）都作为填充金属一起熔化，凝固后形成焊缝。熔嘴外壁所涂的药皮可起自动补充熔渣和向焊缝金属中过渡一定量合金元素的作用，这不但可以方便地调节焊缝的化学成份，而且可以改善焊缝的组织（细化晶粒）和力学性能。当焊接厚度较大的焊件时，可采用多根管状熔嘴，配合一台多头送丝机构送丝。这种方法适用于厚度为 18～60 mm 焊件的焊接，具有生产率高，焊缝质量较好的特点。

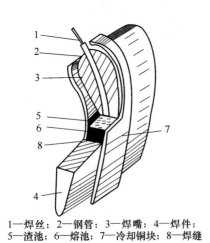

1—焊丝；2—钢管；3—熔嘴；4—焊件；
5—渣池；6—熔池；7—冷却铜块；8—焊缝

图 7-4 熔嘴电渣焊示意图

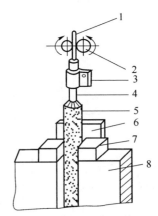

1—焊丝；2—送丝滚轮；3—导电头；4—钢管；
5—涂料；6—冷却滑块；7—引出板；8—焊件

图 7-5 管状熔嘴电渣焊示意图

7.1.2 电渣焊过程

1. 电渣焊工作过程

(1) 建立渣池

先使电极与引弧板之间产生电弧,利用电弧的热量不断熔化添加的焊剂,待熔渣积累到一定深度时,电弧熄灭,转入电渣过程,也有的采用固体导电焊剂(剂170)作为过渡焊剂建立渣池,使电弧过程转入电渣过程。

(2) 正常焊接过程

利用渣池的热量将焊丝焊件边缘熔化并下沉,在渣池下部形成金属熔池,随着金属熔池的上升和渣池的上浮,冷却滑块相应上移(即焊接速度),下部不断形成焊缝,这时要均匀补充熔剂,保持一定的渣池深度,以保证电渣焊过程顺利进行。

(3) 焊缝收尾

收尾工作必须在引出板上进行,类似于铸件中的浇口,将焊缝引出焊件,此时应逐渐降低送丝速度和焊接电流,增加电压,最好在结束前断续几次送丝,以填满尾部缩孔,防止裂纹。在收尾结束后,不应将渣池完全放掉,以减慢熔池冷却速度而防止产生裂纹。

2. 电渣焊的热过程

电渣焊的热源是整个渣池。由于焊接电流主要是经过焊丝末端流入渣池的,因此熔渣中在焊丝末端与金属熔池间有一堆锥体状的区域电流最大,产生电阻热最多,温度可达2 000 ℃上,这一区域的熔渣称为高温锥体(见图7-6),它是电渣焊的热源中心,温度最高,其他区域的熔渣与这区域的对流很激烈,将热量很快带到整个渣池,使渣池表面温度也能达到1 600~1 800 ℃左右,这样整个渣池都能不同程度地加热电极和焊件。与焊接电弧相比,渣池是一个温度低、热量分散而热容量和体积都较大的热源。由此可见,电渣焊热过程的基本特点就是加热和冷却的速度都很缓慢,使焊缝的近缝区在高温停留时间较长,这对于焊接不同性质的材料将产生不同的结果,如焊接淬火在高温停留倾向较大的钢不易产生淬火组织和冷裂纹,焊接铸铁则能减少产生白口的倾向,这些都是有利于保证焊接质量的。在焊接低碳钢等材料时,则会因为在热影响区产生粗大的过热组织和在焊缝中出现粗大的柱状晶而降低了接头的塑性和韧性指标,所以,重要结构焊后需经热处理,以细化晶粒及消除过热组织。

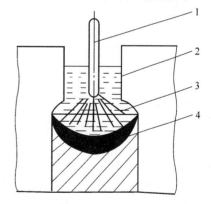

1—焊丝;2—渣池;3—高温锥体;4—金属熔池

图7-6 渣池中的高温锥体

3. 电渣焊的冶金过程

电渣冶金过程的主要特点如下:

① 金属熔池受到渣池的良好保护,所以焊缝的含氮量比埋弧焊少,提高了焊缝的质量。

② 由于渣池保护好,渣池冷却缓慢,而且焊缝结晶是由下向上进行的,因此,有利于金属熔池中气体及杂质的排出,不易产生气孔和夹渣。

③ 电渣焊接时,由于热源温度低,焊剂热量少,添加量也少,因此一般很难通过焊剂渗合

金,主要是通过电极直接渗合金。

④ 焊缝中熔化的基本金属比例小(只占10%～20%),而一般自动焊焊缝中熔化的基本金属要大于50%,因此由基本金属带入焊缝的有害杂质(S,P)要少得多。

⑤ 由于电渣焊接的熔池同时向两边基本金属和两个冷却滑块散热,因此晶粒是从4个方向同时向熔池中心生长的。当熔池深而窄时[见图7-7(a)],柱状晶粒沿水平方向从四周向里长,在焊缝中心相遇,形成杂质较集中(偏析)的脆弱面,这就容易产生热裂纹。当熔池宽而浅[见图7-7(b)]时,柱状晶不仅向熔池中部生长,而且还向上长,弯曲的柱状晶就把杂质推向上面,最后一排推到引出板区,有利于提高焊缝的抗热裂性能。

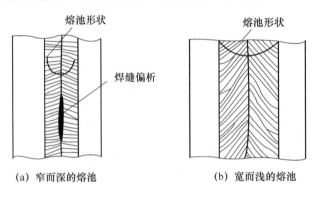

图7-7 电渣焊熔池形状与结晶方向

7.1.3 电渣焊用焊接材料

1. 电渣焊焊剂

目前国产电渣焊焊剂有焊剂170和焊剂360两种,除了这两种专用焊剂外,还可以选用某些埋弧焊焊剂(如焊剂430和焊剂431等)配合适当焊丝使用。各类焊剂在焊接前均须经250 ℃烘焙2小时。

2. 电渣焊的电极材料

电渣焊的电极材料(焊丝和板极)取决于被焊材料和结构形式,只有焊接材料与焊剂配合使用,才能获得质量满意的焊接接头。

由于通过焊剂向焊缝过渡配合金元素比较困难,因此需要通过电极材料来解决。对焊接碳素结构钢及合金结构钢,为了减少气孔和裂纹倾向,提高焊缝机械性能,通常是依靠电极向焊缝过渡锰、硅等合金元素。生产中多采用低合金结构钢作为电极,常用焊丝有H08Mn2SiA,H10Mn2等,板极和熔嘴的材料为08MnA,09Mn2等钢种。

对于要求特殊性能的低合金钢,如低温钢、耐热钢和耐蚀钢,或者其他合金钢,可根据要求选用合适的焊丝,并配合相应的焊剂。这方面内容可查阅《焊接材料产品样本》等相关手册。

7.1.4 电渣焊的工艺参数选择原则

电渣焊的工艺参数较多,但对焊缝成形影响比较大的主要是焊接电流(I_h)、焊接电压(U_h)、装配间隙(b)、渣池深度(h_z),它们对熔宽(c)的影响如图7-8所示。电流、电压增大,渣池热量增多,故熔宽增大;但电流过大,焊丝熔化加快,迫使渣池上升速度增加,反而会使熔宽减小。电压过大会破坏电渣焊过程的稳定性。

间隙增大,渣池上升速度减慢,焊件受热增大,故熔宽加大。但间隙过大会降低焊接生产率和提高成本。间隙过小,会给焊接带来困难。

渣池深度增加,电极预热部分加长,熔化速度便增加,此时还由于电流分流的增加,降低了渣池温度,使焊件边缘的受热量减少,故熔宽减小。但渣池过浅,易产生电弧,从而破坏电渣焊过程。

上述参数不仅对熔宽有影响,而且对熔池形状也有明显的影响(见图7-9)。如果得到熔宽大、熔深小的焊缝,可以增加电压或减小电流。虽然减小渣池深度或增大间隙也可达到同样目的,但允许变化范围较小,一般均不采用。

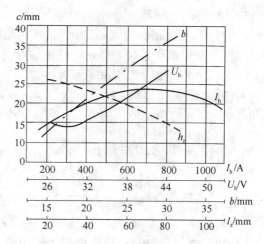

图 7-8 电渣焊工艺参数对熔宽的影响

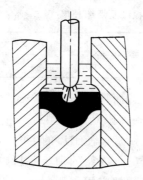 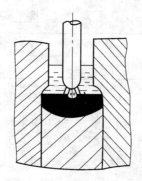

(a) 强电流（或低电压）　　　　(b) 小电流（或高电压）

图 7-9 焊接电流、电压对焊缝形状的影响

丝极电渣焊工艺参数选择实例如表7-1所列。

表 7-1 丝极电渣焊工艺参数选择实例

板厚/mm	焊丝数目/根	装配间隙/mm	焊接电压/V	焊接电流/A	渣池深度/mm	焊丝伸出长度/mm	焊丝间距/mm	焊丝摆动速度/(m·h^{-1})	焊丝距滑块距离/mm	焊丝停留时间/s
50	1	28～35	48～50	480～520	60～70	60	—		25	—
80	2	30～35	40～42	400～440	60～70	60	50		15	
100	2	30～38	42～44	420～460	60～70	60	60～65		15	
100	2	30～38	42～44	450～500	60～70	60	55～60	39	10	3
120	2	35～40	46～48	450～500	60～70	60	60～65		20	
120	2	35～40	46～48	500～520	60～70	60	55～60	39	10	3

7.1.5 电渣焊设备

电渣焊一般采用专用设备,生产中较为常用的是HS—1000型电渣焊机。它适用于丝极和板极电渣焊,可焊接60~500 mm厚的对接立焊缝;调整个别零件后,可焊接60~250 mm厚的T形接头、角接接头焊缝;配合焊接滚轮架,可焊接直径在3 000 mm以下、壁厚小于450 mm的环缝;以及用板极焊接800 mm以内的对接焊缝。

HS—1000型电渣焊机可按需要分别使用1~3根焊丝或板极进行焊接,它主要由自动焊机头、导轨、焊丝盘、控制箱等组成,并配有焊接不同焊缝形式的附加零件,焊接电源采用BPl—3×1000型焊接变压器。

7.1.6　电渣焊的适用范围

电渣焊适用于焊接焊件厚度较大(目前焊接的最大厚度可达300 mm);难于采用埋弧焊或气电立焊的某些曲线或曲面焊缝;由于现场施工或起重设备的限制必须在垂直位置焊接的焊缝以及大面积的堆焊;某些焊接性较差的金属如高碳钢、铸铁的焊接等。

钢板越厚、焊缝越长,采用电渣焊焊接越合理。推荐采用电渣焊焊接的板厚及焊缝长度如表7－2所列。

表7－2　推荐采用电渣焊的板厚及焊缝长度

板厚/mm	30~50	50~80	80~100	100~150
焊缝长度/mm	>1000	>800	>600	>400

电渣焊不仅是一种优质、高效、低成本的焊接方法,而且它还为生产、制造大型构件和重型设备开辟了新途径。一些外形尺寸和重量受到生产条件限制的大型铸造和锻造结构,借助于电渣焊方法,可用铸—焊、锻—焊或轧—焊结构来代替,从而使工厂的生产能力得到显著提高。

目前,电渣焊已成为大型金属结构制造的一种重要、成熟的加工手段,在重型机械、钢结构、大型建筑、锅炉、石油化工等行业中获得了较为广泛地应用。

例　15CrMo钢压力容器筒身纵缝电渣焊焊接实例

1. 焊前准备

15CrMo钢压力容器筒身纵缝电渣焊的坡口形式及尺寸如图7－10所示。

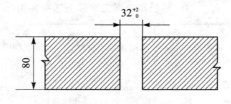

图7－10　坡口形式及尺寸

焊前要清除坡口及周围30 mm范围处的表面氧化皮及污物等,直至露出金属光泽。随后要进行预热,预热温度为150~200 ℃。

焊前装配时,要放Ⅱ形铁和引弧板。

2. 焊　接

在焊接过程中,选J507,$\Phi=5$ mm的焊条作为手工电弧焊点固焊材料;电渣焊材料为$\Phi=3$ mm的H13CrMo焊丝,匹配HJ－431焊剂;手工电弧焊补焊时选用$\Phi=4$ mm和$\Phi=5$ mm的E5515－B2焊条作为焊材。焊条及焊剂要按要求烘干。而且所用焊丝表面油锈等须彻底清除,若局部弯折盘丝时应校直。具体焊接工艺参数如表7－3、表7－4和表7－5所列。

表7-3 手工电弧焊点固焊的工艺参数

焊接层次	焊条直径/mm	焊接电流/A	焊接电压/V	电源极性
一层	5	200～230	23～25	直流反接
其他层	5	215～240	23～25	

表7-4 电渣焊的焊接工艺参数

焊接电流/A	焊接电压/V	焊丝伸出长度/mm	焊接速度/(m·h^{-1})	熔池深度/mm	焊丝根数
500～550	41～43	60～70	1.4	50～60	2

表7-5 手工电弧焊补焊的工艺参数

焊接层次	焊条直径/mm	焊接电流/A	焊接电压/V	电源极性
一层	4	160～180	23～25	直流反接
其他层	5	210～230	23～25	

焊接时,首先用手工电弧焊进行点固焊,焊后要进行清根,然后用电渣立焊进行焊接,焊道层数为单层,焊接方向采用自下而上,焊接时焊丝不摆动。最后用手工电弧焊进行补焊。焊后要进行正火(930～950 ℃/1.5h)、回火(650℃±10℃/4h)和消除应力热处理(630℃±10℃/3h)。

3. 焊后检查

正火处理后要进行100%超声波检测。

7.2 等离子弧切割与焊接

等离子弧切割与焊接是现代科学领域中的一项新技术。它是利用高温(15 000～30 000 ℃)的等离子弧来进行切割和焊接的工艺方法,这种新的工艺方法不仅能切割和焊接常用工艺方法所能加工的材料,而且还能切割和焊接一般工艺方法所难于加工的材料,因此它在焊接领域中是一门较有发展前途的先进工艺。

7.2.1 等离子弧的产生原理、特点及类型

1. 等离子弧的产生原理

从焊接电弧中已知道,电弧就是使中性气体电离并持续放电的现象。若使气体完全电离,而得到完全是由带正电的正离子和带负电的电子所组成的电离气体,则称为等离子体。它是一种特殊的物质状态,现代物理学上把它列为物质第四态。由于等离子体具有较好的导电能力,可承受很大的电流密度并能受电场和磁场的作用,它还具有极高的温度和导热性,能量又高度集中,因此对熔化一些难熔的金属或非金属非常有利。一般的焊接电弧未受到外界的压缩,弧柱截面随着功率的增加而增加,因此弧柱中的电流密度近乎常数。其温度也就被限制在6 000～8 000 K,这种电弧称为自由电弧,电弧中的气体电离是不充分的。如在提高电弧功率同时,限制弧柱截面的扩大或减小弧柱直径,即对自由电弧的弧柱进行强迫"压缩",就能获得导电截面收缩得比较小、能量更加集中、弧柱中气体几乎可达到全部等离子体状态的电弧,这

就是等离子弧。

对自由电弧的弧柱进行强迫压缩作用称为"压缩效应",使弧柱产生"压缩效应"有如下3种形式。

(1) 机械压缩效应

如图7-11(a)所示,当在钨极1(负极)和焊件3(正极)之间加上一较高的电压时,通过激发使气体电离形成电弧2,此时若弧柱在通过具有特殊孔型4的喷嘴,并同时送入一定压力的工作气体时,使弧柱强迫通过细孔道,便受到了机械压缩,使弧柱截面积缩小,这就称为机械压缩效应。

(2) 热收缩效应

当电弧通过水冷却的喷嘴,同时又受到外部不断送来的高速冷却气流(如氮气、氩气等)的冷却作用时,弧柱外围受到强烈冷却,使其外围的电离度大大减弱,电弧电流只能从弧柱中心通过,即导电截面进一步缩小,这时电弧的电流密度急剧增加,这种作用称为热收缩效应,如图7-11(b)。

(3) 磁收缩效应

带电粒子在弧柱内的运动,可看成是电流在一束平行的"导线"内移动,由于这些"导线"自身的磁场所产生的电磁力,使这些"导线"相互吸引,因此产生磁收缩效应。由于上述两种效应使电弧中心的电流密度已经很高,使得磁收缩作用明显增强,从而使电弧更进一步地受到压缩,如图7-11(c)所示。

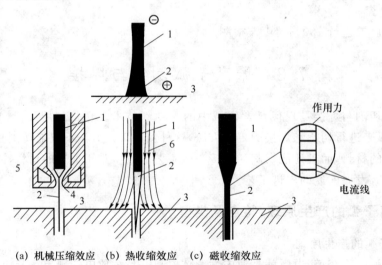

(a) 机械压缩效应 (b) 热收缩效应 (c) 磁收缩效应

1—钨极;2—电弧;3—焊件;4—喷嘴;
5—冷却水;6—冷却气流

图7-11 等离子弧的压缩效应

在以上3种效应的作用下,弧柱被压缩到很细的范围内,弧柱内的气体也得到了高度的电离,温度也达到极高的程度,逐渐使电弧成为稳定的等离子弧。

等离子弧的产生,在生产实践上是通过如图7-12所示的发生装置来实现的,即先通过高频振荡器8的激发,使气体电离形成电弧,然后在上述压缩效应作用下,形成等离子弧6。

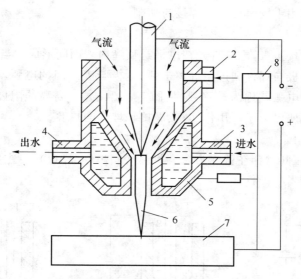

1—钨极;2—进气管;3—进水管;4—出水管;
5—喷嘴;6—等离子弧;7—焊件;8—高频振荡器

图7-12 等离子弧发生装置原理图

2. 等离子弧的特点

(1) 能量高度集中

由于等离子弧有很高的导电性,承受很大的电流密度,因此可以通过极大的电流,故具有极高的温度;又因其截面很小,所以能量高度集中,一般等离子弧在喷嘴出口中心温度已达 20 000 ℃;而用于切割的等离子弧,在喷嘴附近温度可达 30 000 ℃。

(2) 电弧的温度梯度极大

等离子弧的横截面面积很小(一般约 3 mm^2),从温度最高的弧柱中心到温度最低的弧柱边沿,温度的差别是非常大的。

(3) 电弧挺度好

自由电弧的扩散角约为 45°,而等离子弧由于电离程度高,放电过程稳定,在"压缩效应"作用下,等离子弧的扩散角仅为 5°,故挺度好。

(4) 具有很强的机械冲刷力

等离子弧发生装置内通入常温压缩气体,受电弧高温加热而膨胀,在喷嘴的阻碍下使气体压缩力大大增加,当高压气流由喷嘴细小通道中喷出时,可达到很高的速度(可超过声速),所以等离子弧有很强的机械冲刷力。

(5) 等离子弧呈中性

由于等离子弧中正离子和电子等带电粒子所带的正、负电荷数量相等,因此整个等离子弧呈中性。

3. 等离子弧的类型

根据电极不同接法,等离子弧可以分为转移弧、非转移弧、联合型弧 3 种。

(1) 非转移弧

电极接负极,喷嘴接正极,等离子弧产生在电极和喷嘴表面之间[见图 7-13(a)],连续送入的工作气体穿过电弧空间之后,成为从喷嘴内喷出的等离子焰来加热熔化金属。其加热能量和温度较低,故不宜用于较厚材料的焊接与切割。

(2) 转移弧

电极接负极,焊件接正极,电弧首先在电极与喷嘴内表面间形成。当电极与焊件间加上一个较高电压后,就在电极与焊件间产生等离子弧,电极与喷嘴间的电弧就应熄灭,即电弧转移到电极与焊件间,这个电弧就称为转移弧[见图7-13(b)]。高温的阳极斑点不在焊件上,提高了热量有效利用率,所以为了可用作切割、焊接和堆焊的热源。

(3) 联合型弧

转移弧和非转移弧同时存在就称为联合型弧[见图7-13(c)]。主要用于微弧等离子焊接和粉末材料的喷焊。

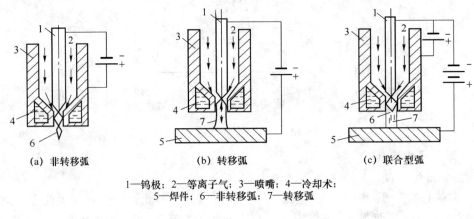

1—钨极;2—等离子气;3—喷嘴;4—冷却水;
5—焊件;6—非转移弧;7—转移弧

图7-13 等离子弧的型式

7.2.2 等离子弧电源、电极及工作气体

1. 等离子电源

等离子弧要求电源与一般电弧焊电源相同,具有陡降的外特性。但是,为了便于引弧,对一般等离子焊接、喷焊、堆焊来说,要求电源空载电压为80 V以上;对于等离子切割和喷焊,一般要求空载电压在180 V以上;对自动切割或大厚度切割,甚至可以高达400 V以上。

目前,等离子弧所采用的电源,绝大多数为具有陡降外特性的直流电源,这些电源有的就利用普通的弧焊发电机,有的采用硅弧焊整流器。根据某种工艺或材料焊接的需要,有的要求有垂直下降外特性的直流电源(微弧等离子焊接);有的则需要交流电源(等离子粉末堆焊—喷焊;用微弧等离子焊接铝及铝合金)。

2. 等离子弧电极材料

目前常用的等离子弧电极材料是含少量钍(2%以内)的钨极或铈钨极,它比纯钨的电子发射力强,因此在同样直径下可使用较大的工作电流,烧损也较慢。另外,如用锆作电极,则可使用空气作工作气体,因此它在空气中工作时,表面可形成一层熔点很高的氧化锆及氮化锆。若在氮与氢的混合气体中,其寿命接近钍钨极。但这种锆电极在氩中工作时,几分钟就消耗完了。

氩是惰性气体,在焊接化学活泼性较强的金属时是良好保护介质。一般氩气纯度在95%以上即可满足要求。氢气价格虽然较氮气高,但在惰性气体中,它的成本最低。

氢气作为等离子弧的工作气体,具有最大的热传递能力,在工作气体中混入氢,会明显地提高等离子弧的热功率,但氢是一种可燃气体,与空气混合后易燃或爆炸,故不常单独使用,多与其他气体混合使用。

7.2.3 等离子弧切割

利用等离子弧的热能来实现切割的方法,称为等离子弧切割。

1. 等离子弧切割的原理及特点

(1) 等离子弧切割的原理

等离子弧切割是以高温等离子弧为热源,将被切割的金属或非金属局部迅速熔化,同时利用压缩的高速气流的机械冲刷力将已熔化的金属或非金属吹走而形成狭窄口的过程。它与氧—乙炔焰主要依靠金属氧化来实现切割的实质是完全不同的,因此等离子弧可以切割用氧—乙炔焰所不能切割的所有材料。

(2) 等离子弧切割的特点

① 可切割任何黑色或有色金属 等离子弧可以切割各种高熔点金属及其他切割方法不能切割的金属,如不锈钢、耐用消费品热钢、钛、钼、钨、铸铁、铀、铝及其合金等。

② 可切割各种非金属材料 在采用非转移弧时,还能切割各种非导电材料,如耐火砖、混凝土、花岗石、碳化硅等。

③ 速度快、生产率高 在目前采用的各种切割方法中,等离子切割的速度比较快,生产率比较高。

④ 切割质量高 等离子弧切割时,能得到比较狭窄、光洁、整齐、无沾渣、接近于垂直的切口,而且切口的变形和热影响区较小,其硬度变化也不大。

2. 等离子切割工艺

(1) 等离子切割用气体

目前等离子切割常用的气体有氮、氩及混合气体。其中用得最广的是氮气,氮气又是双原子气体,在高温分解($N_2 \rightarrow N+N$)时吸收大量热,当遇到被切割的冷金属时复合,并且放出很大热量,使割件获得更大热量,有利于切割大厚度板材。氮气纯度不能低于99.5%,否则,由于氮气中含氧和水气较多,会使电极严重烧损,导致工艺参数不稳定,割口不光滑、不齐。

(2) 等离子切割工艺参数

等离子参数较多,主要有空载电压、切割电流、工作电压、气体流量、切割速度、喷嘴到割件的距离、钨极到喷嘴端面的距离及喷嘴的尺寸等。

① 空载电压 用于切割的等离子弧要求挺度好和机械冲刷力大,切割时为使电弧易于引燃和电弧稳定燃烧,切割电源必须具有较高的空载电压(150~400 V)。提高空载电压对稳弧和改善切割质量有利,采用两台或两台以上电源串联起来,提高空载电压,可以切割更厚的金属板,但操作时需要特别注意安全。

② 切割电流及工作电压 这两个参数决定等离子电弧的功率,提高功率能够提高切割厚度和切割速度。若单提高切割电流,则弧柱变粗,焊缝变宽,喷嘴也容易烧坏。而用增加等离子弧工作电压来增加功率,往往比增加电流有更好的效果,这样不会降低喷嘴的使用寿命。工作电压可以通过改变气体成分和流量来实现,氮气的电弧电压比氩气高,氢气的传热能力强,可提高功率。但是当工作电压超过空载电压65%时,会出现电弧不稳定现象,故提高工作电

压的同时必须提高空载电压。

③ 等离子气体流量　增加气体流量使弧柱热压缩作用增强,工作电压升高,电弧功率也有所增加,有利于提高切割速度和切割质量,但当流量过大时,反而会使切割能力减弱,这是因为部分热量被冷却气体带走,使熔化金属的热量减少,同时电弧燃烧也不稳定,影响切割过程正常进行。通常切割厚度在一定范围内,可以适当减小气体流量,使热量损失减少,从而提高切割能力,当焊件厚度增加很大时,往往用增加等离子弧功率来解决。

④ 切割速度　合适的切割速度能使切口表面光滑,割口背面没有挂渣,在功率不变的情况下,提高切削速度,使割件的受热面积减小并变窄,热影响区缩小,速度太快时不能割穿割件。反之切割速度太慢,生产率降低并造成切口表面不光洁,同时使挂渣增多,一般要求在保证质量的前提下,应尽可能用较高的切割速度。

⑤ 内缩(钨极至喷嘴的距离)　合适的内缩,使电弧在喷嘴内受到良好的压缩,电弧稳定,切割能力强。内缩太大,使割件加热效率低,甚至破坏电弧的稳定性;内缩太小,等离子弧压缩效果差,切割能力减弱并易造成钨极和喷嘴短路而烧坏喷嘴,内缩一般以 6~11 mm 为宜。

⑥ 喷嘴到割件的距离　喷嘴到割件的距离一般为 4~8 mm,距离过大,电弧电压升高,电弧能量散失增加,切割工作的有效热量相应减小,距离过小,虽然功率得到充分利用,但使操作困难。喷嘴与割件表面倾斜时与增加喷嘴到割件距离的影响相同,所以,一般割距和割件表面应垂直,只是为了有利排除熔渣,割距也可向切割相反方向倾斜一定角度。

总之,上述各工艺参数应综合考虑。一般的等离子弧切割工艺参数选择方法是:首先根据割件厚度和材料性质选择合适的功率,根据功率选用切割电流大小,然后决定喷嘴孔径和电极直径,再选择合适的气体流量及切割速度,便可获得质量良好的割缝。

7.2.4　等离子弧焊接

借助水冷喷嘴对电弧的拘束作用,获得较高能量密度的等离子弧进行焊接的方法,称为等离子弧焊接。

等离子弧焊接是利用特殊构造的等离子焊枪所产生的高温等离子弧来熔化金属的焊接方法(见图 7-14),等离子弧焊接采用直流陡降外特性电源,通常与非熔化极气体保护相似。等离子弧焊接有下列几种。

1. 穿透型焊接法

利用小孔效应(等离子弧焊接,随着等离子弧向前移动,弧柱在熔池前缘穿透焊件形成小孔现象)实现等离子弧焊接的方法,称为穿透型焊接法,或称穿透法。

穿透法焊接采用焊接电流较大(约 100~300 A),适宜于焊接 2~8 mm 的合金钢板材,可在不开坡口和背面不衬垫的情况下进行单面焊接双面成形。

穿透法焊接是利用等离子弧的高温及能量集中的特点,迅速将焊件的焊缝处金属加热到熔化状态,如果焊接工艺参数选择适当,电弧挺度适中,则足以穿透整个焊件,但不会形成切割,只在焊件底部穿透一个小孔,如果小孔的面积较小(7~8 mm^2 以下),在熔化金属表面张力的作用下,不会从小孔中滴落下去(小孔效应)。随着等离子弧向前移动,熔池底部继续保持小孔,熔化金属绕着小孔向后流动,并随之冷却结晶,而熔池前缘的焊件金属不断地被熔化,这个过程不断进行,最后形成焊缝。

如果焊接过程稳定,并且保护良好,则焊后焊缝表面没有明显鱼鳞状波纹,焊缝宽度加强

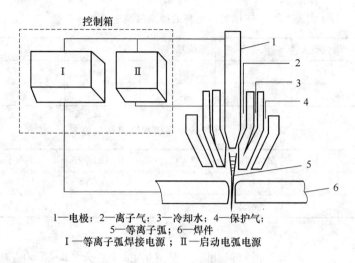

1—电极；2—离子气；3—冷却水；4—保护气；
5—等离子弧；6—焊件
Ⅰ—等离子弧焊接电源；Ⅱ—启动电弧电源

图 7-14　等离子弧焊接示意图

高均匀。焊缝断面呈酒杯状。这与其他焊接方法所得的焊缝断面是不同的，因此就要求电弧正确对准接缝，否则会导致焊缝底部未焊透。

2. 熔透型焊接法

焊接过程中只熔透件但不产生小孔效应的等离子弧焊接法称为熔透型焊接法，简称熔透法。

3. 微束等离子弧焊

利用小电流（通常小于 30 A）进行焊接的等离子弧焊。

微束等离子弧焊接的焊接电流很小（约为 0.2～30 A），主要用来焊接厚度在 0.01～2 mm 的薄板及金属丝网。微束等离子弧焊接采用联合型弧，两个电弧分别由两个电源供电。主电源加在钨极和焊件间产生等离子弧（主要焊接热源）。另一个电源加在钨极与喷嘴间产生小电弧，称维持电弧。它在整个焊接过程中连续燃烧，其作用是维持气体电离，以便在某种原因使等离子弧中断时，依靠维持电弧可立即使等离子弧复燃。

例　不锈钢保温杯的微束等离子弧焊接实例

某厂生产的不锈钢保温杯，由内胆和外壳焊接而成，内胆和外壳上共有两条对接纵缝和三条端接环缝。材质为 1Cr18Ni9Ti，内胆和外壳的壁厚为 0.5 mm。焊接工艺为微束等离子自熔焊接，焊接参数列于表 7-6 和表 7-7。

为了保证焊缝质量，在合理选择上述焊接参数的同时，还必须保证纵缝与端接环缝的装夹精度达到表 7-8 所列的要求。

产品检验结果：保温杯一次焊接成品率达 95% 以上。

表 7-6　不锈钢保温杯的微束等离子弧焊接参数

接头形式	焊接电流/A	焊接速度/(mm/min)	等离子气流量/(L/h)	保护气流量/(L/h)	喷嘴孔径/mm	孔外弧长/mm
对接纵缝	20～40	400	60	300	1.0	2
端接环缝	8～10	400～500	50	300	1.0	2～3

表 7-7　不锈钢保温杯的微束等离子弧焊接参数

接头形式	基值电流/A	峰值电流/A	基值时间/ms	峰值时间/ms	焊接速度/(mm·min^{-1})
对接纵缝	10	30	20	20	400
端接环缝	5	15	20	20	500～600

表 7-8　纵缝与端接环缝的装夹精度要求

接头形式	板厚/mm	最大间隙/mm	最大错边/mm	压板间距/mm	夹具外长度/mm
对接	0.5	0.05	0.05	7～14	—
端接	0.5	0.2	1	—	0.5-1

7.3　碳弧气刨及其他焊接方法简介

7.3.1　碳弧气刨

碳弧气刨就是使用石墨棒或碳棒与刨件间产生的电弧将金属熔化,并用压缩空气将其吹掉,实现在金属表面上加工沟槽的方法。

碳弧气刨中压缩空气的主要作用是把熔化金属吹掉。此外,压缩空气对碳棒有冷却作用,可减少碳棒的损耗,但压缩空气的流量过大时,将使熔化金属的温度降低,而不利于"刨削"。

(1) 特　点

① 采用碳弧气刨比采用风铲可提高 4 倍生产率,在仰位或竖位时尤其具有优越性。

② 与风铲比较,没有震耳的噪声,并减轻了劳动强度,易实现机械化。

③ 在对封底焊进行碳弧气刨挑焊根时易发现细小缺陷,并可克服风铲由于位置狭窄而无法使用的缺点。

(2) 应　用

可用碳弧气刨挑焊根;焊件缺陷需返修时,可用碳弧气刨清理缺陷;利用碳弧气刨开焊接坡口;清理铸件的毛边以及铸件中的缺陷;对不锈钢等材料的中薄板进行切割。

7.3.2　电阻焊

1. 电阻焊的实质

电阻焊是将焊件组合后通过电极施加压力,利用电流通过接头的接触面及邻近区域产生的电阻热进行焊接的方法。要形成一个牢固的、永久性的焊接接头,两焊件间必须有足够量的共同晶粒。熔焊是利用外加热源使连接处熔化、凝固结晶而形成焊缝的,而电阻焊则利用本身的电阻热及大量塑性变形能量,形成结合面的共同晶粒而得到焊点、焊缝或对接接头。从连接的物理本质来看,二者都是靠焊件金属原子之间的结合力结合在一起的,但它们之间的热源不同,在接头形成过程中有无必要的塑性变形也不同,即实现接头牢固结合的途径不同,这便是电阻焊与一般熔化焊的不同之处。

与电弧焊相比,电阻焊的显著特征如下:

① 热效率高　电阻焊是利用外部热源,从外部向焊件传导热能;而电阻焊是一种内部热源,因此,热能损失比较少,热效率高。

② 焊缝致密　一般电弧焊的焊缝是在常压下凝固结晶的,而电阻焊的焊缝是在外界压力作用下结晶的,具有锻压的特性,所以,容易避免产生缩孔和裂纹等缺陷,能获得致密的焊缝。

由此可见,要进行电阻焊,必须有外加电源,并始终在压力作用下进行焊接,所以,焊接电源和电极压力是形成电阻焊接头的最基本条件。

2. 电阻焊的特点

(1) 电阻焊的优点

① 焊接生产率高　点焊时通用点焊机每分钟可焊 60 点,若用快速点焊机则每分钟可达 500 点以上。

② 焊接质量好　从焊接接头来说,由于冶金过程简单,且不易受空气的有害作用,因此,焊接接头的化学成分均匀,并且与母材基本一致。从整体结构来看,由于热量集中,受热范围小,热影响区也很小,所以焊接变形不大,并且易于控制。此外,点焊和缝焊由于焊点处于焊件内部,焊缝表面平整光滑,因此焊件表面质量也较好。

③ 焊接成本低,劳动条件好　电阻焊时不用焊接材料,一般也不用保护气体,所以在正常情况下,除必需的电力消耗外,几乎没有什么损耗,因此使用成本低廉。此外,电阻焊时既不会产生有害气体,也没有强光辐射,所以劳动条件比较好,而且容易实现机械化和自动化,因此工人的劳动强度比较低。

(2) 电阻焊的缺点

① 由于焊接过程进行得很快,因此,若焊接时因某些工艺因素发生波动,对焊接质量的稳定性有影响时,往往来不及进行调整;同时焊后也没有很简便的无损检验方法,所以在重要的承力结构中使用电阻焊时应该慎重。

② 设备比较复杂。除了需要大功率的供电系统外,还需要精度高、刚度较大的机械系统,因此设备成本比较高。

③ 焊件的厚度形状和接头形式受到一定程度的限制。如点焊、缝焊一般只适用于薄板搭接接头,厚度太大则受到设备功率的限制,而搭接接头又难免会增加材料的消耗,降低承载能力。对焊主要适用于紧凑断面的对接接头,而对薄板类零件焊接则比较困难。

3. 电阻焊的应用

虽然电阻焊焊件接头形式受到一定限制,但适用于电阻焊的结构和零件仍然非常广泛,例如,飞机机身、汽车车身、自行车钢圈、锅炉钢管接头、洗衣机和电冰箱的壳体等。电阻焊所适用的材料也非常广泛,不但可以焊接碳素钢、低合金钢,而且还可以焊接铝、铜等有色金属及其合金。

电阻焊发明于 19 世纪末,随着航空航天、电子、汽车、家用电器等工业部门的发展,电阻焊越来越受到重视,同时,对电阻焊的质量也提出了更高的要求。由于电子技术的发展和大功率半导体器件研制成功,给电阻焊技术提供了坚实的技术基础。目前我国已生产了性能优良的次级整流焊机,由集成元件和微型计算机制成的控制箱已用于新焊机的配套和老焊机的改造。恒流、动态电阻、热膨胀等先进的闭环控制技术已在电阻焊机中广泛应用,这一切都将有利于提高电阻焊质量。因此,可以预测,电阻焊方法在工业生产中将会获得越来越广泛的应用。

7.3.3 钎焊

在连接金属的方法中,钎焊已有几千年的历史,但是,在很长的历史中,钎焊技术没有得到大的发展,直到 20 世纪 30 年代,随着科学技术的发展和需要,在冶金和化工技术发展的基础上,焊接技术才有了较快的发展。焊接技术的应用范围也因此日益扩大,特别是在机电、电子工业和仪表制造及航空等工业中已成为一种重要的工艺方法。

1. 钎焊的原理及优缺点

(1) 钎焊的原理

钎焊是采用比母材熔点低的金属材料作钎料,将焊件和钎料加热到高于钎料熔点,低于母材熔点的温度,利用液态钎料润湿母材,填充接头间隙并与母材相互扩散实现连接的一种焊接工艺方法。钎焊与熔化焊相比主要不同之处有:钎焊时只有钎料熔化,而待焊金属处于固体状态,熔化的钎料依靠润湿和毛细作用吸入或保持在两焊件之间的间隙内,依靠液态钎料和固态金属相互扩散而形成金属结合。

(2) 钎焊的优缺点

与熔化焊相比,钎焊有如下优点:

① 钎焊时钎料熔化,被焊金属不熔化,因此对钎焊金属的各种性能影响较小。

② 钎焊时工件的变形小,尤其是在整体加热钎焊时,如炉中钎焊工件变形最小。

③ 可以连接不同金属以及金属与非金属。

④ 利用焊接能制造形状复杂的结构,可以一次完成多个零件的连接,生产率高。

⑤ 钎焊接头不平整光滑,外形美观。

然而,钎焊也有明显的缺点:钎焊接头强度较低,耐高温能力差;接头形式以搭接为主,增加了结构重量;钎焊的装配要求比熔化焊高,要严格保证间隙。

2. 钎焊的分类

随着钎焊技术的发展,钎焊的种类越来越多,通常分类方法如下:

(1) 按钎焊时的加热温度分类

可分为低温钎焊(450 ℃以下)、中温钎焊(450~950 ℃)、高温钎焊(950 ℃以上)。通常把加热温度在 450 ℃以下的钎焊称软钎焊;加热温度在 450 ℃以上的称硬钎焊。

(2) 按加热方式分类

可分为火焰钎焊、烙铁钎焊、电阻钎焊、感应钎焊以及浸渍钎焊等。近几年,在钎焊蜂窝壁零件时已采用了较新的加热技术,如石英加热钎焊、红外线加热钎焊等。

7.3.4 摩擦焊

利用焊件表面相互摩擦产生的热,使端面达到热塑性状态,然后迅速顶锻,完成焊接的一种方法,称为摩擦焊。

在两个焊件的焊接端面上加一定的轴向压力,并使接触面作剧烈的摩擦运动,摩擦产生的热,把接触面加热到一定的焊接温度时(一般为稍低于材料的熔点,如碳钢的焊接温度是 900~1 300 ℃)急速停止运动,并施与一定的顶锻压力,使用焊件金属产生一定量的塑性变形,从而把两焊件牢固地焊接在一起。

为了说明摩擦焊接的实质,结合分析焊接过程,对于同类金属的摩擦焊接可分为如下 3 个阶段。

① 两个焊件接触表面开始摩擦,首先是使表面附着的氧化物及杂质受到破坏与排除,同时接触表面凹凸不平的地方产生塑性变形,晶粒受到破坏,结果是接触面被加热,并显露出较平整的光洁金属表面。

② 对光洁金属的接触表面继续进行摩擦运动,使接触面温度继续升高,塑性变形增大,开始产生金属的相互"粘接"现象(即局部焊合)。随着摩擦运动的继续,焊件接触表面附近的温度迅速上升,并接近或达到焊接温度。

③ 当到达焊接温度时,金属塑性很大。在急速停止相对运动并加以很大的顶锻压力时,使焊件产生很大的塑性变形,接触表面金属原子更靠近,出现相互扩散和晶间联系,形成共同的重结晶,中间化合物及少量的再结晶晶粒,而把两焊件焊接在一起。

对于异种金属的摩擦焊接,由于两金属的硬度、塑性与熔点的差异,其摩擦焊接过程的机理也有区别。例如铜铝在摩擦焊接过程中,最初是两种金属原子在摩擦热与压力作用下,相互渗透扩散。在接头表面形成两金属的合金。这种合金和原来金属性能不同,如塑性降低,强度增高。所以最初是铜铝金属之间的摩擦,当形成极薄的合金层后,由于它的强度比铝高,在铝的一侧就成为抗剪强度最低点,所以摩擦逐渐变为合金层与铝之间的摩擦。可见铜铝摩擦焊接是以铜的摩擦面为基础成长起来的。这种概念从试验观察也可得到证实,如果摩擦到最后不施加顶锻力,即把两焊件分开,可以明显地看到在铜件上已焊上一层极薄的含铜的铝合金。这层合金随时间增长而变厚,并逐渐趋于纯铝,这时合金厚度就不再增长了。最后施加了顶锻力,两者就焊在一起了。

7.3.5 扩散焊

焊件紧密结合,在真空或保护气氛中,在一定温度和压力下保持一段时间,使接触面之间的原子相互扩散完成焊接的一种压焊方法,称为扩散焊。

1. 扩散焊接的基本原理

扩散焊接是近年来才出现的一种新的焊接方法,即把两个接触的金属焊件,加热到低于固相线的温度 $T_{焊}=(0.7\sim0.8)T_{熔}$,并施加一定压力,此时焊件产生一定的显微变形,经过较长时间后便由于它们的原子互相扩散而得到牢固的连接。为了防止金属接触面在热循环中被氧化污染,扩散焊接一般都在真空或惰性气体中进行。加热、加压产生必要的显微变形都是为金属接触面原子相互扩散创造条件,以利于原子的扩散。

扩散焊接主要分为以下两类:

① 无中间层的扩散焊接,金属的扩散连接是靠被焊金属接触面的原子扩散来完成,主要用于同种材料的焊接。对不产生脆性中间金属的异种材料也可用此法焊接。

② 有中间层的扩散焊接,金属的扩散连接是靠中间层金属来完成的,可用于同种或异种金属的焊接,还可进行金属与非金属的焊接。

中间层可以是粉状或片状的,用真空喷涂或电镀的方法加在焊接面上。

2. 扩散焊接的主要特点与应用

① 加热温度低,对基本金属的性能影响小,能用于连接不适于熔化焊接的材料,如钼、钨等,还可进行金属与非金属间的焊接。

② 焊接接头成分、性能都与母材金属相近,利用显微镜也难看出接合面。

扩散焊接特别适用于要求真空密封、要求与基本金属等强度、要求无变形的小零件。它们是制造真空密封、耐热、耐振和不变形接头的唯一方法。因此在工业生产中得到广泛的应用,在切削刀具中硬质合金、陶瓷、高速钢与碳钢的焊接,都有采用扩散焊接的方法。

7.3.6 螺柱焊

螺柱焊是一种压力熔焊方法;是将螺柱一端与板件(或管件)表面接触,通电引弧,待接触面熔化后,给螺柱一定压力完成焊接的方法。

电弧螺柱焊用圆柱头焊钉,普遍应用于高层钢骨结构建筑、工业厂房建筑、公路、铁路、桥梁、塔架、汽车、能源、交通设施建筑、机场、车站、电站、管道支架、起重机械及其他钢结构等的焊接;可焊接碳钢、低合金钢、不锈钢、铝合金及铜合金等材料。

1. 螺柱焊接原理

螺柱焊接是将直径 2~25 mm 的螺柱或柱状金属高效、低成本、全断面融合地焊接在金属表面的一种特种焊接工艺方法。此项技术的应用可替代一些传统的加工方法,例如:钻孔、攻丝、手工焊接、焊后处理等。

电弧螺柱焊接过程:电弧螺栓焊是在螺栓和焊件之间,引燃功率较大的电弧(500 A 以上),电弧将焊接螺柱端部和焊接母材表面溶化,并形成焊接熔池;接下来,焊接螺柱和焊接母材相对运动,焊接螺柱在一定速度下受控地插入熔池;最后,焊接电流终止,电弧熄灭,同时熔池凝固,焊接过程完成,形成全断面熔合的焊缝。

螺柱焊接要取得理想的焊接效果,需要对焊接参数进行严格控制,例如:焊接时间、焊接电流、运动的可控性、设备的易操作性及被焊金属材料的成分等。

2. 螺柱焊接分类

根据焊接的特性和电源原理,通常将螺柱焊接分为电容储能式螺柱焊接和拉弧式螺柱焊接。前者焊接在 0.003 s 内完成,用于在薄板上焊接螺柱;后者焊接在 0.1~1.5 s 内完成,用于在更复杂的环境下焊接螺柱。

电容储能式螺柱焊接具体可分为:接触式螺柱焊接和间隙式螺柱焊接。

拉弧式螺柱焊接具体可分为:陶瓷保护环模式螺柱焊接、气体保护模式螺柱焊接和短周期模式螺柱焊接(又分为气体保护和无气体保护两种)。

3. 螺柱焊接优点

① 焊缝全断面熔合,提高了焊接部位的安全性。

② 良好的经济性,螺柱焊相对于其他焊接方法的优点在于焊接效率高。对于批量生产的工件,在很短的焊接时间(3~980 ms)内可打到 8~40 个/min(根据不同直径螺柱和不同焊接功率)。而自动送料螺柱焊机可以达到 60 个/min 的超高效率,非常节省时间和成本。

③ 可适应多种金属材料。

④ 热影响区小,焊接母材变形小。

⑤ 焊接损伤很小,母材背面没有或只有很小的焊接损伤。

⑥ 保持中空零件的密闭性。

⑦ 实现单面焊接。

⑧ 操作简便。

思考与练习题

1. 简述电渣焊冶金过程的特点。
2. 电渣焊的工艺参数如何选择?
3. 简述等离子弧产生的原理。
4. 等离子弧有何特点?试分析对焊接质量的影响。
5. 碳弧气刨的应用有哪些?
6. 简述电阻焊的优缺点。
7. 简述钎焊的分类。
8. 简述扩散焊的基本原理。

第8章 异种金属的焊接

8.1 异种金属焊接的焊接性

异种金属焊接能够充分利用各种材料的优异性能,如强度、比强度、耐腐蚀性、耐磨性、导电性、导热性等,因而在工程机械、交通运输、石油化工、电站锅炉、航天航空和机械电子等行业的机械设备和构件中得到广泛应用。例如:在港口机械中,基于结构轻型化的需要,其大型金属构件或者在某些重要部位常常选用合金钢材料;另外,为了提高工件的耐磨性或耐蚀性,延长使用寿命,也常常在普通结构钢上堆焊一层不锈钢或高合金耐磨材料,这样就形成各种类型的异种金属焊接结构。在船舶工程结构中,异种金属焊接构件更是大量存在,如船舶的尾轴架上的轴架冷却板即是用 1Cr18Ni9Ti 不锈钢与 ZG25-1 铸钢和 Q235 钢焊接而成;运送化学物资的特种船舶中的储物仓与船舶之间大多数也是不锈钢与普通结构钢的连接。在电站锅炉中,不同的受热温度部分常选用不同的耐热合金钢,因而出现大量的异种金属焊接接头。虽然异种金属及异种金属焊接能带来便利和经济效益,但是当将异种金属焊接在一起时,经常会遇到如下问题。

① 两种金属之间不能形成合金;
② 接头的性能差;
③ 熔合区及热影响区的机械性能降低,特别是塑性;
④ 在接头处热应力集中,并且这种热应力不能被消除;
⑤ 因塑性变形差和应力增加往往容易引起裂纹;
⑥ 室温下,焊接区的机械性能(拉伸、冲击、弯曲等)一般优于被焊母材的性能,但高温下或高温长期运行后,接头区的性能劣于母材;
⑦ 在某些接头熔合区,韧性较低,出现高硬度脆性层,是导致构件失效破坏的薄弱区,它会降低焊接结构的使用可靠性;
⑧ 焊后热处理或高温运行过程中,在焊接边界两侧各产生一个富碳区和贫碳区,改变了熔合区的性能,是裂纹起源于焊接边界的主要原因之一。

这些问题主要是由异种金属不同的焊接性而造成的。下面我们了解一下异种金属的焊接性。

8.1.1 异种金属的焊接性

异种金属的焊接性主要是指不同化学成分、不同组织性能的两种或两种以上的金属,在限定的施工条件下,焊接成规定设计要求的构件,并满足预定使用要求的能力。它是一个相对的概念。如 Q235 钢与 16Mn 钢两种材料在相对简单的焊接工艺条件下,就可以满足规定设计和技术要求的优质焊接接头,可认为这两种材料的焊接性优良;而碳素钢和铜或铝进行焊接,必须采用特殊的焊接工艺才能较好地实现焊接,可认为它们的焊接性较差。一般来说,两种材料的物理、化学性能及组织成分差别越大,焊接性越差。除此之外,异种金属的焊接性还与焊接工艺有关,包括焊接接头的尺寸、坡口形式、施焊方位、焊接工艺参数以及焊接过程的操作等。其主要影响因素为被焊材料、焊接方法、焊接件结构及使用要求等。

异种金属的焊接性包括结合性能和使用性能。

异种金属的结合性能,也称工艺焊接性能,指在给定的焊接工艺条件下,能够实现致密结合的焊接接头的能力。在焊接生产中,常用结合性能评定异种金属焊接接头对焊接缺陷的敏感性,以便采取防止产生焊接缺陷的措施。

异种金属的使用性能,也称使用焊接性,指焊后焊接接头在长期的使用条件下满足使用性能要求的程度。在焊接生产中,常用使用性能评定异种金属焊接接头能否满足技术条件的要求,以便提出改进技术条件的方案。

异种金属的工艺焊接性和使用焊接性并不一定是完全一致的,有时工艺焊接性满足要求,而使用焊接性可能不符合技术条件的具体要求;当使用焊接性满足技术条件的要求,工艺焊接性也可能不满足要求。因此异种金属的焊接性应从工艺焊接性和使用焊接性综合评价。

8.1.2 异种金属焊接性的影响因素

1. 物理性能的差异

两种材料物理性能的差异主要是指熔化温度、线膨胀系数、热导率和比电阻等的差异。这些都将影响焊接的热循环过程、结晶条件、焊接接头的质量。当异种材料热物理性能的差异较大会使熔化情况不一致时,就会给焊接造成一定困难;线膨胀系数相差较大时,会造成接头存在较大的残余应力和变形,易使焊缝及热影响区产生裂纹;异种材料电磁性相差较大时,则使焊接电弧不稳定、焊缝成形不好甚至成不了焊缝。

2. 结晶化学性能的差异

结晶化学性能的差异主要是指晶格类型、晶格参数、原子半径、原子的外层电子结构等的差异,也就是通常所说的"冶金学上的不相容性"。两种被焊金属在冶金学上是否相容,取决于它们在液态和固态时的互溶性以及两种材料在焊接过程中是否产生金属间化合物(脆性相)。

在液态下两种不相溶的金属或合金不能采用熔化焊的方法焊接,如铁与镁、铁与铅、铅与铜等。因为这类异种材料组合从熔化到冷凝的过程中极易分层脱离而使焊接失败。只有在液态和固态下都具有良好互溶性的异种金属或合金,才能在熔焊时形成良好的焊接接头。

一般来说,当两种金属的晶格类型相同,晶格常数、原子半径相差 10%~15%,电化学性能的差异不太大时,溶质原子能够连续不断的固溶于溶剂,形成连续固溶体;否则易形成金属间化合物,使焊接性能大幅度降低。研究表明能够形成连续固溶体的异种金属具有良好的焊接性。

3. 材料的表面状态

材料的表面状态是很复杂的,表面氧化层、结晶表面层情况、吸附的氧离子和空气分子、水、油污、杂质等的状态,都直接影响异种金属的焊接性。

8.2 异种钢的焊接

在现代钢结构制造中,异种低合金钢得到越来越广泛的应用,因此,有必要学习异种钢的焊接。按组织分类钢可以分为：奥氏体钢、珠光体钢、马氏体钢、铁素体钢和贝氏体钢等。

8.2.1　金相组织相同的异种钢焊接

1. 异种珠光体钢焊接

珠光体钢（如碳钢、低合金结构钢、Cr－Mo珠光体耐热钢等）在钢结构制造中会经常遇到，所以下面详细介绍一下异种珠光体钢的焊接工艺。

（1）焊接特点

在钢结构的焊接制造中，经常遇到不同强度级别珠光体钢的焊接。采用异种珠光体钢的焊接结构，不但经济合理，还能够提高整体焊接结构的使用性能，这些焊接任务是在下列条件下提出的。

① 根据结构承受载荷的分布情况，对不同受力条件下零件或部件，在设计时就规定了采用不同强度级别的钢种。

② 在锻、铸与轧材的联合焊接结构中，各组成零件的钢号、状态化学成分不同。

③ 由于钢材品种多，生产现场规格不齐，致使制造过程中要求代用材料。

碳含量是决定珠光体钢在焊接中淬硬倾向的主要元素。含碳量低于0.25%的碳钢，采用常规方法进行焊接，近缝区不会产生淬硬组织，焊接性良好。钢的含碳量超过0.25%时，在焊接中开始出现淬硬倾向。含碳量越高，热影响区的淬硬倾向越大。

为了避免在焊接热影响区形成脆性的马氏体组织并引发裂纹，应采用合理的工艺措施包括合理的焊接顺序、预热、最佳工艺参数等。实践中，对于异种珠光体钢焊接结构件，只要焊缝金属的强度不低于结构中强度较低的一种钢材就可以满足对接头性能提出的强度要求。

对于相同金相组织类型的钢材，热物理性能没有很大差异，不同钢种之间的焊接最常用的方法是熔焊，焊接材料一般选择与母材金相组织相同的金属，且熔敷金属成分接近于强度较低一侧钢材（异种钢中合金化程度小的钢材）的成分，预热处理及热处理工艺一般按合金化程度高的母材确定。

（2）焊接材料的选用

异种珠光体钢焊接时，按强度较低的一侧钢材的强度要求选择焊接材料，熔敷金属的化学成分与强度较低的一侧钢材的成分接近，但焊接的热强性能应等于或高于母材金属。异种低合金钢焊后一般不再进行热处理，某种情况下，为防止焊后热处理或在使用过程中出现碳的迁移，应选用合金成分介于两种母材金属之间的焊接材料。

碳钢与低碳合金钢之间的焊接，选择焊接材料时主要是保证焊接接头的常温力学性能；对于热稳定钢主要是保证焊接接头的高温力学性能。常温下工作的珠光体淬火钢，如果焊前不预热，可选用奥氏体焊条焊接，保持缝金属的高塑性，避免焊缝及热影响区出现裂纹。

高温下工作的热稳定钢，不能用奥氏体焊条焊接，否则可能形成脆性的金属间化合物层和脱碳层或增碳层。如果异种珠光体钢构件焊接接头在工作温度下可能产生扩散层，最好在破口上堆焊中间过度层，过度层中碳化合物形成元素（Cr、V、Nb、Ti等）的含量应高于基体金属。

焊接性能很差的淬火钢，焊前应该用塑性好、熔敷金属淬硬倾向低的焊条堆焊一层过渡层（厚度8~10 mm）且堆焊后必须立即回火。

不同焊接方法，接头形似对珠光体钢和奥氏体钢熔合比影响的实验数据如表8-1所列，异种金属多层焊时，每层熔合比都不相同，因此焊缝金属的化学成分和性能也各不相同。

焊接异种珠光体钢时,一般选用低氢型焊条,以保证焊接接头的抗裂性能。

表 8-1　接头形式、焊接方法对珠光体钢和奥氏体钢熔合比的影响

接头开式	被焊钢材的金相类型	熔合比/%			
		手工电弧焊	埋弧焊	带极堆焊	电渣焊
堆焊接头	珠光体	15～40	25～50	8～20	—
	奥氏体	25～50	35～50	15～25	—
单道对接接头	珠光体	20～40	25～50		20～40
	奥氏体	30～50	40～50		30～50
多层封底焊接头	珠光体	25～50	35～60		
	奥氏体	35～50	40～70		

（3）焊接的工艺参数

以 Q235 钢与 16Mn 钢的焊接为例进行讨论。

1）手工电弧焊

Q235 钢与 16Mn 钢焊接时,按 Q235 钢的基本性能和异种材料焊接接头的性能来选择合适的焊条,根据等强性原则,应选 E4303,对于承受重载荷的构件可采用 E4315。在钢板厚度较大、低温下焊接、结构刚性较大、有裂纹倾向时,焊接前应采取预热的措施。

2）二氧化碳气体保护焊

主要用于 Q235 钢与 16Mn 钢的薄板结构,主要问题是气孔和飞溅。焊接过程必须加强脱氧,应选择含 Si、Mn、Ti、Al 元素较多的焊丝。如 H08Mn2TiA。

3）埋弧自动焊

中厚板以上、直形较长焊缝的 Q235 钢与 16Mn 等低合金钢结构件,常采用埋弧焊,选 H08A 或 H08E 焊丝配合 HJ431 或 HJ430 焊剂。

2. 异种奥氏体钢的焊接

（1）焊接特点

异种奥氏体钢焊接时,易在焊缝及热影响区出现热裂纹,焊缝区还易出现晶间腐蚀和相析出脆化等问题。所以必须在焊接过程中选择合适的焊接材料和采取相应的工艺措施。

（2）焊接材料及焊接方法的选择

异种奥氏体钢焊接材料的选择,必须考虑到奥氏体钢焊缝在合金成分与最佳含量略有出入的情况下容易产生裂纹这一因素。要严格控制焊缝中有害杂质 S、P 的含量和焊缝金属的含碳量,限制焊接热输入及高温停留时间,添加稳定化元素、采用奥氏体和少量铁素体的双相组织焊缝。

奥氏体钢几乎可以用所有的焊接方法焊接,如手工焊条电弧焊、MIG 焊、TIG 焊、埋弧焊、电渣焊、电阻焊、摩擦焊等,但常用的是手工焊条电弧焊。

（3）异种奥氏体钢焊接时的预热

异种奥氏体钢焊接时,一般不需要进行预热。为了防止焊缝出现晶间腐蚀和析出相的脆化等问题,需要根据焊缝金属成分及使用条件进行后热处理。

3. 异种铁素体钢的焊接

(1) 焊接特点

这类钢中含有强烈形成碳化物的元素铬，因此在熔化区中不会有明显的扩散层存在。但由于铁素体钢焊接时，存在热影响区晶粒长大导致韧性严重降低的问题，而在马氏体—铁素体钢焊接时，在热影响区容易出现脆性组织，导致塑性下降，并可能产生焊接裂纹，因此在异种铁素体钢焊接时，要采取必要的措施防止接头近缝区产生裂纹或塑性、韧性的降低。

(2) 焊接材料的选择和相应的工艺措施

低碳的铁素体钢焊前可不预热，但焊接线能量应尽量低，层间温度控制在100℃以下。含碳量较高的铁素体钢其组织内有相当数量的马氏体，焊接时要注意近缝区马氏体脆化而引起裂纹。通常是焊前预热，焊后立即高温回火。当受条件限制而不能预热和焊后热处理时，可以采用奥氏体钢焊缝，但这时焊缝金属的强度大大低于母材，应考虑能否满足使用要求。表8-2列出了不同铁素体钢和马氏体—铁素体钢焊接材料、预热和焊后热处理温度。

表8-2 不同铁素体钢和马氏体—铁素体钢焊接材料、预热和焊后热处理温度

母材组合	焊接材料	预热温度/℃	回火温度/℃	备注
G+H	G207,H1Cr13	200～300	700～740	
	A307,H1Cr25Ni13	不预热	不回火	
G+I	G207,R817,R827	350～400	700～740	焊后保温缓冷后立即回火
	A307	不预热	不回火	
H+I	G207,R817,R827	350～400	700～740	焊后保温缓冷后立即回火
	A312	不预热	不回火	

注：G、H、I代表铁素体钢和马氏体—铁素体钢
G——高铬不锈钢；H——高铬耐酸耐热钢；I——高铬热强钢

例1 异种珠光体钢——石油钻杆的焊接。

图8-1所示石油钻杆结构是由35CrMo钢与40Mn2钢采用摩擦焊方法焊接而成的，它是由带螺纹的工具接头和管体构成。

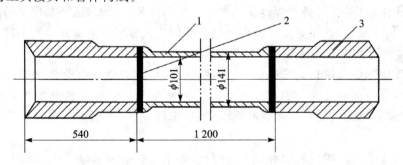

1—40Mn2钢；2—摩擦焊缝；3—35CrMo钢
图8-1 石油钻杆结构

钻杆用两种材料的截面尺寸如表8-3所列。用摩擦焊法焊接35CrMo钢与40Mn2钢时，应选用弱焊接规范，具体的摩擦焊焊接参数可参考表8-4所列。为改善组织、消除内应力和提高力学性能，焊后接头进行500℃回火或进行850℃正火，再650℃回火，然后空冷。经热

处理后的接头力学性能明显提高,如表8-5所列。

表8-3　石油钻杆的截面尺寸

钻杆材料	钻杆直径/mm	焊接接头外径/mm	焊接接头内径/mm	焊接截面积/mm²
35CrMo+40Mn2	141	141	101	7 600
35CrMo+40Mn2	127	127	97	5 300

表8-4　摩擦焊焊接石油钻杆的焊接参数

钻杆材料	钻杆直径/mm	摩擦压力/MPa	顶锻压力/MPa	摩擦变形量/mm	顶锻变形量/mm	摩擦时间/s	摩擦转速/(r·min⁻¹)
35CrMo+40Mn2	141	50~60	120~140	13	8~10	30~50	530
35CrMo+40Mn2	127	40~50	100~120	10	6~8	20~30	530

表8-5　摩擦焊焊接石油钻杆的焊接接头力学性能

钻杆材料	钻杆直径/mm	σ_b/MPa	δ/%	ψ/%	a_k/(J/cm²)	接头弯曲角度/(°)
35CrMo+40Mn2	141	697	24	67	45	96
35CrMo+40Mn2	127	770	19	69	51	113

8.2.2　金相组织不同的异种钢焊接

异种金属焊接材料的选用,其情况不同,所考虑的主要因素不同。

① 低碳钢和普通低合金钢焊接时,要求焊缝金属及焊接接头的强度应大于低碳钢的强度,其塑性和冲击韧性应不低于普通低合金钢,故焊接材料的选材原则是,强度、塑性和冲击韧性值都不能低于被焊钢种中的最低值。

② 奥氏体不锈钢与珠光体钢焊接时,要克服珠光体钢对焊缝的稀释作用,抑制熔合区中碳的扩散,改变焊接接头的应力分布,提高焊缝金属抗热裂纹的能力。

③ 奥氏体不锈钢与铁素体钢的焊接,基本同上。

④ 珠光体耐热钢与低碳钢的焊接,可分别采用和它们成分相对应的焊接材料。

8.3　钢与铝及铝合金的焊接

8.3.1　焊接特点

铁与铝既可形成固溶体、金属间化合物,又可形成共晶体。铁在固态铝当中的溶解度极小,室温下铁几乎不溶于铝,所以含微量铁的铝合金,在冷却中会产生金属间化合物,脆性较大。

由于在铝合金中铁总是以金属间化合物形式存在,其存在会影响铝的力学性能和焊接性能。铝中加入铁会提高强度和硬度,降低塑性,增大脆性,对焊接性能影响严重,并且铝在铁中的溶解度比铁在铝中的溶解度大很多倍,含大量铝的钢,具有某些良好的性能(如抗氧化性),

但含铝量超过5%以上时,具有很大的脆性,焊接性能严重下降。

8.3.2 钢与铝及铝合金的熔化焊

1. 钢与铝及铝合金的氩弧焊

(1) 碳钢与防锈铝的氩弧焊

碳钢与防锈铝常用TIG焊进行焊接,焊接时采用直径为3 mm的钨电极,随焊件厚度的增大,焊接电流与焊接电压也相应的增大。焊接中填充金属采用Ni-Zn-Si系合金。

(2) 镀锌低碳钢与铝及铝合金的氩弧焊

低碳钢与铝及铝合金氩弧焊时,在碳钢表面镀厚度为3~5 μm的Zn、Sn、Ag可以获得较好的接头。但镀Cu、Ni、Al等中间层,焊后接头强度不高。

有镀锌层碳钢与铝及铝合金氩弧焊时,焊丝的选择对接头强度有一定的影响。如镀锌的Q235钢与铝氩弧焊时,选择L4铝丝作填充材料,接头强度可满足某些工件的要求,但不太稳定,断裂发生在焊缝上;用含镁焊丝不能保证焊缝强度,且断裂出现在镀层上;纯铝L2与L3与镀锌钢(镀层厚度小于30 μm)焊接接头强度较好。

为减少金属间化合物脆性层厚度,必须提高焊接速度,但焊接速度太高会产生未焊透和其他形式的焊接缺陷。

(3) 不锈钢与铝及铝合金的氩弧焊

不锈钢与铝之间的相互作用取决于不锈钢的类型,不锈钢与铝及铝合金直接进行氩弧焊不会获得良好的焊接接头,主要是他们之间会形成金属间化合物,使接头脆化。因此对不锈钢与铝的焊接,必须采用中间金属过渡层的办法。

镀层金属种类不同,焊后结果也不同。镀镍层焊接性能较差,镀层容易烧损;Cu、Ni、Ag复合镀层上易出现裂纹;Cu、Ni、Sn复合镀层效果较好;Ni、Zn复合镀层效果更佳。焊接接头质量很大程度上取决于镀镍过程的质量。焊前对铝及铝合金的表面准备也很重要,包括表面清洁及镀层。首先是清除油脂、油垢,清水冲洗,盐酸溶液侵蚀,然后进行镀镍—镀铜—镀锌,干燥后渗铝,最后检查镀层表面质量。

2. 碳钢与铝的气焊

碳钢与铝焊接的常用焊接方法是氩弧焊,但在某些特殊场合需要采用气焊进行焊接,例如在汽车维修中对小型零部件的焊接。气焊是一种熔焊方法,常用的是氧气—乙炔焊接。气焊操作简单,焊缝成形容易控制,设备小,适合焊薄板和要求背面成形的焊缝。碳钢与纯铝或者硬铝进行气焊时,填充金属采用Al-Zn-Sn系合金,并配用气焊熔剂CJ401。为防止氧化,采用中性焰进行焊接。

8.4 钢与铜及铜合金的焊接

8.4.1 铜—钢焊接的主要特点

在铜—钢焊接中,铜与铁的熔点、导热系数、线膨胀系数和力学性能等都有很大的不同,容易在焊接接头中产生应力集中,导致各种焊接裂纹。另一方面,铜与钢的原子半径、晶格类型、晶格常数及原子外层电子数目等都比较接近,且铜与铁属于在液态时无限互溶,在固态下,虽为有限固溶,但并不形成脆性金属间化合物,而是以(α+ε)的双相组织形式存在,这是二者实现焊接的基本依据。因此,只要克服前述的铜与铁在物理性能上存在差异的困难,是可以获得正常焊接接头的。

钢与铜及铜合金的焊接主要存在下面3个问题。

① 焊缝易产生热裂纹。由于铜与钢会形成低熔点共晶,以及线膨胀系数相差较大,焊缝容易产生热裂纹和晶界偏析(即低熔点共晶合金或是铜的偏析),因而焊接时,在较大焊接应力作用下,呈现出宏观裂纹。

② 热影响区产生铜的渗透裂纹。铜及铜合金与不锈钢焊接时容易出现铜的渗透裂纹。为防止渗透裂纹产生,需要合理选择焊接工艺,选用小的焊接热输入量;同时还要选择合适的填充材料,控制易产生低熔点共晶的元素(S,P,Cu_2O,FeS,FeP),向焊缝中加入 Al,Si,Mn,Ti,V,Mo,Ni 等元素。

③ 焊接接头力学性能降低在焊接热循环作用下,接头中晶粒严重长大,杂质和合金元素掺入焊缝,容易形成各种脆性的低熔点共晶体或脆性相,使接头的塑性、韧性、导电性、耐蚀性等显著下降。

此外,金属的表面状态也会产生影响,如金属表面的氧化膜、表面吸附的空气分子、水等,都会给焊接造成很大的影响,焊接过程中也应给予充分重视。

8.4.2 钢与铜及铜合金的熔焊

研究表明,采用等离子弧、TIG 电弧、高频感应、气保护连续炉、真空炉和模中熔铸工艺都可以很好地实现铜—钢焊接。并且熔敷焊接方法具有效率高、基体金属不发生熔化、界面结合质量好、熔敷层厚度范围宽等特点。

1. 铜与钢的二氧化碳气体保护焊

通过理论分析和试验结果证明,采用实心焊丝 CO_2 气体保护焊焊接铜与低碳钢接头是可行的。焊前需预热至 600 ℃,同时焊接过程中还需采取电炉加热保温,防止气孔的形成。焊后保温 2 h 后缓冷至室温,防止裂纹的产生。焊接时尽量使电弧偏向铜侧,待铜加热到将要熔化时,再加热钢侧。每焊完一道后,都要及时锤击焊缝边缘区域,以减轻焊接应力。铜与低碳钢接头焊缝为(α+ε)固溶体组织,接头中含 Fe 量为 40.28%,试验结果表明其抗裂能力较强,能满足一定性能的要求。

2. 铜与钢的钎焊

钢与铜及铜合金较精密的焊接,宜采用钎焊。钎焊不会出现熔焊时易产生的裂纹、气孔、偏析等问题,但钎焊易降低接头的抗腐蚀性能,接头强度较低,且使用范围受一定限制。钢与铜及铜合金采用火焰钎焊、中频钎焊等可获得优质的焊接接头,目前已在生产中获得了应用。氩弧钎焊热影响区窄,工件变形小,焊接中可以不用钎剂。焊缝的致密性好,耐疲劳性强,成形美观,变形小,清洁度高,特别适用于管与管板的焊接。

扩散钎焊是在高温下保温一定时间以使焊件产生微量变形,使接触部分产生原子互相扩散的过程。该方法兼有扩散焊与钎焊的特点,其接头是被焊件的原子通过固态的或熔化的中间夹层与对接面之间的液态物质互扩散而形成的。采用银、铜、镍中间夹层组合,在钎焊温度为 950 ℃、保温时间为 10~20 min、预压应力为 0.06~0.12 MPa、焊接时压应力为 0.16~0.35 MPa、真空度为 0.5 Pa 的工艺参数下,实现了铜钢的扩散钎焊,其钎缝剪切强度可达到

175.1 MPa。

例 2 双水内冷汽轮发电机引水接头的焊接。

该引水接头由不锈钢与纯铜的钎焊结构制造,其结构如图 8-2 所示。

采用中频感应加热、氩气保护钎焊。钎料选 HL311,氩气流量 3～5 L/min,加热速度及温度如图 8-3 所示。加热阶段的功率为 8～10 kW,待钎料熔化后(约 10 s),功率可降到 5～6 kW,保温 10 s,使接头充分合金化,切断电源后自燃冷却 3～5 min。

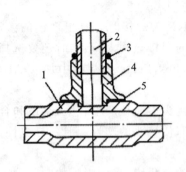

1—引导线;2—引水管;3—钎料;4—过渡接头;5—箔片钎料

图 8-2 引水接头由不锈钢与纯铜的焊接结构

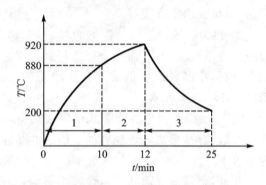

图 8-3 不锈钢与纯铜钎焊的加热规范

8.5 钢与镍及合金的焊接

8.5.1 镍及镍合金简介

所谓镍合金材料是指合金中镍的含量超过 30% 以上的材料,这一类材料通常是用在要求具有较高机械强度,或需要对高温或强腐蚀环境具有较强抗力的工程项目中。镍合金的分类如下:

① 镍基高温合金。主要合金元素有铬、钨、钼、钴、铝、钛、硼、锆等。其中铬起抗氧化和抗腐蚀作用,其他元素起强化作用。其在 850～1 300℃ 高温下有较高的强度和抗氧化、抗燃气腐蚀能力,是高温合金中应用最广、高温强度最高的一类合金。主要用于制造航空发动机叶片和火箭发动机、核反应堆、能源转换设备上的高温零部件。

② 镍基耐蚀合金。主要合金元素是铜、铬、钼。具有良好的综合性能,可耐各种酸腐蚀和应力腐蚀。最早应用的是镍铜合金,又称蒙乃尔合金;此外还有镍铬合金、镍钼合金、镍铬钼合金等。用于制造各种耐腐蚀零部件。

③ 镍基耐磨合金。主要合金元素是铬、钼、钨,还含有少量的铌、钽和铟。除具有耐磨性能外,其抗氧化、耐腐蚀、焊接性能也好。可制造耐磨零部件,也可作为包覆材料,通过堆焊和喷涂工艺将其包覆在其他基体材料表面。

④ 镍基精密合金。包括镍基软磁合金、镍基精密电阻合金和镍基电热合金等。最常用的软磁合金是含镍 80% 左右的玻莫合金,其最大磁导率和起始磁导率高,矫顽力低,是电子工业中重要的铁芯材料。镍基精密电阻合金的主要合金元素是铬、铝、铜,这种合金具有较高的电阻率、较低的电阻率温度系数和良好的耐蚀性,可用于制作电阻器。镍基电热合金是含铬

20%的镍合金,具有良好的抗氧化、抗腐蚀性能,可在1000~1100℃温度下长期使用。

⑤ 镍基形状记忆合金。含钛50%的镍合金。其回复温度是70℃,形状记忆效果好。少量改变镍钛成分比例,可使回复温度在30~70℃范围内变化。其多用于制造航天器上使用的自动张开结构件,宇航工业用的自激励紧固件,生物医学上使用的人造心脏电动机等。

8.5.2 钢与镍及镍合金焊接特点

(1) 焊缝中容易产生气孔

镍及其合金与钢焊接时,液态金属中能溶解较多的氧,高温时氧与镍形成NiO,NiO被液态金属中的氢和碳还原产生水蒸气和一氧化碳,若熔池凝固时来不及逸出,便会形成气孔。同时,在熔池冷却过程中,氮的溶解度也急剧降低,过剩的氮气来不及逸出,也形成气孔。

氧对焊缝中气孔倾向影响重大。在氮和氢气含量变化不大的情况下,焊缝中含氧量越高,焊缝气孔数量越多,其关系见表8-6。由于低碳钢熔化时,有较多的碳过渡到焊缝中,所以,低碳钢与镍焊接时,焊接中产生的CO气体,比纯镍焊接时高得多。

表8-6 纯镍与钢埋弧焊的铁镍焊缝中气体含量和气孔数量的关系

Ni	O	N	H	100 mm长焊缝上气孔平均数量
62.8	0.115 0	0.000 6	0.000 4	200
60.2	0.058 0	0.000 6	0.000 2	60
68.9	0.020 0	0.000 5	0.000 4	15
69.8	0.025 0	0.000 5	0.000 7	15
72.8	0.001 2	0.000 5	0.000 6	1
70.1	0.001 5	0.000 5	0.000 5	1

钢中含碳量越高,或熔池中含氧量越多,焊缝气孔倾向越大。当焊缝中镍含量为30%~60%时,用氧化能力较强的低硅焊剂时的气孔体积比用无氧焊剂大5~6倍。焊缝中镍含量,对气孔倾向也有很大影响。氧在液态镍中的溶解度大于在液态钢中的溶解度,而氧在固态镍中的溶解度却比在钢中小。因此,氧的溶解度在镍结晶时的突变,比在钢结晶时的突变更加明显。当焊缝中含15%~30%Ni时的气孔倾向较小,而当镍含量大时,气孔倾向较大。但由于焊缝中的碳,主要是从低碳钢中熔入的,当焊缝中含镍量进一步提高到60%~90%时,钢的熔入量必然降低,焊缝中含碳量减少,其气孔倾向便降低。

为防止钢与镍及镍合金焊缝产生气孔,可向焊缝中加入Mn、Cr、Mo、Al及Ti等元素。因为Mn、Ti及Al具有强烈的脱氧作用,而Cr和Mn能提高气体在固态金属中的溶解度,Al和Ti还能把氮固定在稳定的化合物中。所以,镍与$Cr_{18}Ni_{10}Ti$钢焊缝的抗气孔性能高。

(2) 焊缝热裂倾向大

在钢与镍及合金的焊缝中,由于高镍焊缝具有树枝状组织,在粗大柱状晶粒边界上,容易集中低熔点共晶体(主要有Ni-S共晶和Ni-P共晶),从而降低了晶间的结合力,降低了焊缝抗热裂纹的能力。

焊缝金属中镍的含量对热裂纹有影响,焊缝中含镍量越高,热裂倾向也越大。此外,在单相奥氏体焊缝中,当镍含量增加时,晶粒显著长大,也导致产生多元化裂纹。焊缝中氧、硫、磷等杂质对热裂倾向影响很大。当采用无氧焊剂时（$w_{SiO_2} \leqslant 2, w_{CaF_2}, 75 \sim 80, w_{NaF}, 17 \sim 25, w_C \leqslant 0.05, w_P \leqslant 0.03$），由于焊缝中氧、硫和磷等有害杂质含量减少，特别是含氧量急剧降低，使裂纹数量大为减少。

在熔池结晶过程中，氧和镍能形成 Ni-NiO 共晶体，共晶温度为 1 438 ℃，而且氧还加强硫的有害作用，所以，焊缝中含氧量越高，热裂倾向越大。

为了提高焊缝的抗热裂性能，常向焊缝中加入变质剂（Mn、Cr、Mo、Al、Ti、Nb），这些变质剂不但能细化焊缝组织，而且可打乱结晶方向性。铝、钛还是强烈的脱氧剂，能降低焊缝中氧的含量。锰还能与硫形成难熔的 MnS，从而减少了硫的有害作用，并有一定的脱氧作用；钼是提高活化性能的元素，它能抑制焊缝金属高温多元化裂纹，从而提高单相奥氏体焊缝抗多元化裂纹的稳定性；只要往铁镍焊缝中加入足够数量的锰和钼，就能够有效地防止焊缝热裂纹的产生。

（3）金属元素的稀释

镍和镍合金中的硫和磷导致产生热裂纹。用于生产镍及其合金的冶炼技术，使得这些元素保持低含量。但是，在某些钢中硫和磷的含量一般较高。因此，采用镍合金填充金属，焊接镍合金与钢时，应仔细地控制稀释，以免焊缝金属中产生热裂纹。

多数镍合金焊缝金属能容许相当大量的铁的稀释，但容许稀释的范围通常随焊接方法而异，有时随热处理而变化。采用镍或铬焊条熔敷的焊缝金属，可容许受铁的稀释最高达 40% 左右。如采用镍或镍铬焊丝，稀释应限于 25% 左右。

镍铜焊缝金属受铁稀释的容许限度变化很大，采用手工电弧焊时，可容许受铁的稀释约在 30% 以下。埋弧焊焊缝受铁稀释不大于 25%。采用气体保护电弧时，容许受铁稀释较小，尤其是需要热处理消除应力的焊缝，焊态最大限度为 10%，需消除应力热处理的焊接接头为 5%，为了避免超过上述极限，在采用气体保护电弧焊前，应采用手工电弧焊，在钢表面上熔敷一层镍或镍铜焊缝金属隔离层。

对所有镍合金焊缝金属都应控制铬的稀释。镍焊缝金属的稀释必须限制在 30% 以下。镍铬焊缝金属的总铬含量不能超过 30%。多数镍铬合金，包括填充金属，其铬含量低于 30%，稀释不是一个问题。镍铜焊缝金属受铬稀释的最大容许量为 8%，因此，镍铜填充金属不能用镍铜金属与不锈钢的焊接。

当构件之一或两构件都是铸件时，焊缝金属中总硅含量大约不得超过 0.75%。

（4）焊接接头的机械性能

接头机械性能与填充材料成分和焊接规范有关。当焊缝中含镍量低于 30% 时，由金属学 Fe-Ni 状态图可知，在焊接快速冷却条件下，焊缝中能出现马氏体组织，使接头的塑性和韧性指标急剧降低。为了获得较好的塑性和韧性，铁镍焊缝中的含镍量应大于 30%。

纯镍与 $1Cr_{18}Ni_{10}Ti$ 不锈钢焊接时，焊缝不会出现马氏体组织，所以，接头的机械性能较好。

8.5.3 钢与镍的焊接工艺要点

1. 镍与低碳钢的焊接

（1）纯镍与低碳钢焊接时，为了保证接头具有良好的塑性和冲击韧性，焊缝中的镍含量应大于 30%。

(2) 在上述含镍量情况下,焊缝的抗气孔和抗热裂能力较低,为此要严格选用焊接材料。

① 要严格限制填充材料中氧、硫和磷的含量;

② 选用含有脱氧剂和变质剂的焊材,如 Mn、Cr、Al、Mo、Ti 等,以提高焊缝抗气孔和抗热裂的能力。钼是提高活化能力最有效的元素,焊缝中加一定量的钼能有效地防止多元化裂纹。实践表明,在 30%～40%Ni 的焊缝中,含有 1.8%～2.0%Mn 和 3.4%～4%Mo 时,焊缝就具有较高的抗气孔和抗热裂纹的能力,此时接头也具有较高的机械性能。

(3) 为减少钢的熔化量,以减少焊缝中碳及有害杂质的含量,应尽量降低钢母材的熔化量,选择正确的焊接方法。

(4) 镍与低碳钢焊缝焊后进行消除应力热处理,虽然可以降低焊接应力水平,但随之带来性能方法的不利影响,增大了热裂机会。所以在一般情况下,以不进行焊后消除应力热处理为好。

(5) 采用较小的焊接规范。大的焊接规范会使焊缝和镍一侧热影响区组织粗大,并使碳钢一侧热影响区产生魏氏组织。较小的焊接规范,可以保证接头具有良好的机械性能,以及降低焊缝热裂倾向。

(6) 焊前对焊材及母材进行仔细清理。

(7) 为减小钢与镍的温度差及裂纹倾向,焊前对钢母材进行适当的预热。

2. 镍与不锈钢的焊接

镍与不锈钢的焊接,焊缝金属一般不会出现马氏体组织,因此,只要采取合理的工艺措施,选择合适的填充材料,即可获得良好的焊接接头。

镍基热强合金与 18-8 型不锈钢焊接时,焊缝金属通常是单相奥氏体组织,很容易产生多边化裂纹。用氩弧焊法焊接 $Cr_{20}Ni_{80}$(镍基热强钢)与 $1Cr_{18}Ni_{10}Ti$ 时,当焊缝中含 6.5%Mo 时,就几乎完全地消除了热裂纹。试验证明,提高抗热裂性能最好的方法,也是用钼对焊缝金属合金化。

考虑到母材的稀释等影响,管状焊丝中的钼含量应在 30% 左右。$Cr_{20}Ni_{80}$ 与 $1Cr_{18}Ni_{10}Ti$ 钢 MIT 焊接时,可采用下列 3 种含钼量高的焊丝:① 10%～12%Cr、60%～58%Ni、30%Mo;② 10%～12%Cr、65%～63%Ni、25%Mo;③ 12%～15%Cr、68%～65%Ni、20%Mo。

8.6 钢与钛及合金的焊接

8.6.1 钛及钛合金特点

钛及钛合金的主要特点是强度高、比重小(为钢的 57%),比强度高,如室温下 TA7 钛合金的比强度为 $1Cr_{18}Ni_9Ti$ 钢的 2.3 倍。因此,钛对于飞机、宇航、造船、车辆制造等工业部门是特别合适的材料。钛具有优异的耐腐蚀性能,在海水和大多数酸、碱、盐中,均有优良的耐腐蚀能力。同时它还具有良好的热强性及低温韧性,而且我国钛资源极为丰富。因此在石油、化工、造船及原子能等工业中扩大钛的应用在经济上是很有发展前途的,我国纯钛的牌号及其杂质含量如表 8-7 所列。

表 8-7 我国纯钛的牌号及其杂质含量

牌号	名称	杂质含量%≤					
		铁	硅	碳	氮	氢	氧
TA0	碘化钛	0.03	0.03	0.03	0.01	0.015	0.05
TA1	工业纯钛	0.15	0.10	0.05	0.03	0.015	0.10
TA2	工业纯钛	0.30	0.15	0.05	0.05	0.015	0.15
TA3	工业纯钛	0.30	0.15	0.05	0.05	0.015	0.15

钛是有同素异构转变的金属，888℃以下为α钛，888℃以上为β钛。钛及合金可分为铸造的和变形的两大类。按其退火组织，钛及钛合金可分为α型（以TA表示）、β型（以TB表示）及α+β型（以TC表示）三大类。α型钛合金的特点是高温性能好、组织稳定、焊接性好，但室温强度不够高。β型钛合金的压力加工性能好，若合金元素含量适当时，或通过热处理来获得高的室温性能，但性能不够稳定，冶炼工艺复杂。α+β型钛合金可以热处理强化，常温强度高，中等温度下强度尚好，但组织不稳定，焊接性能较差。现在最常用的是α型和α+β型钛合金。

由于钛及钛合金在高温，特别在液态时能够吸收大量的氧、氮、氢等气体，而使其性能变脆。所以熔焊时，焊缝及加热到400℃以上的近缝区必须用惰性气体进行保护。氩弧焊时，焊缝正反两面都必须保护。几何形状简单的直焊缝或环焊缝可采用局部保护方法，几何形状复杂的可在氩气保护箱内焊接。点焊、缝焊时，表面虽因氧化而呈现蓝色，但这属于固态表面的氧化，可以不用惰性气体保护。

8.6.2 焊接方法

钛的缺点是弹性模数低及抗蠕变性差。焊接是钛及其合金零部件制造的重要工艺方法之一。可以采用氩弧焊、等离子弧焊、电阻焊、钎焊、真空电子束焊和扩散焊等方法。钛、钛合金与钢的焊接是很有发展前途的。

1. 熔 焊

钛只能与很少的几种金属，即锆、铪、铌、钽、钒五种金属进行焊接。钛与锆、钛与铌以及钛与钽的接头塑性较好。钒与铁、与钛都能形成固溶体。然而V-Fe体系在很广的浓度范围内会产生脆性的σ相。在钢—钒体系中增加焊缝脆性的元素主要是镍，因为镍与钒要形成金属间化合物，其次是碳，因为钒是强烈的碳化物形成元素。所以在焊缝金属中对钒、镍、碳的含量要有一定的限制。

目前，对钛与钢的熔焊主要有两种方法：第一种方法是熔焊前先以压焊（冷压焊、爆炸焊等）方法焊接好钛—钢复合材，再从复合钢材上切取一个合适的"过渡件"，然后进行钛—钛、钢—钢同种金属的熔焊。第二种方法是采用一种或几种金属的中间夹层，在焊接过程中，中间金属层或部分熔化或全部熔化进行焊接。借助于一段轧制过渡段（复合钢）来焊接TC1钛合金与$1Cr_{18}Ni_9Ti$不锈钢，可在过渡段中加入钒和铜两层中间夹层。然后从轧制的多层复合材料上切取所需尺寸的管件或板件等作为过渡，两边再焊上钛和不锈钢。因为电子束焊的溶深大、焊缝窄,所以用电子束焊接这种接头效果最好。

钛与碳钢、不锈钢也可以加钒中间层进行焊接。钢与钛搭接焊时焊接工艺方法如下:先在钢板上机械加工出一定形状的凹槽,然后焊上钒中间层,再用氩弧焊把钛板焊在钒中间层上,采用这种工艺方法焊接的接头有相当好的强度和塑性。自动氩弧焊接 $Cr_{15}Ni_5Al_2Ti$ 不锈钢与 TC1 钛也可采用加钨的钒合金作为中间金属。中间金属层的宽度为 10 mm,工作厚度为 1.5 mm。

2. 熔焊—钎焊

用电弧焊接钛与钢时,铁在焊缝中的含量将大大超过它在钛中的溶解度,因此焊缝很脆,而且会在焊缝中形成裂纹。钛与铬镍奥氏体不锈钢的直接熔焊更为复杂,焊缝中的钛会与铁、铬和镍形成复杂的金属间化合物,从而使焊缝变得更脆。为了避免在钛钚钢的焊缝中产生金属间化合物和获得塑性良好的焊接接头,必须避免熔化金属之间的相互搅拌。为此可以采取两种方法:第一种方法是采用熔焊—钎焊,使一种金属(熔点低的)熔化,在另一种金属(不熔化的)表面漫流,形成熔焊—钎焊接头。第二种是采用中间金属嵌入件,分段焊接。第一种方法效果不好。第二种方法很有前途。但是,中间金属与钛和钢都应当具有良好的焊接性,如果焊接结构是在浸蚀性介质中工作,必须考虑异种金属接头的耐腐蚀性。

3. 其他焊接方法

电阻焊和超声焊焊接钛和钢可以采用铝、银、镍、钒、铌、钼等中间夹层,但须恰当选择焊接规范,不能使钛和钢的表面出现熔化现象。电阻焊时采用铌作为中间夹层的效果最好,超声波焊用银作为中间夹层最好。用冷压焊或热挤压焊接 $1Cr_{18}Ni_9Ti$ 不锈钢与 TB1 钛合金可以获得与钛等强度的焊接接头。$1Cr_{18}Ni_9Ti$ 不锈钢与钛合金楔焊时,加铝或铜作中间夹层,不锈钢零件的端部加工成 15~20°的锥角,钛合金零件要加工成相应形状的凹穴,用氩气保护进行焊接。加入铝中间夹层时,零件要加热到 400~450℃,加入铜中间层时,零件加热到 750~850℃。加入厚度为 0.1~0.2 毫米铝和铜双层金属中间夹层进行楔焊时,因为扩大了接触面积,焊接接头的强度超过了钢零件的强度。

8.7 铝与铜的焊接

8.7.1 铝与铜的焊接性

由于铝比铜轻、价廉、且资源丰富,所以在制造导线和母线时,经常以铝代铜。铝与铝、铝与其他金属连接的障碍是由于铝表面上有一层坚固的氧化膜,这层氧化膜的电阻率很大,所以铝导线与铜导线的机械连接在工作中并不可靠,而且接触电阻很大。为此,常采用焊接连接以提高铝与铜接头的使用性能。

铝—铜焊接接头可用压焊、熔焊、钎焊等方法制造。目前主要是采用压焊。压焊时形成牢固接头所需要的压力大小取决于所有的焊接方法和接头形式,对接接头冷压焊所需压力为 (150~200)千克力/mm²。

用冷压焊工艺可以制成铝与铜双金属板。在冷轧时要产生 75% 的变形率。为了减小轧机功率。也可采用冷轧与热轧相结合的铝与铜双金属板材生产工艺。

连接管状或棒状的铝与铜接头时,可以应用摩擦焊、电阻对接焊和闪光对接焊。在安装现场条件下或由于零件结构特殊而无法应用压焊时,只能采用熔焊。由于铝的氧化膜很坚固,铝与铜的熔点相差很大,互溶性十分有限,所以用弧焊来焊接铝—铜接头是有一定困难的。

在评定铝与铜的焊接性时,首先应着眼于两种金属熔点的差别。焊接时,铝熔化了,而铜还处于固态。其次是铝和铜在弧焊过程中的强烈氧化,所以要采取特殊措施防止氧化膜的产生,并设法清除焊缝中的铜的铝的氧化物。许多试验证明,用氩气保护焊接,除能破坏被焊金属表面上的氧化膜和使铝润湿铜表面的同时,还能使铜坡口熔化。结果,焊缝是由大大过热的、含铜比率很高的铝所形成的。加铜铝的机械性能以及加铝铜的机械性能,都有明显地变化。从铝—铜状态图中可以看到,铜和铝在液态下具有无限相互溶解,在固态下具有有限相互溶解。在400℃下,铝在铜中的溶解度为9.4%,而铜在铝中的溶解度为1.5%。在548℃下,铝在铜中的溶解度为5.65%。在500℃以下,在铝—铜体系中,除了铝中固溶体区域(α相)和铜在铝中的固溶体区域(χ相)外,还有下述金属间化合物为基础的固溶体相:$AlCu_2$(γ_2相,含铝15.8%~20%)、Al_2Cu_3(δ相,含铝21%~22%)、$AlCu$(η_2相,含铝28.2%~29%)、Al_2Cu(θ相,含铝46%~46.7%)Al_2Cu(ξ相,含铝24.6%~25.3%)。

当铝中的含铜量约为67%时会形成由χ相和θ相组成的低熔共晶体($T=548$℃,经常把这种共晶体称为$Al—Al_2Cu$)。铝—铜合金中铜的含量在12%~13%以下,则具有最佳综合性能。为此,在熔焊选择工艺参数时,必须保证含铜量不超过这个百分比。应该主要由铝来组成焊缝,或者焊缝是铝基合金。如果采用铜基填充丝,就会引起过热,并增加铜在焊缝中所占的比例(可能达40%~60%),从而不能形成正常的焊缝,而且这样的焊缝具有很大的脆性。要使铝—铜形成牢固的焊接接头,就必须使液态的铝与固态的铜相互接触的时间十分短暂。

8.7.2 熔 焊

为提高铝—铜熔焊接头的强度,经过对形成铝—铜熔焊接头物理—化学过程的分析,可采取如下措施:① 对铜含量相当高的铝—铜接头进行机械强化;② 限制或完全消除铜向铝—铜接头的过渡;③ 在焊缝中添加合金元素和变质剂,活化接头的结晶过程。

含铜百分比相当高的铝—铜焊接接头虽然很脆,但导电性却很好。这种接头常在焊缝结晶过程中,由于收缩应力的作用而破损,也可能在使用过程中由于机械作用(弯曲、振动、拉伸等)而破损。

有一种机械强化接头的方案是把接头包在一个能够承受应力,而又把应力传递给焊缝整体的壳体内。壳体要具有相当的韧性和强度,可由塑料、环氧树脂或铝等材料制成。实验证明,用铝壳强化接头最理想。加热铝包壳的端部,使基体金属熔化或添加铝焊丝来形成端部焊缝。焊接方法可以用接触加热或氩弧焊。如果采用焊剂,能清除氧化膜,使焊接过程进行得比较顺利,焊剂可用$KCl—50\%$、$NaCl—30\%$、冰晶石20%的水溶液,用这种熔焊方法焊接异种导线的效果较好。

在铝与铜进行熔焊时加铝钎剂能获得很好的结果。为了保护堆焊焊缝的铜表面不受氧化,焊前可以在铜表面上镀一层金属。金属镀层的材料可选镉、锌、镍、银、钙,也可以采用复合镀层镍—锡、镍—锌等,其中以镀锌层(厚50~60 μm)的结果最好。

用钨极氩弧焊直接焊接铜和铝的组合接头会提高焊缝中的含铜量。焊接6 mm厚的铜和铝时,焊接电流为150A,焊接电压为15 V,焊接速度为6 m/h,铜的焊接坡口为45°及75°,L3铝填充丝的直径为2 mm。焊接中主要熔化铝侧金属,而电弧对铜侧金属的作用较小,这样焊出焊缝金属的含铜量达到30%,接头强度和塑性都很低;采用铝熔剂埋弧自动焊,焊接10 mm厚的铝和铜,焊接规范可选:焊接电流400～420A,焊接电压38～39 V,焊接速度21 m/h,送丝速度332 m/h,焊接材料L3,焊丝直径2.5 mm。

焊接接头的强度与金属镀层厚度和坡口形式是有关系的。镀锌层厚度60 μm,铜件坡口75°。效果最好的是,镀锌焊缝中的含铜量可以减少到1%,在铜坡口一侧的金属间化合物层的厚度减少3～5倍(不超过10～15 μm)。采用埋弧自动焊并在坡口中填充锌条,获得了较好地结果。这时焊缝中的含锌量可能达到30%,而含铜量不超过12%。用这种焊法焊出的接头,破坏多数发生在远离焊缝的铝件上;含有合金元素硅、锌、银、锡焊缝的机构强度最好。硅和锌对接头强度的影响是由于使析出的金属间化合物相发生变化和组织细化,过渡区的大小和组织改变,使金属间化合物层缩小了,或者全部为固溶体所取代,过渡区的显微硬度降低。

焊接工艺规范对铝—铜接头的性能和组织有决定性的影响,因为焊接电流、焊接速度、电弧偏离对接中心线以及其他因素,都会影响到基体的加热温度,液态和固态与铜相互作用的时间以及表面金属氧化的程度。铝—铜焊接时的线能量应比同种铝焊接的线能量大,但比同种铜焊接时的线能量要小。在制订铝—铜焊接规范时,可按下列关系式选取:

$$a=(0.5\sim0.6)\delta$$
$$b\geq(15\sim18)\delta$$

式中:a——电弧偏离值(电弧中点与对接中心之间的距离);

b——铜板宽度;

δ——被焊金属板的厚度。

早期曾研究过铝与铜的氩弧焊—钎焊工艺,其方法如下:先在铜零件坡口上用银钎料(银50%,铜15.5%,锌16.5%,镉18%)钎焊一层厚约1 mm的金属层,其熔点与铝接近。然后与铝合金进行氩弧焊。可以填加含硅10%的铝合金丝,焊接时尽量不要使电弧偏铜的一边,也不要直对钎料层。这种焊接方法对铝来说是氩弧焊,对铜来说却是钎焊。氩弧焊—钎焊方法由于工艺复杂,接头质量不稳定,故应用不广。

8.7.3 压 焊

铝与铜的熔焊质量不太理想,且工艺复杂,故加强了对铝—铜压焊的研究。

1. 冷压焊

铝—铜的冷压焊是在室温下,靠顶锻塑性变形(80%)实现连接,所以不会产生铝与铜的中间化合物。由于两种材料自身的固体表面局部流动变形,而使原子间达到有效的结合程度,最后成为一个整体。这种焊接方法的最大优点是接触导热和导电性能都很高。

当向两个工件的接触面上加压时:① 在压力作用下两金属产生塑性变形,接触面积随着压力的增加而变大,接触面上的两种金属向四周移动,不断造成新的纯金属间相互密接,同时两金属原子之间的距离逐渐接近,互相渗入,形成原子的混合连续过渡,直到与金属内部结合的程度相同为止;② 在压力作用下,由于塑性变形使金属的晶格发生了滑移与变形,从而产生局部高热,助长了两种金属中不均匀质点的相互渗入,推动原子互换与扩散。由此可知,被焊金属表面的氧化层、杂质、油污以及吸附表面上的气体都会妨碍两金属的结合,此外,两金属的不同硬度与不同的塑性变形能力也会影响焊接质量。

冷压焊的优点是:① 不需加热,大大节省能源,简化焊接设备;② 焊接区不存在熔化与强烈加热所造成的有害影响，即不产生脆性相，也不会有因低熔点共晶组织的出现造成热裂纹。缺点是：铜必须在临焊前退火，使之软化，以使其塑性接近铝；为了使对焊处纯化，需要多次加压，从而增加了工艺的复杂性。

2. 闪光对焊

我国早在1958年以前就已经利用闪光焊来解决铝和铜的焊接问题了。铝与铜闪光对焊时，要采用大电流烧化（比焊钢大一倍）；高送料速度（比焊钢大4倍）；高压快速顶锻（100～300 mm/s）；极短的有电顶锻时间（0.02～0.04 s）。这是目前我国焊接200 mm² 以上大截面铝—铜接头常用的一种方式。

闪光对焊是介于熔焊与电阻焊之间的一种焊接方式，焊接处的金属先缓缓靠拢，在很小压力下使铝铜两金属之间的凸凹出点互相接触，由于接触总面积很小，接触点的电流密度极大，使其在1/3 000～1/1 000 s的瞬间加热到沸腾，甚至气化，结果产生焊炸状的火花自接触点喷出，烧损的金属由送料机构送进预留长度来补偿。直到焊接整体端面的温度达到或超过铜与铝的熔点时，突然进行顶锻挤压，将端面上的脆性化合物与氧化物迅速挤出焊接面，同时使接口处金属产生很大的塑性变形，从而获得牢固的接头。为了保证对焊质量，必须严格控制焊接规范，因而须用具有专门作冲击顶锻气动装置的对焊机上进行焊接。全部焊接过程是自动进行的。

3. 贮能对焊

贮能对焊是电阻焊的一种特殊形式。它利用电容贮存的电能，瞬时向焊接变压器放电，使焊件在极短时间内通过极大电流而使接触面局部熔化，在顶锻力高速作用下挤出有害的熔化金属而完成焊接过程。这种焊接方式由于电容放电时间极短（最短的为0.0005～0.002 s），只有一般电阻焊的千分之一以下，瞬时电流值很大，能量集中并易于控制，因而十分适合于高电导率的铝—铜焊接。质量稳定，生产效率高，焊缝中脆性层的厚度不超过0.02 mm。它不仅大大节省电能，减少焊接变压器的容量与尺寸，同时还显著改善对供电网路的压力，提高功率因素和减少网路波动。

此外，贮能对焊的电流密度大，有利于瞬时加热和快速加压机构相配合将脆性化合物层挤出，是一种焊小截面铝—铜接头的比较理想的方法。这是因为小截面铝铜导结本身刚度较小，用冷压焊作多次挤压有一定困难（如定位、对中心、防止顶弯等），而贮能焊只要正确控制能量与顶锻力就可以确保焊件的质量。

4. 真空扩散焊

真空扩散焊接铝—铜接头，中间不加任何过渡层或钎料，焊接接头的内应力很小。在被焊金属之间可以形成牢固的接头，接头具有良好的导热性能与导电性能。扩散焊规范为：焊接温度500～520℃，压强1 kgf/mm²（9.806 65 N/mm²），焊接时间10 min，真空度1×10^{-5} Torr（133.322 4 Pa）。

5. 液相过渡焊接

材料在加速器中进行中子轰击试验时，用于盛托材料的靶匣有时要求用超薄复合金属制成，铝箔和铜箔是常用的一种复合金属的组合。这种材料很薄（厚度只有0.02 mm），可以用液相过渡法进行焊接。焊接工艺如下：焊前用丙酮除油后再进行超声波清洗。焊接温度最好略高于铝—铜的共晶温度（548℃），通常采用555～560℃。焊接压强约为0.1 kg/mm²（0.980 665 N/mm²），在焊接温度中保温1 h。焊接真空度1.33×10^{-2} Pa。

6. 摩擦焊

摩擦焊过程由摩擦加热、顶锻和持压三个阶段组成,加热时要控制焊接面的温度及其均匀性。加热温度必须严格控制在铝—铜共晶温度(548℃)以下,一般以460~480℃为宜,这时既可防止形成脆性化合物,又能获得较大的顶锻塑性变形。

铝—铜摩擦焊在焊前应对铝、铜进行退火,退火规范见表8-8,焊接面必须挫平,锉光后的表面不得玷污表面,焊接规范见表8-9。

表8-8 铝、铜退火规范

材料牌号	加热温度/℃	保温时间/min	冷却要求	退火硬度/HB
T0、T1	600~620	45~60	水冷	≤50
L0、L1	400~450	45~60	水冷或空冷	≤26

表8-9 铝与铜摩擦焊规范参数

焊件直径/mm	6	8	10	12	14	16	18	20	22	24	26	30	36	40
主轴转速/(r·min^{-1})	1030	840	540	450	385	320	300	270	245	225	208	180	170	160
摩擦压力/(kg·mm^{-2})	14	15	17	18	19	20	22	24	25	27	28	30	33	35
摩擦时间/s	4	4	4	4	4	4	4	4	4	4	4	4	4	4
顶锻压强/(kg·mm^{-2})	60	50	45	40	40	40	40	40	40	40	40	40	40	40
持压时间/s	2	2	2	2	2	2	2	2	2	2	2	2	2	2
铜出模量/mm	10	10	13	13	20	20	20	20	20	24	24	24	26	28
铝出模量/mm	1	1	2	2	2	2	2	2	2	2	2	2	2	2
库轴给进速度/(mm·s^{-1})	1.4	1.4	2.1	2.1	3.2	3.2	3.2	3.2	3.2	3.7	3.7	3.7	3.7	3.7
焊前预压力/吨力	0.2~0.3	0.2~0.3	0.4~0.5	0.5~0.6	0.7~0.8	0.9~1.0	1.1~1.2	1.3~1.4	1.5~1.6	1.7~1.8	1.9~2.0	2.1~2.2	2.3~2.4	2.5~2.6

思考与练习题

1. 什么是异种金属的焊接性?
2. 影响异种金属焊接性的因素有哪些?说出具体影响。
3. 异种珠光体钢焊接时选择焊接材料需要注意哪些问题?
4. 钢与铝及铝合金一般采用什么样的焊接方法?
5. 简述钢与铜及铜合金的焊接容易出现的问题。
6. 碳钢与铝的气焊需要注意哪些问题?
7. 铜与钢在什么情况下采用钎焊?有何优点?

第 9 章 焊接结构的破坏

9.1 焊接结构概述

20世纪20年代之前,大型金属结构,例如船舶、桥梁、储罐等都采用铆接结构。虽然也发生过破坏事故,但是为数不多,损失也不大。20世纪30年代以后,随着焊接结构的大量制造,焊接结构得到广泛的应用,结构破坏特别是脆性事故的频繁发生,迫使人们开始对焊接结构的破坏问题进行广泛的研究。

9.1.1 焊接结构的特点

焊接结构与铸造结构和铆接结构相比,有自己的优缺点。

1. 焊接结构的优点

① 采用焊接结构可以减轻结构的重量,提高产品的质量,特别是大型毛坯件的重量(相对铸造毛坯)。例如起重机采用焊接结构,其重量往往可以减轻15%~20%,建筑钢结构一般可减轻10%~20%。

② 与铆接相比,焊接结构有很好的气密性和水密性,这是贮罐、压力容器、船壳等结构必备的性能。

③ 与铸件相比,焊接结构的工序简单、生产周期短,且节省材料。

④ 焊接结构多用轧材制造,它的过载能力、承受冲击载荷能力较强(和铸造结构相比);对于复杂的连接,用焊接接头来实现要比用铆接简单得多。

⑤ 焊接结构可以在同一个零件上,根据不同要求采用不同的材料或分段制造来简化工艺。

2. 焊接结构存在的问题

① 焊接结构中存在焊接残余应力和变形,残余应力和变形不但可能引起工艺缺陷,而且在一定条件下将影响结构的承载能力。

② 焊接结构有较大的性能不均匀性,它的不均匀性远远超过铸件和焊件,对结构的力学性能特别是断裂行为必须予以一定的重视。

③ 焊接结构是一个整体,刚度大,在焊接结构中易产生裂纹等缺陷,且裂纹一旦扩展不易制止。

④ 科学技术的进步使无损检测手段获得了重大发展,但到目前为止,能百分之百检出焊缝缺陷的检测手段仍然缺乏。

9.1.2 焊接结构的分类

按焊接结构工作的特征,并参照其设计和制造工艺,结构的分类如下。

1. 梁、柱和桁架结构

焊接梁是由钢板或型钢焊接成形的实腹受弯构件,主要承受横向弯曲载荷的作用。在钢结构中,梁是最主要的一种构件形式,是组成各种建筑钢结构的基础,同时又是机器结构中的重要组成部分。焊接柱是由钢板或型钢经焊接成形的受压构件,并将其所受到的载荷传递至基础的构件,如塔架、网架结构中的压杆及厂房和高层建筑的框架柱。由多种杆件被节点联成承担梁或柱的载荷,而各杆都是主要工作在拉伸或压缩载荷下的结构称为桁架,如输变电钢塔、电视塔等。

2. 壳体结构

它包括各种焊接容器,立式和卧式贮罐(圆筒形)、球形容器、各种工业锅炉、电站锅炉的汽包、各种压力容器,以及冶金设备(高炉炉壳、除尘器、洗涤塔等)、水泥窑炉壳、水轮发电机的蜗壳等。这类结构要求焊缝致密,应按国家标准规定设计和制造。

3. 薄板结构

它包括汽车结构(轿车车体、载货车的驾驶室等)、铁路敞车、客车车体、船体结构、集装箱、各种机器外罩及控制箱等。这类结构多属于受力较小或不受载荷作用的壳体。

4. 复合结构及机械零部件

主要包括机床大件(床身、立柱、横梁等)、压力机机身、减速器箱体及大型机器零件等。常见的有铸、压—焊结构、铸—焊结构和锻—焊结构等。这类结构通常是在交变载荷作用下工作的,因此,对于这类焊接结构应要求具有良好的动载性能和刚度,保证机械加工后的尺寸精度和使用稳定性等。

9.2 焊接结构的脆性断裂

9.2.1 金属断裂的分类

根据金属断裂过程的一些现象,以及断后断口的宏观和微观形貌特征,可从不同角度进行分类。

按断裂前塑性变形量大小,分成脆性断裂和塑性断裂(又称延性断裂)两大类。但对于判断金属发生多大程度上的塑性变形属于塑性变形,小于何种程度的塑性变形量属于脆性断裂,仍需根据具体情况而定。

按断裂面的取向分析,分为正断和切断。正断是指断裂的宏观表面垂直于最大正应力方向,切断是指断裂的宏观表面平行于最大切应力方向。

按断裂的位置分为晶间断裂和穿晶断裂。

按断裂机制分为解理断裂和剪切断裂。其中剪切断裂又分为纯剪切断裂或空穴聚积断裂。

其他类型的断裂一般都是脆性断裂和韧性断裂的不同表现形式。例如解理断裂和晶界断裂和大部分正断都因无明显塑性变形而归为脆性断裂,而切断、纯剪切断裂及大部分空穴聚积型断裂基本上属于塑性断裂。

9.2.2 脆性断裂的危害

1. 脆断事故事例

(1) 焊接船舶的脆性断裂

1943年1月16日,Schenectady号T—2型油船在码头发生断裂,沿甲板扩展,几乎使这条船完全断开。破坏是突然发生的,当时海面平静,天气温和,其计算的甲板应力只有 $7.0 \ kg/mm^2$。1943年4月美国海军部建立了一个研究焊接钢制商船设计和建造方法的委员会,于1946年公布:在第二次世界大战期间,美国制造的4694艘船舶中,970艘船上经历了约为1300起大小不同的结构破坏事故,其中甲板和底板完全断裂的约为25艘。其中很多都是发生在风平浪静的情况下。

(2) 焊接桥梁的脆断

第二次世界大战前,在Albert运河上建了约50座威廉德式桥,桥梁为全焊结构。1938年3月,在比利时的阿尔拜特运河上跨度为74.52 m的哈塞尔桥在使用14个月后,在载荷不大的情况下,断成三段掉入河中,1941年1月,另两座桥又发生局部脆断事故。1951年1月加拿大魁北克的杜柏莱斯桥突然倒掉入河中,这些桥梁的破坏都是在温度较低的情况下发生的。

(3) 圆筒形贮罐和球形贮罐的破坏事故

1944年10月20日,美国俄亥俄州煤气公司液化天然气贮存基地,该基地装有台内径17.4 m的球形贮罐,一台直径为21.3 m、高为12.8 m的圆筒形贮罐。事故是由圆筒形贮罐开始的,首先在其 $1/3 \sim 1/2$ 的高度处喷出气体和液体,接着听见雷鸣般的响声,顷刻化为火焰,然后贮罐爆炸,酿成大火,20 min后,一台球罐因底脚过热而倒塌爆炸,使灾情进一步扩大。这次事故造成133人死亡,损失达680万美元;另一起事故发生在1971年西班牙马德里,一台5 000 m^3 球形煤气贮罐,在水压试验时三处开裂而破坏,死伤15人。

2. 脆性断裂的危害

脆断一般都在应力不高于结构的设计许用应力和没有显著的塑性变形的情况下发生,并瞬时扩展到结构整体,具有突然破坏的性质,不易事先发现和预防,因此往往造成人员伤亡和财产的巨大损失。这些不幸事件,引起了科学技术人员对金属结构脆性破坏的注意,推动了对脆性破坏机理的研究,采用许多试验方法研究各种有关因素的影响,取得了不少成果,使脆断事故大为减少。但由于引起焊接结构脆断的原因是多方面的,它涉及材料选用、构造设计、制造质量和运行条件等,因此,防止焊接结构脆断是一个系统工程,光靠个别试验或计算方法是不能确保安全使用的。

随着国防工业、石油化学工业、机械工业、炼钢工业、电力工业和交通运输业的发展,焊接结构在我国已经得到广泛应用,也曾发生多起脆断事故,因此焊接结构的脆性断裂问题仍是一个应该予以十分重视的问题。

9.2.3 焊接结构脆断的特征

通过大量焊接结构脆断事故分析发现有如下一些现象和特点:

① 断裂一般都在没有显著塑性变形的情况下发生,具有突然破坏的性质。破坏一经发生,瞬时就能扩展到结构大部分或全体,因此脆断不易发现和预防。

② 多数脆断是在环境温度或介质温度降低时发生的,故也称为低温脆断。

③ 脆断的名义应力较低,通常低于材料的屈服点,往往还低于设计应力,故又称为低应力脆性破坏。

④ 破坏总是从焊接缺陷处或几何形状突变、应力和应变集中处开始的。

⑤ 破坏时没有或极少有宏观塑性变形产生,一般都有断裂碎片散落在事故周围。断口是脆性的平断口,宏观外貌呈人字纹和晶粒状,根据人字纹的尖端可以找到裂纹源。微观上多为晶界断裂和解理断裂。

⑥ 脆断时,裂纹传播速度极高,一般是声速的 1/3 左右,在钢中可达 1 200～1 800 m/s。当裂纹扩展进入更低的应力区或材料的高韧性区时,裂纹就停止扩展。

9.2.4 焊接结构脆断的原因

对各种焊接结构脆断事故分析和研究,发现焊接结构发生脆断是材料(包括母材和焊材)、结构设计和制造工艺3方面因素综合作用的结果。就材料而言,主要是在工作温度下韧性不足;就结构设计而言,主要是造成极为不利的应力状态,限制了材料塑性的发挥;就制造工艺而言,除了因焊接工艺缺陷造成严重应力集中外,还因为焊接热的作用改变了材质(如热影响区的脆化)和焊接残余应力与变形等。

1. 影响金属材料脆断的主要因素

研究表明,同一种金属材料由于受到外界因素的影响,其断裂的性质会发生改变,其中最主要的因素是温度、加载速度和应力状态,而且这三者往往是共同起作用。

(1) 温度的影响

温度对材料断裂性质影响很大,图 9-1 为热轧低碳钢的温度—拉伸性能关系曲线。从图中可看出,随着温度降低,材料的屈服应力 σ_s 和断裂应力 σ_b 增加。而反映材料塑性的断面收缩率 ψ 却随温度降低而降低,约在 -200 ℃时为零。这时对应的屈服应力与断裂应力接近相等,说明材料断裂的性质已从延性转化为脆性。图中屈服应力 σ_s 与断裂应力 σ_b 交汇处所对应的温度或温度区间,被称为材料从延性向脆性转变的温度,又称临界温度。其他钢材也有类似规律,只是脆性转变温度的高低不同,因此可以用来衡量材料抗脆性断裂的指标。脆性转变温度受试验条件影响,如带缺口试样的转变温度高于光滑试样的转变温度。

温度不仅对材料的拉伸性能有影响,也对材料的冲击韧度、断裂韧度发生类似的影响。

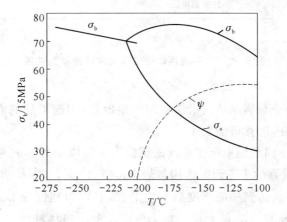

图 9-1 0.2%C 钢的温度与拉伸性能关系

(2) 加载速度的影响

实验证明,钢的屈服点 σ_s 随着加载速度提高而提高,如图 9-2 所示。说明了钢材的塑性变形抗力随加载速度提高而加强,促进了材料脆性断裂。提高加载速度的作用相当于降低温度。

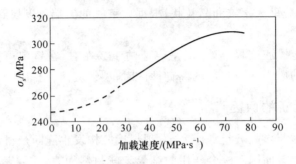

图 9-2 加载速度对 σ_s 的影响

应当指出,在同样的加载速度下,当结构中有缺口时,应变速率可呈现出加倍的不利影响,因为此时有应力集中的影响,应变速率比无缺口高得多,从而大大降低了材料的局部塑性,这就说明了为什么结构钢一旦开始脆性断裂,就很容易产生扩展现象。当缺口根部小范围发生断裂时,则在新裂纹前端的材料立即突然受到高应力和高应变载荷,也就是一旦缺口根部开裂,就有高的应变速率,而不管其原始加载条件是动载的还是静载的,此时随着裂纹加速扩展,应变速率更急剧增加,致使结构最后破坏。韧—脆转变温度与应变速率的关系,如图 9-3 所示,随着厚度和应变速率的增加,转变温度向高温转移。

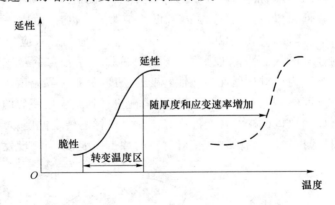

图 9-3 韧—脆性转变温度与应变速率的关系

(3) 应力状态的影响

塑性变形主要是由于金属晶体内沿滑移面发生滑移,引起滑移的力学因素是切应力。因此,金属内有切应力存在,滑移可能发生。

物体受外载时,在不同截面上产生不同的正应力 σ 和切应力 τ,在主平面上作用有最大正应力 σ_{max},另一个与之垂直的主平面上作用着最小正应力 σ_{min},与主平面成 $45°$ 角的平面上作用着最大切应力 τ_{max},当 τ_{max} 达到屈服强度后产生滑移,表现为塑性变形。若 τ_{max} 先达到材料的切断抗力,则发生延性断裂。若最大拉正应力 σ_{max} 首先达到材料的正断抗力,则发生脆性断裂。因此,发生断裂的性质,既与材料的正断抗力和切断抗力有关,又与 τ_{max}/σ_{max} 的值有关。

后者描述了材料的应力状态,显然比值增大塑断可能性大,反之,脆断可能性大。τ_{max}/σ_{max}的值与加载方式和材料的形状尺寸有关,杆件单轴拉伸时,$\tau_{max}/\sigma_{max}=2/1$;圆棒纯扭转时,$\tau_{max}/\sigma_{max}=1$,前者发生脆断的可能性大于后者。厚板结构易出现三向拉应力状态,若$\sigma_1=\sigma_2=\sigma_3$则$\tau_{max}/\sigma_{max}=0$,这时塑性变形受到拘束,必然发生脆断。实验证明,许多材料处于单轴或双轴拉伸压力下,呈现塑性,当处于三轴拉伸应力下时,因不易发生塑性变形,所以呈现脆性。裂纹尖端或结构上其他应力集中点和焊接残余应力容易出现三向应力状态。

(4) 材料状态的影响

上述3个因素均属引起材料脆断的外因。材料本身的性质则是引起脆断的内因。

① 厚度的影响　厚度增大,发生脆断的可能性增大。一方面原因已如前所述,厚板在缺口处容易形成三向拉应力,沿厚度方向的收缩和变形受到较大的限制而形成平面应变状态,约束了塑性的发挥,使材料变脆。曾经把厚度为 45 mm 的钢板,通过加工制成板厚为 10 mm,20 mm,30 mm,40 mm 的试件,研究其不同板厚所造成的不同应力状态对脆性破坏的影响。发现在预制 40 mm 长的裂纹和施加应力等于 1/2 屈服点的条件下,当厚度小于 30 mm 时,发生脆断的脆性转变温度随板厚增加而直线上升;而当板厚超过 30 mm 时,脆性转变温度增加得较为缓慢。另一方面是因为厚板相对于薄板受轧制次数少,终轧温度高,组织较疏松,内外层均匀性差,抗脆断能力较低。不像薄板轧制的压延量大,终轧温度低,组织细密而均匀,具有较高抗断能力。板在缺口处容易形成 z 轴拉应力,因此容易使材料变脆。

② 晶粒度的影响　对于低碳钢和低合金钢来说,晶粒度对钢的脆性转变温度影响很大,晶粒度越细,转变温度越低,越不易发生脆断。铸铁晶粒较粗大,所以呈现脆性断裂。

③ 化学成分的影响　碳素结构钢,随着碳含量增加,其强度也随之提高,而塑性和韧性却下降,即脆断倾向增大。其他如 N,O,H,S,P 等元素会增大钢材的脆性,而适量加入 Ni,Cr,V,Mn 等元素则有助减小钢的脆性。

必须指出,金属材料韧性不足发生脆断既有内因,又有外因,内因通过外因起作用。但是上述3个外因的作用往往不是单独的,而是共同作用相互促进。同一材料光滑试样拉伸要达到纯脆性断裂,其温度一般都很低,如果是带缺口试样,则发生脆性断裂的温度将大大提高。缺口越尖锐,提高脆断温度的幅度就越大,说明不利的应力状态提高了脆性转变温度。如果厚板再加上带有尖锐的缺口(如裂纹的尖端),在常温下也会产生脆性断裂。提高加载速度(如冲击)也同样会使材料的脆性转变温度大幅度提高。

2. 影响结构脆断的设计因素

焊接结构是根据焊接工艺特点和使用要求而设计的。在设计上,有些不利因素是这类结构固有特点造成的,因此比其他结构更易于引起脆断。有些则是设计不合理而引起脆断,这些因素如下。

(1) 焊接连接是刚性连接

焊接接头通过焊缝把两母材熔合成连续的、不可拆卸的整体,连接的构件不易产生相对位移。在焊接结构中,由于在设计时没有考虑这个因素,因此往往引起较大的附加应力,结构一旦开裂,裂纹很容易从一个构件穿越焊缝传播到另一构件,继而扩展到结构整体,造成整体断裂。另外,由于焊接结构比铆接结构刚性大,因此焊接结构对应力集中因素特别敏感。铆钉连接和螺栓连接不是刚性连接,接头处两母材是搭接,金属之间不连续,靠搭接面的摩擦传递载荷。遇到偶然冲击时,搭接面有相对位移的可能,起到吸收能量和缓冲的作用。万一有一构件开裂,裂纹扩展到接头处因不能跨越而自动停止,不会导致整体结构的断裂。

(2) 焊接结构的整体性

焊接结构的整体性强,如果设计不当或制造不良,焊接结构的整体性将给裂纹的扩展创造十分有利的条件。当采用焊接结构时,一旦有不稳定的脆性裂纹出现,就有可能穿越接头扩展至结构整体,而使结构全部破坏。但是对于铆接结构,当出现不稳定脆性裂纹并扩展到接头处时有可能自动停止,因而避免了更大的灾难出现。因此,在某些大型焊接结构上,有时仍保留少量的铆接接头或在关键部位采用优质钢的异种材料接头,原因就在于此。

(3) 构造设计上存在有不同程度的应力集中因素

焊接接头中的搭接接头、T字(或十字)接头和角接头,本身就是结构上的不连续部位。连接这些接头的角焊缝,在焊趾和焊根处便是应力集中点。对接接头是最理想的接头形式,但也随着余高的增加,使焊趾的应力集中趋于严重。

(4) 结构细部设计不合理

焊接结构设计,重视选材和总体结构的强度和刚度计算是必须的,但构造设计不合理,尤其是细部设计考虑不周,也会导致脆断的发生。因为焊接结构的脆断总是从焊接缺陷处或几何形状突变、应力和应变集中处开始的。

3. 影响结构脆断的工艺因素

在焊接结构的生产制造过程中,由于金属材料要经受冷(热)加工、焊接热循环、焊后热处理及装配等工艺流程的影响,不可避免地要产生应变时效和焊接残余应力与变形。所有的这些过程都会对焊接接头的性能带来影响,使焊接接头成为最薄弱的环节,因此易从接头部位引发脆性裂纹。因此,必须对焊接接头部位予以充分关注,一般来说,焊接过程对焊接接头的影响如下。

(1) 应变时效引起的局部脆性

钢材经过冷加工后,产生一定的塑性变形,例如在焊接结构生产过程中的剪切、冷作矫形及弯曲,随后又经过 150~450 ℃ 温度范围的加热就会引起应变时效。焊接时金属受到热循环的作用,特别是在热影响区的某些刻槽尖端附近或多层焊道的已焊完焊道中的缺陷附近,产生较大的应力—应变集中,从而引起较大的塑性变形。这种塑性变形在焊接热循环的作用下,也会引起应变时效,通常称为热应变脆化。其结果使接头局部脆化,同时热应变脆化大大降低了材料塑性,提高了材料的脆性转变温度,使材料的缺口韧性和断裂韧性值下降。

焊后热处理(550~560 ℃)可以消除热应变时效对低碳钢及某些合金结构钢的影响,恢复其韧性。因此,对时效应变敏感的一些钢材,焊后热处理不但能消除焊接残余应力,而且能改变局部脆性,这对防止结构脆断是很有利的。

(2) 金相组织改变对脆性的影响

焊接过程的快速加热和冷却,使焊缝的本身和热影响区发生了一系列金相组织的变化,使接头各部位的缺口韧性不同。热影响区是焊接接头的薄弱环节之一,有些钢材的试验表明,它的脆性转变温度可比母材提高 50~100 ℃。

热影响区的金相组织主要取决于钢材的原始金相组织、材料的化学成分、焊接方法和焊接线能量。对于一定的钢材和焊接方法来说,热影响区的组织主要取决于焊接参数,即焊接线能量,因此合理地选择线能量十分重要,特别是对高强度钢更是如此。实践证明,过小的焊接线能量会引起淬硬组织并容易产生裂纹;过大的线能量又会造成晶粒粗大和脆化,降低材料的韧性。

日本德山球形容器,材料采用抗拉强度为 800 MPa 级的高强度钢,板厚 30 mm。焊后经检查合格,进行水压试验时发生破坏。事故分析结果表明破坏的直接原因是焊接时采用了不适当的线能量所致。

(3) 焊接缺陷的影响

焊接接头中,焊缝和热影响区容易产生各种缺陷。据美国对船舶脆断事故的调查表明,大约 40% 的脆断事故是从焊缝缺陷处开始的。

焊接缺陷对结构脆断的影响与缺陷产生的应力集中程度和缺陷附近材料的性能有关。以缺陷对脆断的影响而言,可将焊接缺陷分为平面缺陷和非平面缺陷两大类。

① 平面缺陷——如裂纹、分层和未焊透等,平面缺陷对断裂的影响最大。

② 非平面缺陷——如气孔、夹杂等,它们对断裂的影响程度一般低于平面缺陷。

在所有缺陷中,裂纹是最危险的。在外载作用下,裂纹前沿附近会产生少量塑性变形,同时尖端有一定量的张开位移,使裂纹缓慢发展;当外载增加到某一临界值时,裂纹即以高速扩展,此时裂纹如位于高值拉应力区,则往往引起整个结构的脆性断裂。

除去裂纹以外,其他焊接缺陷如咬边、未焊透、焊缝外表成形不良等,都会产生应力集中并可能引起脆性破坏,所以若在结构的应力集中区(如压力容器的接管处)产生焊接缺陷就更加危险,因此最好将焊缝布置在应力集中区以外。

(4) 角变形和错边的影响

在焊接接头中,角变形和错边都会引起附加弯曲应力,这对结构脆性破坏有影响,尤其是对塑性较低的高强度钢,影响更大。在角变形比较大的接头中,如承受拉应力,则由于作用力的轴线不通过重心,而产生附加弯矩,如图 9-4 所示。在拉力和弯矩共同作用下,可造成接头低应力破坏。如果再考虑焊接的余高在熔合线处的应力集中,则情况更为严重。因为在韧性较低的熔合线处,同时承受了角变形和余高所造成的应力集中,因此,角变形越大,破坏应力越低。对接接头错边的影响,类似于搭接接头,由于载荷与重心不同轴,而造成附加弯曲内力(见图 9-5),因此要注意对错边量的控制。

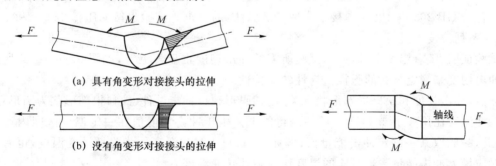

图 9-4 角变形产生的附加弯矩 　　图 9-5 接头错边造成附加弯矩

(5) 残余应力和塑性变形的影响

试验表明,当试验温度在材料的脆性转变温度以上时,焊接残余应力对脆断强度无不利影响;试验温度在材料的脆性转变温度以下时,如果焊接残余应力为拉伸应力,则有不利影响;拉伸残余应力将和工作应力叠加共同起作用。在外加载荷很低时,发生低应力破坏,即脆性破坏。

由于拉伸残余应力具有局部性质,一般它只限于在焊缝附近部位,离开焊缝区其值迅速减小,因此在焊缝附近的峰值残余应力有助于断裂的发生。裂纹离开焊缝一定距离后,残余应力影响急剧减小,当工作应力较低时,裂纹可能中止扩展。当工作应力较大时,裂纹将一直扩展至结构破坏。

工程中常采用振动时效消除焊接残余应力。

9.2.5 脆性断裂的评定方法

结构的抗脆性破坏性能是不能用光滑试件的试验来反映的,而只有具有缺口试件的试验才能反映材料和结构抗脆性破坏的能力。焊接结构的抗脆性破坏性能,按裂纹的产生、扩展和终止过程可以分为抗开裂性能和止裂性能。前者说明结构在工作条件下,即使有裂纹存在也具有抵抗开裂的能力,后者是说明结构对正在扩展的裂纹具有阻止其继续扩展的能力。这两种性能都可以通过一定的试验手段和评判准则进行评价。常用的脆性断裂评定方法分为两类:一类是转变温度法,另一类是断裂力学方法。

1. 转变温度法

由于许多材料的缺口韧性和温度的关系密切,因此常用转变温度作为标准来评定钢材的脆性—韧性行为,即把由某种方法测出的某种转变温度与结构的使用温度联系起来,这种方法称为转变温度法。转变温度法的基础是建立在试验和使用经验上,不论在实验室里,还是在实际工程中都积累了丰富的数据,而且试验方法比较简单,因此得到了广泛的应用。但由于脆性转变温度强烈地依赖于试样类型和判定准则,因此,即使同一材料在不同试验中的脆性转变温度相差也很大,且其物理含义也不相同。国内外应用较多的评定韧性和抗脆断性能的转变温度试验方法有以下3种。

(1) 冲击试验法

这种方法是在不同温度下对一系列试件进行试验找出其脆性、韧性与温度之间的关系,目前常用的有却贝(Charpy)V形缺口冲击试验与梅氏锁眼形缺口冲击试验两种方法。试样的制备、对母材的试验,应符合GB/T 229—1994《金属却贝缺口冲击试验方法》的要求;对焊接接头应符合GB 2650—1981《焊接接头冲击试验法》的要求。试验也按GB/T 229—1994的规定,在一系列温度下进行。

试验证明,随着温度上升,冲击试验所需的冲击韧度也显著上升,如图9-6所示,所以可以用冲击韧度来测定材料的脆性—韧性转变特性。

显然,冲击韧度和缺口根部形状有关,用锁眼形缺口冲击试件(缺口根部形状为圆形孔)测得的转变温度比用V形缺口冲击试件测得的低。由于冲击韧度值在一定温度区间内逐渐变化,因此,一般取某一固定冲击能量值,例如20 J,41 J时的温度作为脆性转变温度,也有的标准取对应最大冲击能量一半对应的温度作为脆性转变温度。

此外,也可以通过断口形貌(纤维状区域与结晶状区域相对面积)所对应的温度来确定脆性转变温度,随着温度降低,纤维状区域面积减小,结晶区域增加,根据这种相对面积的变化来确定脆性转变温度。通常取结晶区域面积占总面积的百分率(如50%)的温度作为脆性转变温度。

却贝冲击试验法不宜用于低韧性高强度材料抗脆断性能评定,因为这种材料的脆性转变温度极难确定。但却贝冲击试验是历史悠久的标准化试验,已积累了大量可供参考的数据,加

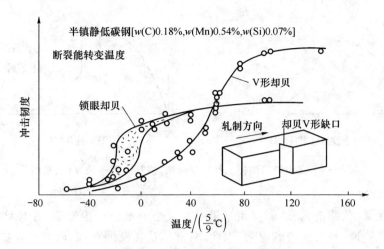

图 9-6 冲击韧度和温度的关系

之试验简单,耗材少,试验设备普及,目前仍不失为一种评定材料低温韧性的重要方法。

(2) 落锤试验法

它属于止裂性能试验。用标准试样在一系列温度下进行动载简支弯曲,测定材料无塑性转变温度 DNT。我国已颁布了《碳素钢的无塑性转变温度落锤试验方法》(GB/T 6803—1986)标准。试样制备和试验方法严格按标准进行。

落锤试验以简支梁的形式加载,如图 9-7 所示。试验先在标准试件(通常选用 25 mm×90 mm×360 mm)受拉伸的表面中心平行长边方向堆焊一段长约 64 mm、宽约 13 mm 的脆性焊道,然后在焊道中央垂直焊缝锯开一个人工缺口,把试件缺口朝下放在砧座上,砧座两支点中部有限制试件在加载时产生挠度的止挠块,在不同温度下用锤头(是一

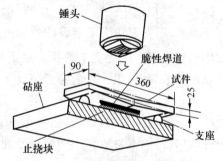

图 9-7 落锤试验示意图

个具有半径为 25 mm 圆柱面的钢制重锤)冲击。试验按照标准选择锤头重量、支座的跨距与试验的终止挠度。试件断裂的最高温度为无延性转变 NDT。

落锤试验的最大优点是试验条件比较符合焊接结构的实际情况。由于落锤试验的试样制备简单,操作方便,结果重现性好,又模拟了焊接结构实际存在焊接缺陷、热影响和残余应力等因素,因此被广泛应用。

(3) 静载试验

试验在万能试验机上进行。试样类似缺口冲击试样,加载方向同冲击试验相似,只是将冲击加载变成缓慢加载。试件放在冷却槽中,试验机记录了载荷—挠度图,如图 9-8 所示。若曲线形状为图 9-8(a)所示的类型,表明起源于缺口附近的断裂发生后,材料的抗裂纹扩展能力良好。若曲线形状如图 9-8(b)所示的那种类型,出现载荷的陡降段,则表明发生裂纹的脆性扩展。造船业中以曲线的陡降段未超过最大载荷的 1/3 为合格。

中国曾将这种方法用于低温钢脆断的评定。

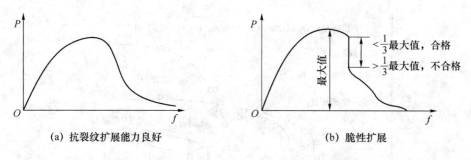

图 9-8 在小缺口试样上静弯试验所得载荷(P)—挠度(f)曲线

2. 断裂力学法

由于构件在加工、制造、安装和使用过程中不可避免地会产生缺陷,并且许多缺陷应用现代技术尚不能准确地、经济地检验出来,因此,只有承认裂纹的存在,研究裂纹扩展的条件和规律才能更有效地防止脆断事故。断裂力学就是从构件中存在宏观裂纹这一点出发,利用线弹性力学和弹塑性力学的分析方法,对构件中的裂纹问题进行理论分析和试验研究的一门学科。与转变温度法相比,断裂力学法最大优点是不仅能较全面地评定材料和构件的抗断裂性能,而且把这个性能与裂纹尺寸和载荷(或应力)之间建立了定量关系,并且应用于结构的设计与计算。

断裂力学提出了一些新的力学指标,如断裂韧度 K_{IC}、临界裂纹张开位移 δ_C 和延性断裂韧度 J_{IC} 等,用它们作为安全设计的依据。例如,K 因子即应力强度因子,它是反映线弹性体裂纹尖端应力场强度的力学参量。对于拉伸加载的应力强度因子 $K_I = Y\sigma\sqrt{\pi a}$(其中,$Y$ 为裂纹修正系数,如无限大板的穿透裂纹 $Y=1$,内部圆裂纹 $Y=4/\pi^2$ 等),它反映了应力强度因子 K_I 与应力 σ 和裂纹半长 a 的关系。当裂纹开始进入临界状态,即开始不稳定的扩展时,此时的应力强度因子就应该用其临界值 K_{IC} 来表示。临界值的应力强度因子 K_{IC} 是工程材料的一种新的特性,通常称作平面应变断裂韧度,每一种工程材料断裂韧度的具体数值可通过试验方法来测定。

在断裂力学中,K_I 是由外载和裂纹几何形状所决定的,而 K_{IC} 也是材料的特性,当 K_I 值达到 K_{IC} 值时,材料断裂。显然材料断裂的条件是 $K_I = K_{IC}$。应当指出,断裂韧度不是一个材料的绝对常数,它随一些因素如温度、加载速度等而变化。

应力强度因子是建立在线弹性断裂力学的基础上的,对于解决高强度钢和超高强度钢的断裂问题是很有成效的。而对于中低强度钢,由于裂纹尖端总是存在着或大或小的塑性区,当小范围屈服时,经过修正,线弹性断裂力学的分析方法和结论尚可应用;但当大范围屈服时,由于试件的尺寸较大,难于加工和试验,线弹性断裂力学的分析方法和结论就不适用了。对于中低强度钢将以弹塑性断裂力学为基础,以临界裂纹张开位移 COD(δ_C) 值和 J_{IC} 积分的临界值 J_{IC}(延性断裂韧度)作为断裂判据。

9.2.6 防止焊接结构脆性破坏的措施

材料在工作条件下韧性不足、结构上存在严重应力集中(包括设计上和工艺上)和过大的拉应力(包括工作应力、残余应力和温度应力)是造成结构脆性破坏的主要因素。若能有效地解决其中一方面因素所存在的问题,则发生脆断的可能性将显著降低。通常是从选材、设计和制造 3 方面采取措施来防止结构的脆性破坏。

1. 正确选用材料

选择材料的基本原则是既要保证结构的安全性,又要考虑经济性。一般所选钢材和焊接填充金属材料应保证在使用温度下具有合格的缺口韧性。其具体含义如下。

1)在结构工作条件下,焊缝、热影响区及熔合线等部位应有足够的抗开裂性能,母材应具有一定的止裂性能。

2)随着钢材强度级别的提高,其断裂韧性和工艺性都有不同程度的下降,因此,选材时,钢材的强度和韧度要兼顾,不能片面追求强度指标。通常是从缺口韧性和断裂韧度两方面进行材料选定。

① 按缺口韧性试验选择材料。

冲击试验简单易行,且已积累较多的经验,故仍然是目前广泛采用的选用、验收和评定材料韧性的试验方法。由于冲击韧度(A_K 或 a_k)不能与包括设计应力在内的计算结合起来,因此只能间接地凭经验和了解去估计它们对构件强度及安全可靠性的影响。所以,对某一用途的钢材,在什么温度下、用什么冲击试样以及冲击值应达到多少才符合设计要求,各个国家和部门都有不同标准和规定。

② 按断裂韧度来选择材料。

断裂韧度 K_{IC}、δ_C 和 J_{IC} 等是评定材料抗断裂性能的指标,同样也可作为选择材料的依据。但是当选择某一用途的结构材料时,必须综合考虑强度和韧度两方面的要求。常用金属材料普遍存在着屈服强度与断裂韧度成反比的关系。K_{IC}/σ_s 的值称抗裂比,抗裂比大的材料(即韧性好而强度低的材料)容易因强度不够而失效,这属于传统强度条件解决的问题。抗裂比小的材料(即高强度材料),则容易因断裂韧度不足而引起低应力的脆性断裂,而使强度未得到充分发挥。所以,选材最理想的情况是同时满足传统的强度条件和断裂力学断裂准则,这样确定材料的屈服极限可达到最优的强度水平。

由于温度对材料的断裂韧度有显著影响,因此,所选材料其工作温度也应高于断裂韧度的试验温度。

2. 合理的结构设计

设计有脆断倾向的焊接结构,应注意以下几个原则。

1)全面了解焊接结构的工作条件,对于焊接结构,应当详细了解其工作环境下的最低气温和气温变化情况,以供设计参考之用。

2)减少结构或焊接接头部位的应力集中。

① 应尽量采用应力集中系数小的对接接头,避免采用搭接接头。若有可能把 T 形接头或角接头改成对接接头,如图 9-9 所示。

② 尽量避免断面有突变。当不同厚度的构件对接时,应尽可能采用圆滑过渡,如图 9-10所示。同样,宽度不同的板拼接时,也应平缓过渡,避免出现尖角,如图 9-11 所示。

③ 避免焊缝密集,焊缝之间应保持一定的距离,如图 9-12 所示。

④ 焊缝应布置在便于施焊和检验的部位,以减少焊接缺陷。

3)在满足使用要求的前提下,尽量减小结构的刚度。刚度过大会引起对应力集中的敏感性和大的拘束应力。

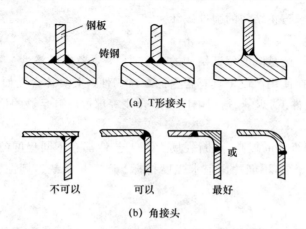

图 9-9 T形接头和角接头的设计方案

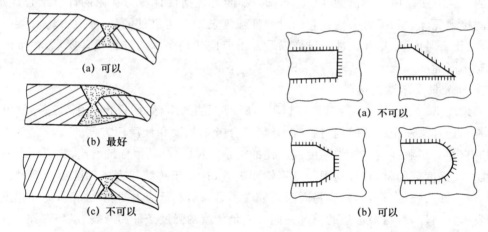

图 9-10 不同板厚的接头设计方案

图 9-11 尖角过渡和平滑过渡的接头

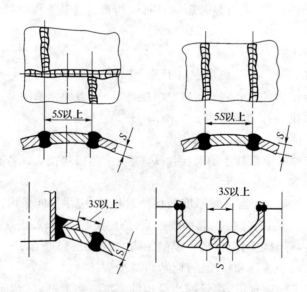

图 9-12 焊接容器中焊缝之间的最小距离

4) 不采用过厚的截面,厚截面结构容易形成三向拉应力状态,约束塑性变形,而降低断裂韧性并提高脆性转变温度,增加了脆断危险。此外,厚板的冶金质量也不如薄板。

5) 对附件或不受力的焊缝设计给予足够重视。应和主要承力构件或焊缝一样对待,精心设计,因为脆性裂纹一旦从这些不受重视部位产生,就会扩展到主要受力的构件中,使结构破坏。

3. 焊接结构的制造

有脆断倾向的焊接结构制造应注意以下几点:

① 对结构上任何焊缝都应看成是"工作焊缝",焊缝内外质量同样重要。在选择焊接材料和制定工艺参数方面应同等看待。

② 在保证焊透的前提下减少焊接线能量,或选择线能量小的焊接方法,因为焊缝金属和热影响区过热会降低冲击韧度,尤其是焊接高强度钢时更应注意。

③ 充分考虑应变时效引起局部脆性的不利影响,尤其是结构上受拉边缘,要注意加工硬化,一般采用气割或刨边机加工边缘。若焊后进行热处理则不受此限制。

④ 减小或消除焊接残余内应力。焊后热处理可消除焊接残余应力,同时也能消除冷作引起的应变时效和焊接引起的动应变时效的不利影响。

⑤ 严格生产管理,加强工艺纪律,不能随意在构件上打火引弧,因为任何弧坑都是微裂纹源;减少造成应力集中的几何不连续性,如错边、角变形、焊接接头内外缺陷(如裂纹及类裂纹缺陷)等。凡超标缺陷需返修,焊补工作须在热处理之前进行。

为防止重要焊接结构发生脆性破坏,除采取上述措施外,在制造过程中还要加强质量检查,采用多种无损检测手段,及时发现焊接缺陷。在使用过程中也应不间断地进行监控,如用声发射技术监测。发生不安全因素及时处理,能修复的须及时修复。在役的结构修复要十分慎重,有可能因修复引起新的问题。

9.3 焊接结构的疲劳断裂

9.3.1 疲劳破坏的基本特征和类型

金属材料、零件和构件在循环应力或循环应变作用下,经过较长时间而形成裂纹或发生断裂的现象称疲劳断裂。疲劳断裂是金属结构失效的一种主要形式。大量统计资料表明,由于疲劳而失效的金属结构,约占失效结构的90%。疲劳断裂和脆性断裂从性质到形式都不一样。两者比较,断裂时的变形都很小,但疲劳需要多次加载,而脆性断裂一般不需要多次加载;结构脆断是瞬时完成的,而疲劳裂纹的扩展则是缓慢的,有时需要长达数年时间。此外,脆断受温度的影响特别显著,随着温度的降低,脆断的危险性迅速增加,但疲劳强度却受温度的影响比较小。

1. 疲劳破坏的基本特征

从许多疲劳破坏现象中观察与研究,发现有以下共同特征。

(1) 疲劳断裂都经历裂纹萌生、稳定扩展和失稳扩展3个阶段

对于焊接结构,裂纹多起源于应力集中处,如焊趾、弧坑、火口、咬边、单面焊根未焊透、角变形或错边等。少数起源于接头内部较大的焊接缺陷,如气孔、夹渣、未熔合等。首先,从裂纹

源处形成微裂纹,随后逐渐稳定地扩展。当裂纹扩展到某一临界尺寸后,构件剩余断面不足以承受外载时,裂纹扩展失稳而发生突然断裂。

(2) 疲劳裂纹宏观断口呈脆性,无明显塑性变形

在断口上可观察到裂纹源、光滑或贝壳状的疲劳裂纹扩展区和粗糙的瞬时断裂区,如图 9-13 所示。它们与断裂 3 阶段一一对应。

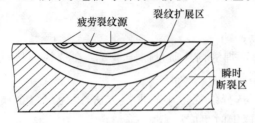

图 9-13 沿焊趾出现多个裂纹源的疲劳断口

(3) 疲劳破坏具有突发性和灾难性

疲劳裂纹的萌生和稳定扩展不易发现,失稳扩展(断裂)则是突然发生的,没有预兆,难以预防。

2. 疲劳破坏的基本类型

导致疲劳破坏的交变应力或应变主要是由变动载荷、温度变化、振动、超载试验、开停工、检修、周期性接触等引起的。而疲劳的寿命则与交变应力或应变的变化幅度、频率和循环次数,应力集中,残余应力,缺陷的性质、尺寸大小和方位,环境温度和介质,材料特性等因素有关。根据结构不同的工况条件疲劳可分为以下几种基本类型。

(1) 高周疲劳

它是指低应力、高循环周次的疲劳。其破坏应力常低于材料的屈服点,应力循环周次在 10^5 以上,交变应力幅 σ_a 是决定高周疲劳寿命的主要因素,是最常见的一种疲劳破坏类型。例如,飞机燃气涡轮发动机在使用过程中,由于高周疲劳所导致的风扇、涡轮及压气机的过早故障,在某些情况下导致发动机和飞机的损失。

(2) 低周疲劳

它是指高应力、低循环周次的疲劳。其工作应力接近或高于材料的屈服点,应力循环周次在 $10^4 \sim 10^5$ 以下,加载频率在 0.2~0.5 Hz 之间。每一次循环中材料均产生一定量的塑性应变,而且该交变的塑性应变在这种疲劳中起着主要作用,故又称塑性疲劳或应变疲劳。压力容器、炮筒、飞机起落架等高应力水平的零件,常发生这种疲劳。例如,锅炉及压力容器的每一次升压—降压便产生了一次塑性变形循环,在使用期间这种反复塑性变形循环的积累,就可能造成其低周疲劳破坏。

(3) 热疲劳

工作过程中,受反复加热和冷却的元件,在反复加热和冷却的交变温度下,元件内部产生较大的热应力,由于热应力反复作用而产生的破坏称为热疲劳。如涡轮机的转子、热轧轧辊和热锻模等常产生这种疲劳。热疲劳破坏是塑性变形损伤积累的结果,具有与低周疲劳相似的应变—寿命规律,可看成是温度周期变化下的低周疲劳。例如,某电厂水冷壁下的集箱(15钢)在长期运行中受热不均匀,经受较大的交变热应力,致使集箱产生热疲劳破坏。

(4) 腐蚀疲劳

它是在交变载荷和腐蚀介质(如酸、碱、海水和活性气体等)共同作用下产生的疲劳破坏。如船用螺旋桨、涡轮机叶片、蒸汽管道和海洋金属结构等常产生这种疲劳。

(5) 接触疲劳

它是机件的接触表面在接触应力反复作用下出现麻点剥落或表面压碎剥落,从而造成机件失效的破坏。

9.3.2 疲劳极限的表示法

用以表征材料或零件疲劳抗力的指标中,最常用的有疲劳寿命和疲劳极限两种。

1. 疲劳寿命

假设材料没有初始裂纹,经过一定的应力循环后,由于疲劳损伤的积累而形成裂纹。裂纹在应力循环下继续扩展,直至发生全截面脆性断裂。裂纹形成前的应力循环次数,称疲劳的无裂纹寿命,裂纹形成后直到疲劳断裂的应力循环次数称疲劳的裂纹扩展寿命。材料的总疲劳寿命为两者之和。常用疲劳曲线来表示应力与疲劳寿命之间的关系。

① S-N 曲线。根据标准疲劳试验结果,以应力 σ 为纵坐标,以达到疲劳破坏的应力循环次数 N 为横坐标,绘出一组试样在某一循环特征下的应力—寿命(σ-N)曲线,称疲劳曲线,又称 S-N 曲线。根据取坐标的不同,有 σ-N,σ-$1/N$,σ-$\lg N$,$\lg \sigma$-$\lg N$ 曲线,其中应用广泛的是半对数坐标的 σ-$\lg N$ 曲线。图 9-14 为 20 号钢对称循环疲劳曲线。

② p-S-N 曲线。以应力 σ 为纵坐标,以一定存活率的疲劳寿命 N 为横坐标,所绘出的一组存活率—应力—寿命曲线,称 p-S-N 曲线,如图 9-15 所示。在进行疲劳设计时,可根据所需的存活率,利用与其相应的 S-N 曲线进行设计。p-S-N 曲线代表了更全面的应力—寿命关系,比 S-N 曲线有更广泛的用途。

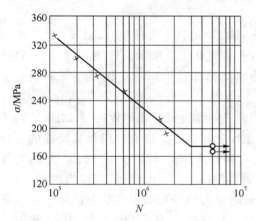

图 9-14　20 钢的疲劳曲线图

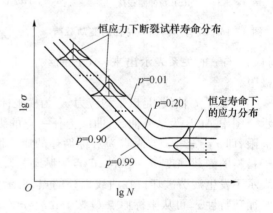

图 9-15　p-S-N 曲线示意图

2. 疲劳极限

按国家标准 GB/T 4337—1984 用一组试样进行疲劳试验,试样受"无数次"应力循环而不发生疲劳破坏的最大应力值,称为材料的疲劳极限,也称无限寿命疲劳强度。

1) 应力循环特性。

疲劳强度的数值与应力循环特性有关。应力循环特性主要用以下参量表示:

$\sigma_{\max}$——应力循环内的最大应力;

$\sigma_{\min}$——应力循环内的最小应力;

$\sigma_{\mathrm{m}} = (\sigma_{\max} + \sigma_{\min})/2$——平均应力;

$\sigma_{\mathrm{a}} = (\sigma_{\max} - \sigma_{\min})/2$——应力振幅;

$r = \sigma_{\min}/\sigma_{\max}$,$r$ 的变化范围在 $-1 \sim 1$ 之间。

2) 疲劳强度的常用表示方法。

几种具有特殊循环特性的变动载荷如图9-16所示。

对称交变载荷，$\sigma_{min}=-\sigma_{max}$而$r=-1$，如图9-16(a)所示，其疲劳强度用$\sigma_{-1}$表示。

脉动载荷，$\sigma_{min}=0$而$r=0$，如图9-16(b)所示，其疲劳强度用σ_0表示。

拉伸变载荷，σ_{min}和σ_{max}均为拉应力，但大小不等，r在0~1之间。其疲劳强度用σ_r表示。

为了表示疲劳强度和循环特性之间的关系，应当绘出疲劳图。在各种循环特征下对材料进行疲劳试验，可测得一系列疲劳极限σ_r，选取一定坐标绘出的曲线图，即为疲劳图，又称材料的疲劳极限曲线。由于曲线上各点的疲劳寿命相等，故又称等寿命曲线。从疲劳图中可以得出各种循环特性下的疲劳强度。利用这种图很容易根据应力的循环特征r确定出材料的疲劳极限，或进行疲劳强度设计。下面是常用的两种疲劳图的形式。

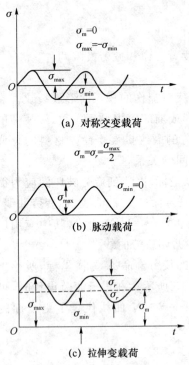

图9-16 具有不同循环特性的变动载荷

① $\sigma_{max}-r$曲线，是以r为横坐标，以σ_{max}为纵坐标绘出的疲劳图，如图9-17所示。该图直观明了，直接将σ_{max}与r的关系表示出来，ACB曲线上任一点的纵坐标即该点所对应循环特征r的疲劳极限。

② $\sigma_m-\sigma_a$曲线，是以平均应力σ_m为横坐标，应力幅σ_a为纵坐标作出的疲劳图，如图9-18所示。图中ACB为试验曲线，曲线上任一点的纵、横坐标之和就等于该点相应循环特征的疲劳极限，即$\sigma_r=\sigma_m+\sigma_a$。$A$点为对称循环的疲劳极限($\sigma_{-1}$)；$B$点为$\sigma_m$接近于零的疲劳极限，它等于材料的静载强度($\sigma_{+1}=\sigma_b$)；$C$点为脉动循环的疲劳极限($\sigma_0$)。在曲线$ACB$以内的任意点，表示不发生疲劳破坏。在曲线以外的点，表示经一定的应力循环数后发生疲劳破坏。若已知某循环特性r，可从坐标原点O按$\tan\alpha=\sigma_a/\sigma_m=(1-r)/(1+r)$，作倾角为$\alpha$的射线，交$ACB$线于$E$点，该点纵、横坐标之和即为该循环特征下的疲劳极限。

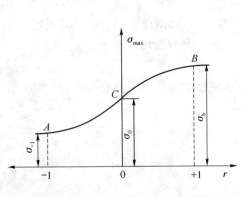

图9-17 用σ_{max}和r表示疲劳图

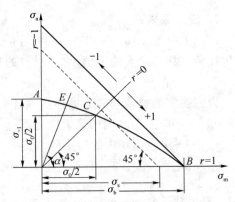

图9-18 用σ_m和σ_a表示的疲劳图

9.3.3 影响焊接结构疲劳强度的因素

母材是焊接接头的组成部分,凡是对母材疲劳强度有影响的因素,如应力集中、表面状态、截面尺寸、加载情况及介质等,都对焊接结构的疲劳强度有影响。除此之外,焊接结构自身的一些特点,如接头性能的不均匀性、焊接残余应力和焊接缺陷等,也都对焊接结构疲劳强度有影响。

1. 应力集中和表面状态

结构上几何不连续的部位都会产生不同程度的应力集中。焊接接头本身就是个几何不连续体,不同的接头形式和不同的焊缝形状,就有不同程度的应力集中,总体来说,T形和十字形接头由于在焊缝向基本金属过渡处有明显的截面变化,其应力集中系数要比对接接头的应力集中系数高,因此,T形和十字形接头的疲劳强度远低于对接接头。

图9-19为低、中强度结构钢焊接接头脉动疲劳强度与缺口效应的关系。图中横坐标表示自左向右的构件其缺口效应增大,说明缺口越尖锐,应力集中越严重,疲劳强度降低也越大。不同材料或同一材料因组织和强度不同,缺口的敏感性(或缺口效应)是不相同的。高强度钢比低强度钢对缺口敏感,即具有同样的缺口时,高强度钢的疲劳强度比低强度钢降低很多。焊接接头中,承载焊缝的缺口效应比非承载焊缝强烈,而承载焊缝中又以垂直焊缝轴线方向的载荷对缺口最敏感。

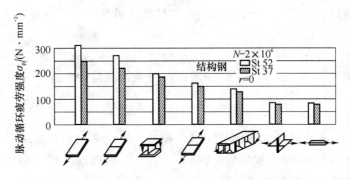

图9-19 低强结构钢和中强结构钢焊接接头脉冲疲劳强度

图9-20为低碳钢搭接接头疲劳试验结果比较。图9-20(a)中只有侧面焊缝的搭接接头,其疲劳强度只达母材的34%;焊脚为1:1的正面焊缝的搭接接头[见图9-20(b)],其疲劳强度比只有侧面焊缝的接头略高一些,但仍然很低。增加正面焊缝焊脚比例,如1:2[见图9-20(c)],则应力集中获得改善,疲劳强度有所提高,但效果不大。如果在焊缝向母材过渡区进行表面机械加工[见图9-20(d)],也不能显著地提高接头的疲劳强度。只有当盖板的厚度比按强度条件所要求的增加一倍,焊脚比例为1:3.8并经机械加工使焊缝向母材平滑地过渡[见图9-20(e)]时,才可提高到与母材一样的疲劳强度。这样的接头成本太高,不宜采用。

图9-20(f)是在对接接头上加盖板,这种接头极不合理,使原来疲劳强度较高的对接接头被大大地削弱了。

表面状态粗糙相当于存在很多微缺口,这些缺口的应力集中导致疲劳强度下降。表面越粗糙,疲劳极限降低就越严重。材料的强度水平越高,表面状态的影响也越大。焊缝表面波纹

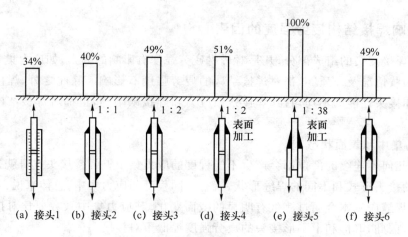

图 9-20 低碳钢搭接接头的疲劳极限对比

过于粗糙,对接头的疲劳强度是不利的。

2. 焊接残余应力

焊接结构的残余应力对疲劳强度是有影响的。焊接残余应力的存在,改变了平均应力 σ_m 的大小,而应力振幅 σ_a 却没有改变。在拉伸残余应力区使平均应力增大,其工作应力有可能达到或超出疲劳极限而破坏,故对疲劳强度有不利影响。反之,残余压应力对提高疲劳强度是有利的。对于塑性材料,当循环特征 $r>1$ 时,材料是先屈服然后才疲劳破坏,这时残余应力已不发生影响。

由于焊接残余应力在结构上是拉应力与压应力同时存在,如果能调整到残余压应力位于材料表面或应力集中区,则是十分有利;如果在材料表面或应力集中区存在的是残余拉应力,则极为不利,应设法消除。

3. 焊接缺陷

焊接缺陷对疲劳强度影响的大小与缺陷的种类、尺寸、方向和位置有关。片状缺陷(如裂纹、未熔合、未焊透)比带圆角的缺陷(如气孔等)影响大;表面缺陷比内部缺陷影响大;与作用力方向垂直的片状缺陷的影响比其他方向的大;位于残余拉应力场内的缺陷,其影响比在残余压应力场内的大;同样的缺陷,位于应力集中场内(如焊趾裂纹和根部裂纹)的影响比在均匀应力场中的影响大。

4. 热影响区金属性能变化的影响

低碳钢焊接接头热影响区的研究结果表明,在常用的热输入下焊接,热影响区和基本金属的疲劳强度相当接近。只有在非常高的热输入下焊接(在生产实际小很少采用),才能使热影响区对应力集中的敏感性下降,其疲劳强度可比基本金属高得多。因此低碳钢热影响区金属力学性能的变化对接头的疲劳强度影响较小。低合金钢焊接接头在热循环作用下,热影响区的力学性能变化比低碳钢大,但试验结果表明,化学成分、金相组织和力学性能的不一致性,在有应力集中或无应力集中时,都对疲劳强度的影响不大。

9.3.4 提高焊接结构疲劳强度的措施

应力集中是降低焊接接头和结构疲劳强度的主要原因,只有当焊接接头和结构的构造合理,焊接工艺完善,焊接金属质量良好时,才能保证焊接接头和结构具有较高的疲劳强度。提高焊接接头和结构的疲劳强度,一般可以采取如下措施。

1. 降低应力集中

疲劳裂纹源于焊接接头和结构上的应力集中点,消除或降低应力集中的一切手段,都可提高结构的疲劳强度。

① 采用合理的结构形式,减少应力集中,以提高疲劳强度。尽量避免偏心受载的设计,使构件内力的传递流畅、分布均匀,不引起附加应力。减小断面突变,当板厚或板宽相差悬殊而需对接时,应设计平缓的过渡区;结构上的尖角或拐角处应作成圆弧状,其曲率半径越大越好。避免三向焊缝空间交汇;焊缝尽量不设置在应力集中区,尽量不在主要受拉构件上设置横向焊缝;不可避免时,一定要保证该焊缝的内外质量,减小焊趾处的应力集中。

② 尽量采用应力集中系数小的焊接接头,优先选用对接接头,尽量不用搭接接头,重要结构最好把T形接头或角接头改成对接接头,让焊缝避开拐角部位;必须采用T形接头或角接头时,希望采用全熔透的对接焊缝。

③ 只能单面施焊的对接焊缝,在重要结构上不允许在背面放置永久性垫板;避免采用断续焊缝,因为每段焊缝的始末端有较高的应力集中。

④ 采用表面机械加工的方法,消除焊缝及其附近的各种刻槽,可以降低构件中的应力集中程度,提高接头疲劳强度,但成本较高。

⑤ 采用电弧整形的方法来代替机械加工,使焊缝与母材之间平滑过渡。用钨极氩弧焊在焊接接头的过渡区重熔一次,使焊缝与母材之间平滑过渡,同时减少该部位的微小非金属夹杂物,因而可使接头部位的疲劳强度提高。

⑥ 正确的焊缝形状和良好的焊缝内外质量,对接接头焊缝的余高应尽可能小,焊后最好能刨(或磨)平而不留余高;T形接头最好采用带凹度表面的角焊缝,不用有凸度的角焊缝;焊缝与母材表面交界处的焊趾应平滑过渡,必要时对焊趾进行磨削或氩弧重熔,以降低该处的应力集中。

任何焊接缺陷都有不同程度的应力集中,尤其是片状焊接缺陷如裂纹、未焊透、未熔合和咬边等对疲劳强度影响最大,因此,在结构设计上要保证每条焊缝易于施焊,以减少焊接缺陷,同时发现超标缺陷必须清除。

2. 调整残余应力场

(1) 进行焊后消除应力热处理

消除接头应力集中处的应力可以提高接头的疲劳强度,但是用焊后消除应力的退火方法不一定都能提高构件的疲劳强度。一般情况下,在循环应力较小或应力循环系数较低、应力集中较高时,利用焊后整体或局部消除应力的热处理将取得较好的效果。

(2) 调整残余压应力

残余压应力可提高疲劳强度,而拉应力降低疲劳强度,因此,若能调整构件表面或应力集中处存在的残余压应力,就能提高疲劳强度。例如,通过调整施焊顺序、局部加热等都有可能获得有利于提高疲劳强度的残余应力场。如图9-21所示为工字梁对接,对接焊缝1受弯曲应力最大且与之垂直。若在接头两端预留一段角焊缝3不焊,

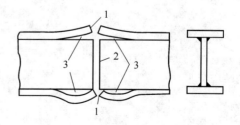

图9-21 工字梁对接焊接顺序

先焊焊缝1，再焊腹板对接缝2，焊缝2的收缩使焊缝1产生残余压应力，最后焊预留的角焊缝3，它的收缩使缝1与缝2都产生残余压应力。试验表明，这种焊接顺序比先焊焊缝2后焊焊缝1疲劳强度提高30％。

此外，还可以采取表面形变强化，如滚压、锤击或喷丸等工艺使金属表面塑性变形而硬化，并在表层产生残余压应力，以达到提高疲劳强度的目的。对有缺口的构件，采取一次性预超载拉伸，可以使缺口顶端得到残余压应力，也可提高疲劳强度。

3. 改善材料的组织和性能

提高母材金属和焊缝金属的疲劳抗力还应从材料内在质量考虑，应提高材料的冶金质量，减少钢中夹杂物。重要构件可采用真空熔炼、真空除气，甚至电渣重熔等冶炼工艺的材料，以保证纯度；在室温下细化晶粒钢可提高高周和低周疲劳寿命；通过热处理可以获得最佳的组织状态，应当在提高（或保证）强度的同时，也能提高其塑性和韧性。回火马氏体、低碳马氏体（一般都有自回火效应）和下贝氏体等组织都具有较高抗疲劳能力。

强度、塑性和韧性应合理配合。强度是材料抵抗断裂的能力，但高强度材料对缺口敏感。塑性的主要作用是通过塑性变形，可吸收变形功，削减应力峰值，使高应力重新分布。同时，也使缺口和裂纹尖端得以钝化，裂纹的扩展得到缓和甚至停止。塑性能保证强度作用充分发挥。所以对于高强度钢和超高强度钢，设法提高一点塑性和韧性，将显著改善其抗疲劳能力。

介质往往对材料的疲劳强度有影响，因此，采用一定的保护涂层是有利的。例如在应力集中处涂上加填料的塑料层，这是一种比较实用的改进方法。

思考与练习题

1. 焊接结构脆断的特征是什么？
2. 影响焊接结构脆性断裂的设计因素有哪些？
3. 防止焊接结构脆性断裂的措施有哪些？
4. 什么是疲劳破坏？影响焊接结构疲劳强度的因素有哪些？
5. 提高焊接结构疲劳强度的措施有哪些？

第 10 章　焊接质量检验

　　焊接质量检验是建立在现代科学技术基础上的一门应用型技术学科,它涉及了物理科学中的光学、电磁学、声学、原子物理学以及计算机、数据通信等学科,在冶金、机械、石油、化工、航空航天各个领域有广泛的应用。

　　随着锅炉、压力容器、化工机械、海洋构造物、航空航天器等大型焊接结构的发展,焊接质量检验也愈发重要,焊接质量检验是保证焊接产品质量优良、防止废品出厂的重要措施。通过检验可以发现制造过程中发生的质量问题,找出原因,消除缺陷,使新产品或新工艺得到应用,质量得到保证;在正常生产中,通过完善的质量检验制度,可以及时消除生产过程中的缺陷,防止类似的缺陷重复出现,减少返修次数,节约工时、材料,提高产品使用寿命,从而降低成本;此外,由于焊接检验技术的发展,也促进了焊接结构得到了更为广泛的应用。

　　可以说,焊接质量检验在保证焊接产品质量和工程质量上发挥着愈来愈重要的作用,是焊接生产必不可少的重要工序,其"质量卫士"的美誉已得到工业界的普遍认同。

10.1　焊接质量检验的分类及检验过程

10.1.1　焊接质量检验的分类

　　焊接质量的检验方法分为破坏性检验、非破坏性检验和声发射 3 类。破坏性检验主要包括焊缝的化学成分分析、金相组织分析和力学性能试验,主要用于科研和新产品试生产;非破坏性检验的方法很多,由于不对产品产生损害,因此在焊接质量检验中占有很重要的地位。声发射检测具有其他检验方法所不具备的动态无损检测的特点,是利用材料在应力或外力作用下产生变形或断裂时所出现的声发射信号,确定其中缺陷的产生、运动和发展情况。具体分类如下。

1. 破坏检验

① 力学性能试验:拉伸(室温、高温)试验、弯曲试验、硬度试验、冲击试验、断裂韧性试验、疲劳试验及其他试验。

② 化学分析试验:化学成分分析试验、腐蚀试验、含氢量测定试验。

③ 金相检验:宏观组织检验、微观组织检验、断口分析(成分和形貌)检验。

④ 其他:如焊接性试验、事故分析等。

2. 非破坏性检验

(1) 外观检查

(2) 无损检验

① 表面检查:磁粉探伤(MT);渗透探伤(PT),包括:着色和荧光检验。

② 内部检查:超声探伤(UT);射线探伤(RT),包括,X 射线、γ 射线和高能射线探伤。

③ 接头的强度试验:水压试验、气压试验。

④ 致密性检验：气密性试验、氨渗漏试验等。
3. 声发射检测

10.1.2 焊接质量检验过程

把焊接检验工作扩展到整个焊接生产和产品使用过程中去，才能更充分、更有效地发挥各种检验方法的积极作用，达到预防和及时防止由缺陷所造成的废品和事故的目的。

焊接的检验过程，基本上由焊前检验、焊接过程检验、焊后检验、安装调试质量检验和产品服役质量检验等5个环节组成，其中前3个过程是构件生产过程中的焊接检验过程。

1. 焊前检验

焊前检验是指焊件投产前应进行的检验工作，是焊接检验的第一阶段，其目的是预先防止和减少焊接时产生缺陷的可能性。包括的项目有以下几方面。

① 检验焊接基本金属、焊丝、焊条的型号和材质是否符合设计或规定的要求。
② 检验其他焊接材料，如埋弧自动焊剂的牌号、气体保护焊保护气体的纯度和配比等是否符合工艺规程的要求。
③ 焊接工艺措施进行检验，以保证焊接能顺利进行。
④ 检验焊接坡口的加工质量和焊接接头的装配质量是否符合图样要求。
⑤ 检验焊接设备及其辅助工具是否完好，接线和管道连接是否合乎要求。
⑥ 检验焊接材料是否按照工艺要求进行去锈、烘干、预热等。
⑦ 对焊工操作技术水平进行鉴定。
⑧ 检验焊接产品图样和焊接工艺规程等技术文件是否齐备。

2. 焊接过程检验

焊接过程中的检验是焊接检验的第二阶段，由焊工在操作过程中进行，其目的是为了防止由于操作原因或其他特殊因素的影响而产生的焊接缺陷，便于及时发现问题并加以解决，包括以下几方面：

① 检验在焊接过程中焊接设备的运行情况是否正常。
② 对焊接工艺规程和规范规定的执行情况进行检验。
③ 检验焊接夹具在焊接过程中的夹紧情况是否牢固。
④ 检验操作过程中可能出现的未焊透、夹渣、气孔、烧穿等焊接缺陷等。
⑤ 焊接接头质量的中间检验，如厚壁焊件的中间检验等。

焊前检验和焊接过程中检验，是防止产生缺陷、避免返修的重要环节。尽管多数焊接缺陷可以通过返修来消除，但返修要消耗材料、能源、工时，增加产品成本。通常返修要求采取更严格的工艺措施，造成工作的麻烦，而返修处可能产生更为复杂的应力状态，成为新的影响结构安全运行的隐患。

3. 焊后检验

虽然在前两个阶段都进行了检验，但由于制造过程中的外在因素的影响，焊件仍可能出现缺陷，因此，必须进行焊后检验，需按产品的设计要求逐项检验。包括的项目主要有：检验焊缝尺寸、外观及探伤情况是否合格；产品的外观尺寸是否符合设计要求；变形是否控制在允许范围内；产品是否在规定的时间内进行了热处理等。成品检验方法有破坏性和非破坏性两大类，有多种方法和手段，具体采用哪种方法，主要根据产品标准、有关技术条件和用户的要求来确定。

4. 安装调试质量检验

包括两个方面:其一,现场组装的焊接质量的检验;其二,对产品制造时的焊接质量进行现场复查。

5. 产品服役质量的检验

主要包括产品运行期间的质量监控、产品检修质量的复查、服役产品质量的现场处理和焊接结构破坏事故的现场调查分析等 4 个方面。

10.2 非破坏性检验

非破坏性检验又称无损检验,是指在不损坏被检验材料或成品的性能、完整性的条件下进行检测缺陷的方法,包括外观检验、强度检验、致密性检验和无损探伤检验。

10.2.1 外观检验

外观检验是用肉眼借助样板、焊接检验尺或用低倍(约 10 倍)放大镜及量具观察焊件,检查焊缝的外形尺寸是否符合要求以及有无焊缝外气孔、咬边、满溢以及焊接裂纹等表面缺陷的方法,所以也称为目视检查。它是一种非常简便而应用很广泛的检验方法,是产品检验的一个重要内容。如用焊缝万能量规(焊口检测器)可以测量焊件焊前的坡口角度、根部间隙、错边以及焊后对接焊缝的余高、宽度和角焊缝的高度、厚度等,用样板来测量标准对接、角接焊缝的外观尺寸等。外观检验在检查前,应将焊缝附近 10~20 mm 焊件上的飞溅和污物清理干净,在检查过程中应特别注意焊缝有无偏离,表面有无裂纹、气孔等缺陷。

通过外观检查还可估计焊缝内部可能存在的缺陷,如焊缝表面出现咬边和焊瘤,则内部可能会有未焊透或未熔合;焊缝表面多孔,则内部可能存在密集气孔、疏松或夹渣。

10.2.2 强度检验

强度试验是利用对产品进行超载试验来判断接头强度及受压元件是否合格,包括水压试验和气压试验。

1. 水压试验

水压试验应在除最终热处理之外的所有生产工序完成后进行。其目的是检查容器焊缝的致密性以及接头与受压元件的强度。试验前堵好所有的接管开孔,并擦净容器。试验时用干净的淡水灌满整个容器,然后用高压水泵将压力缓慢升至试验压力(一般为工作压力的 1.25~1.5 倍)。在此压力下至少保持 30 min。再将压力降至试验压力的 80%,并持续足够长的时间,以便对所有焊缝和连接部位进行检查。可沿焊缝边缘 15~20 mm 处用 0.4~0.5 kg 重的圆头小锤敲击,焊缝表面不渗漏即为合格。如果渗漏,则应作标记,以便清除焊缝中的缺陷。修补后应重新进行水压试验。

2. 气压试验

气压试验比水压试验迅速灵敏,且试验后不必排水,对排水困难的产品尤为适合。但气压试验要比水压试验的危险性大,由于气体易被压缩,试验时容器内将积蓄大量能量而可能引起爆炸,故必须加强防护措施。

气压试验时一般采用干燥而清洁的空气。将压力缓慢升至试验压力的 10%后,持续 5 min,

进行初次泄漏检查。如有泄漏,修补后重新试压。初检合格后,再继续缓慢升压至规定试验压力的50%,随后按10%试验压力的级差逐级升压全最高试验压力,持续10分钟后降至工作压力,进行泄漏检查。如发现泄漏,应立即卸压、修补。确认修补合格后,重新做气压试验。

10.2.3 致密性检验

致密性检验的目的是为了检查焊缝的致密性,应在焊缝经外观检查后进行,主要用来发现贮存液体或气体容器焊缝内的贯穿性裂纹、气孔、夹渣、未焊透等不致密缺陷。

1. 气密性试验

操作方法与气压试验相同,但试验压力为容器的设计压力。

2. 氨渗漏试验

首先在容器焊缝表面贴一条比焊缝宽10～20 mm的石蕊试纸或涂料显色剂。然后向密封好的容器通入含氨1%(体积比)的压缩空气。压缩空气的压力应高于500 kPa。保压5～30 min后检查纸条是否变色,如纸带上发现变色现象,即为泄漏部位。修补后应重新进行试验。氨渗漏试验,可发现检漏速率3.1 cm^3/y的渗漏量。

3. 吹气试验

用压缩空气正对焊缝的一面猛吹,焊缝的另一面涂以肥皂水,若有气泡出现说明有缺陷存在。试验时,要求压缩空气的压力大于405.3 kPa,喷嘴到焊缝表面的距离不得超过30 mm。但准确率要低于氨渗漏试验且受外界温度条件的限制。

4. 煤油渗漏试验

该试验适合于低压薄壁的敞口容器。试验时,将焊缝表面清理干净,在较容易发现和修补缺陷的一面涂石灰水,待干燥后再在焊缝的另一面涂抹浸润。由于煤油的粘度和表面张力很小,且具有透过极小的贯穿性缺陷的能力。如焊缝中有穿透性缺陷,煤油就会渗透过去,在石灰粉上形成明显的油斑。经30 min白粉无油浸为合格。

5. 真空试漏法

对某些无法从两面进行试验的焊缝(如罐底)可采用真空试漏法。在焊缝表面涂肥皂水,将真空箱放在涂肥皂水的焊缝上,靠密封橡皮与罐底表面紧贴,以防止漏气。然后抽真空,当在真空箱的有机玻璃罩外见到焊缝表面附近有肥皂泡时,就可判断缺陷所在部位。

10.2.4 无损探伤检验

不损坏被检查材料或成品的性能和完整性而检测其缺陷的方法称为无损(探伤)检验。常用的无损检验方法有超声、射线(X,γ)照相、磁粉、渗透(荧光、着色)等。其中,超声探伤和射线探伤适于焊缝内部缺陷的检测;磁粉探伤和渗透探伤则用于焊缝表面质量检验。每一种无损探伤方法均有其优点和局限性,各种方法对缺陷的检出概率既不会有100%,也不会完全相同。因而应根据焊缝材质、结构及探伤方法的特点、验收标准等来进行选择。不同焊缝材质探伤方法的选择如表10-1所列。

1. 射线探伤

利用射线(X射线、γ射线、中子射线等)穿过材料或工件时的强度衰减,检测其内部结构不连续性的技术称为射线探伤。穿过材料或工件的射线由于强度不同在X射线胶片上的感光程度也不同,由此生成内部不连续的图像。射线检测通常根据内部结构显示方法的不同可分为:射线照相法、荧光屏法(发展为工业电视)、干板照相法、层析摄影(工业 CT)技术、数字显示技术等。

表 10-1 不同探伤方法的选择

检验对象	检验方法	射线探伤	超声探伤	磁粉探伤	渗透探伤	涡流探伤
铁素体钢焊缝	内部缺陷	◎	◎	×	×	—
	表面缺陷	△	△	◎	◎	△
奥氏体钢焊缝	内部缺陷	◎	○	×	×	—
	表面缺陷	△	△	×	◎	△
铝合金焊缝	内部缺陷	◎	△	×	×	—
	表面缺陷	△	△	×	◎	△
其他金属焊缝	内部缺陷	◎	—	×	×	—
	表面缺陷	△	—	×	◎	△
塑料焊接接头		—	○	△	×	○	×

注:◎——很合适;○——合适;△——有附加条件时合适;×——不合适。

(1) 射线性质

射线可分为 X 射线、γ 射线和高能射线 3 种。

X 射线来自 X 射线管(为高真空二极管),是高速电子撞击到阳极金属靶时产生的;γ 射线是放射性元素(工业探伤中常用的是人工放射性同位素钴、铱、铯)的原子核裂变时产生的;高能射线是指能量在 10^6 eV 以上的 X 射线,由电子感应加速器、高能直线加速器或电子回旋加速器产生的。射线与探伤有关主要特性如下:

① 人眼不可见,射线直线传播。
② 不受电场和磁场的影响,其本质是不带电的。
③ 能透过可见光所不能透过的物质,包括金属材料。
④ 能使某些物质起光化学作用,使胶片感光,使某些物质发生荧光作用。
⑤ 能被物质的原子吸收和散射,从而在穿透物质的过程中发生衰减现象。
⑥ 对有机体产生生理作用,伤害及杀死有生命的细胞。

(2) 基本原理

射线探伤的实质是根据被检工件与其内部缺陷介质对射线能量衰减程度不同,而引起射线透射过工件后的强度差异,使缺陷能在射线底片(见图 10-1)或 X 光电视屏幕上显示出来。

对于不同的缺陷由于线衰减系数不同,所以透过射线强度不同,在底片或 X 光机所产生的影像也不同,因此,可以根据影像的不同确定缺陷的类型。

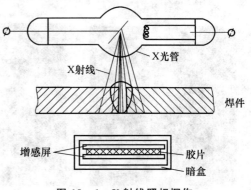

图 10-1 X 射线照相探伤

① 缺陷部位通过射线的强度大于周围完好部位。例如,钢焊缝中的气孔、夹渣等缺陷就

属于这种情况,射线底片缺陷呈黑色影像,X 光电视屏幕上呈灰白色影像。

② 缺陷部位透过射线的强度小于周围完好部位。例如,钢焊缝中的夹钨就属于这种情况,射线底片上缺陷呈白色块状影像,X 光电视屏幕上呈黑色块状影像。

③ 缺陷部位与周围完好部位透过的射线强度无差异,则在射线底片上或 X 光电视屏幕上,缺陷将得不到显示。

(3) 焊缝质量的评级

射线探伤质量检验标准 GB 3323—87 中,根据缺陷性质和数量将焊缝质量分为 4 级。

Ⅰ级:不允许有裂纹、未熔合、未焊透和条状夹渣等 4 种缺陷存在;

Ⅱ级:不允许有裂纹、未熔合和未焊透等 3 种缺陷存在;

Ⅲ级:不允许有裂纹、未熔合、双面焊或加垫板的单面焊缝中的未焊透及不加垫板的单面焊中的未焊透存在;

Ⅳ级:焊缝缺陷超过Ⅲ级者。

可以看出,Ⅰ级焊缝缺陷最少,质量最高。Ⅱ级、Ⅲ级、Ⅳ级焊缝的内部缺陷依次增多,质量逐渐下降。

(4) 焊接缺陷在射线探伤中的显示

焊缝部分缺陷照片如图 10-2 所示。

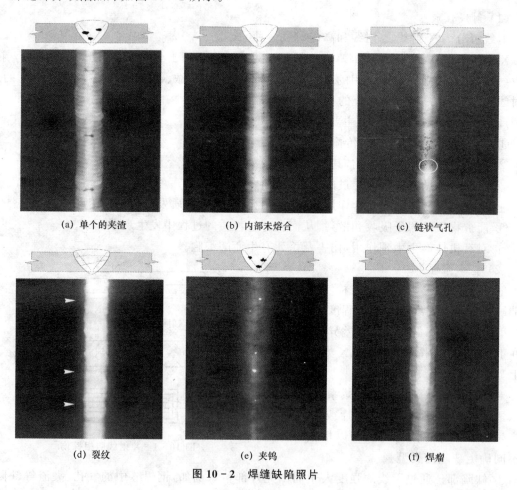

图 10-2 焊缝缺陷照片

(5) 射线探伤的应用及优缺点

射线照相检测适用于铸件、焊缝以及小而薄且形状复杂的锻件、电子组件、非金属、固体燃料、复合材料等探测内部缺陷及组织结构的变化以及试件几何形状、结构及密度的变化等。优点是有永久性的比较直观的记录结果(照相底片)，无需耦合剂，对试件表面光洁度要求不高，对试件中的密度变化敏感(适宜探测体积型缺陷)。缺点是 X 射线检测设备价格较高，而且在检测过程中需要消耗大量的照相胶片和处理药品等，并需要较多的辅助器材(暗室设备、洗片机、干燥机、评片灯以及现场拍片的辅助工具等)，从而使得检测成本较高。此外，在照相底片上不能反映缺陷的深度位置或高度尺寸(得到的是平面投影图像，二维图像)，并且缺陷取向与射线投射方向有密切关系而影响检测的可靠性，特别是对于面积型缺陷(例如裂纹)，其灵敏度不如超声波检测。进行射线照相检测操作的人员需要经过一定的培训。特别要注意的是，射线照相检测有辐射危害，因此对其防护及操作人员的劳动防护、健康等都必须高度重视，不能掉以轻心。

2. 超声波探伤

超声波探伤是利用超声波(频率大于 20 kHz)在物体中的传播、反射和衰减等物理特性，通过对超声波受影响程度和状况的探测来发现缺陷的一种探伤方法。

(1) 超声波的产生和接收

在超声波检测技术中用以产生和接收超声波的方法最主要利用的是某些晶体的压电效应，即压电晶体(例如石英晶体、钛酸钡及锆钛酸铅等压电陶瓷)在外力作用下发生变形时，将有电极化现象产生，即其电荷分布将发生变化(正压电效应)；反之，当向压电晶体施加电荷时，压电晶体将会发生应变，即弹性变形(逆压电效应)，如图 10 - 3 所示。因此，当高频电压加于晶片两面电极上时，由于逆压电效应，晶片会在厚度方向产生伸缩变形的机械振动。当晶片与工件表面有良好的耦合时，机械振动就以超声波形式传播出去，这就是发射。反之，当晶片受到超声波作用而发生伸缩变形时，正压电效应又会使晶片两表面产生不同极性电荷，形成超声频率的高频电压，这就是接收。

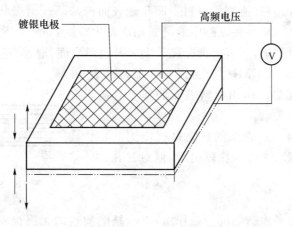

图 10 - 3 压电效应

(2) 脉冲反射法超声波探伤基本原理

超声波探伤方法分为脉冲反射法、穿透法和共振法 3 种。应用最多的是脉冲反射法超声波探伤。它的基本原理是利用超声波探伤仪的高频脉冲电路产生高频脉冲振荡电流施加到超声换能器(探头)中的压电晶体上,激发出超声波并传入被检工件,超声波在被检工件中传播时,若在声路(超声波的传播路径)上遇到缺陷(异质)时,将会在界面上产生反射,反射回波被探头接收转换成高频脉冲电信号输入探伤仪的接收放大电路,经过处理后在探伤仪的显示屏上显示出来,由此判断缺陷的有无,并进行定位、定量和评定。根据回波的表示方式不同,该方法又分为 A 型显示、B 型显示、C 型显示和 3D 显示法等。

(3) 超声波探伤的应用与特点

超声波探伤是无损探伤技术中的一种主要检测手段。不但可用于锻件、铸件和焊件等加工产品的检测;也可用于板材、管材等原材料的检测。

图 10-4 大型容器超声波探伤

超声波探伤与 X 射线探伤相比,其优点是:超声波探伤对检查裂纹等平面型缺陷灵敏度较高,又具有操作灵活方便等特点,所以这种检验方法广泛地用于大型焊件的高空作业和工地安装作业中(见图 10-4);另外,由于超声波在金属中可以传播很远的距离,因此可以用来检测大厚度焊件(40 mm 以上);而且超声波探伤周期短,对探伤人员无危害,费用较低。缺点是:不能直接记录缺陷的形状,对缺陷定性需有丰富的经验,不适于检测奥氏体铸钢件,因为粗大的树枝状奥氏体晶粒和晶间沉淀物引起的散射会影响检测的进行。

3. 磁力探伤

磁力探伤是通过对铁磁材料进行磁化所产生的漏磁场,来发现其表面或近表面缺陷的无损检验法。根据检测漏磁通所采用的方式不同,磁力探伤可分为磁粉法、磁敏探头法和录磁法。

铁磁性材料在磁场中被磁化时,如果材料没有缺陷,那么磁场是均匀的,磁力线均匀分布,当有缺陷(如裂纹、未焊透、夹渣)时,材料表面和近表面的缺陷或组织状态变化会使局部导磁率发生变化,即磁阻增大,从而使磁路中的磁通相应发生畸变:一部分磁通直接穿越缺陷,一部分磁通在材料内部绕过缺陷,还有一部分磁通会离开材料表面,通过空气绕过缺陷再重新进入材料,因此在材料表面形成了漏磁场(见图 10-5)。一般来说,表面裂纹越深,漏磁通越出材料表面的幅度越高,它们之间基本上呈线性关系。

磁力探伤是针对材料近表面的缺陷进行检测的,只适于磁性材料,它对裂纹、未焊透比较灵敏,但对气孔、夹渣则不太灵敏。

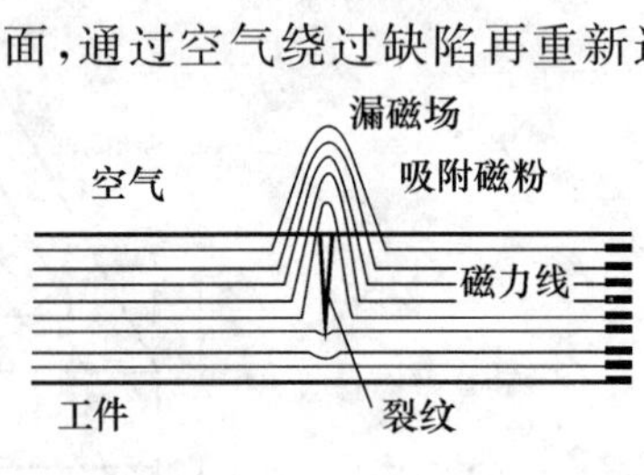

图 10-5 漏磁场的形成

4. 渗透探伤

渗透探伤是利用各种渗透剂的渗透作用,显示缺陷痕迹的无损检验法。可用于各种金属材料和非金属材料构件表面开口缺陷的质量检验,包括着色法、荧光法等。一般可发现宽度 0.01 mm 以上、深度 0.03~0.04 mm 以上的表面缺陷。

渗透探伤的原理是通过喷洒、刷涂或浸渍等方法,把渗透力很强的渗透液施加到已清洗干净的试件表面,经过一定的渗透时间,待渗透液基于毛细管作用的机理渗入试件表面上的开口缺陷后,将试件表面上多余的渗透液用擦拭、冲洗等方法清除干净,然后在试件表面上用喷撒或涂抹等方法施加显像剂,显像剂能将已渗入缺陷的渗透液吸附引导到试件表面,而显像剂本身提供了与渗透液的颜色形成强烈对比的背景衬托,因此反渗出来的渗透液将在试件表面开口缺陷的位置形成可供观察的痕迹,反映出缺陷的状况。这种痕迹因所应用渗透液的种类而异,可以是着色渗透液因颜色对比而在白光下观察(这时称为着色渗透检验),也可以是荧光渗透液,因其荧光作用而需要在紫外光辐射下观察(这时称为荧光渗透检验)。渗透检测的基本过程如图10-6所示。

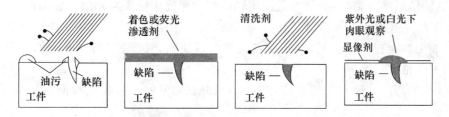

图10-6 渗透探伤基本过程

渗透探伤由于设备简单,操作容易,缺陷显现直观,不受材料种类的限制,因此可检查光洁表面的金属、非金属,特别是无法采用磁性检测的材料,例如铝合金、镁合金、钛合金、铜合金、奥氏体钢等的制品,可检验锻件、铸件、焊缝、陶瓷、玻璃、塑料以及机械零件等的表面开口型缺陷。但渗透探伤不能用于检验多孔性材料,也只能检查工件表面的开口性缺陷,所用试剂有一定的毒性,并对被检工件的表面光洁度有一定要求,使它的应用范围受到一定的限制。

10.3 破坏性检验

破坏性检验是从焊件或试件上切取试样,或以产品(或模拟体)的整体破坏做试验,测定焊接接头、焊缝及熔敷金属的强度、塑性和冲击吸收功等力学性能及耐腐蚀性能等。它包括力学性能试验、化学分析、腐蚀试验、金相检验、焊接性试验等。

10.3.1 力学性能试验

力学性能一般包括拉伸、弯曲、冲击、压扁、硬度及疲劳等试验,焊接试样的材料、坡口形式、焊接工艺等与产品的实际情况相同。

1. 拉伸试验

拉伸试验可以用来测定接头或焊缝金属的抗拉强度、屈服极限、断面收缩率和延伸率等力学性能指标。一般接头拉伸试样为垂直于焊缝的横向板状试样;焊缝金属则为纵向圆试样。在试板上截取试样尽可能用机械加工方法。若用热切割取样,则划线时必须留出气割余量,并将气割面的热影响区全部加工掉,以便真实地反映接头的性能。

拉伸试验的评定是以接头的常温抗拉强度与高温强度均应不低于母材标准规定值的下限标准。

焊接接头的拉伸试验应按GB/T 2651—1989《焊接接头拉伸试验方法》标准进行,焊缝金属的拉伸试验有关规定应按GB/T 2652—1989《焊缝及熔敷拉伸试验方法》标准进行。

2. 弯曲试验

弯曲试验可以用来测定焊接接头或焊缝金属的塑性变形能力。弯曲试样也有纵、横之分，一般用横向试样，其形状尺寸国标也有规定。由于焊缝与母材强度不等，弯曲时塑性变形必然集中于低强区，因此对强度差别较大的异种钢接头应采用纵向试样。焊缝金属的弯曲试样通常采用纵向试样。按弯曲试样的受拉面在焊缝中的位置可分为面弯、背弯和侧弯。面弯与背弯时受拉面分别在焊缝的表面层和底层。侧弯则是焊缝的横截面受弯，故可测定整个接头的塑性变形能力。

弯曲试验结果的合格标准，国内是按钢种的弯曲角度下限来判别的。如碳钢、奥氏体钢是180°，低合金高强钢和奥氏体不锈钢为100°，铬钼和铬钼钒耐热钢为50°。试样弯至上列角度后，其受拉面上如有长度大于 1.5 mm 的横向裂纹或缺陷，或者有大于 3 mm 的纵向裂纹或缺陷，就认为不合格。

焊接接头的弯曲试验有关规定应按 GB/T 2653—1989《焊接接头弯曲及压扁试验方法》标准进行。

3. 冲击试验

冲击试验可以测定焊接接头各区的缺口韧性，从而检验接头的抗脆性断裂能力。冲击韧性试验对压力容器是必不可少的，分为常温和低温冲击试验两种。如果没有明确规定，一般取横向试样，试样的缺口位置可开在焊缝、熔合区和热影响区。缺口形式有 U 形和 V 形两种，U 形缺口底部回角较大，无法真实模拟焊接缺陷中可能出现的尖端，故不能反映接头的实际脆性转变温度。目前倾向采用却贝（夏比）V 形缺口的冲击试验。

焊接接头各区的缺口冲击韧性应不低于母材标准规定的最低值。

焊接接头冲击试验有关规定应按 GB/T 2650—1989《焊接接头冲击试验方法》标准进行。

4. 压扁试验

压扁试验可以用来测定管子焊接接头压扁时的塑性，分为环缝压扁试验和纵缝压扁试验两种。试验时，管接头试样的焊缝余高应用机械办法去除，使与母材原始表面齐平。

压扁试验的标准是根据试样上出现第一条裂纹时，被压扁的管子上下外壁间的距离来确定的。

5. 硬度试验

一般产品不要求做硬度试验，只有抗氢钢制造的容器因为钢淬硬倾向大，技术条件中规定其焊接试板应做硬度试验。

熔焊和压焊接头及堆焊金属的硬度实验，焊接接头硬度测定位置应选择在焊接接头横截面上；堆焊金属的测定位置应在相应标准或技术条件规定的平面上。为了准确地选择测定位置，可用腐蚀剂清洁其接头，使接头各区域显示清晰再测定硬度。

在焊接工艺评定试验中一般都规定要做硬度检验，但国内还没有各钢种焊接接头的硬度合格标准。一般规定各区硬度值不能超过 HB 280。

焊接接头和堆焊金属硬度试验有关规定应按 GB/T 2654—1989《焊接接头及堆焊金属硬度试验方法》的标准进行。

6. 疲劳试验

疲劳实验是用来测定焊接接头在交变载荷作用下的强度，它常以在一定交变载荷作用下，断裂时的应力和循环次数来表示。疲劳强度试验根据受力不同，可分为拉压疲劳、弯曲疲劳和冲击疲劳试验等。

评定焊缝金属和焊接接头的疲劳强度时,应按 GB/T 2656—1981《焊缝金属和焊接接头的疲劳试验法》、GB/T 13816—1992《焊接接头脉动拉伸疲劳试验》等标准进行。

10.3.2 化学分析及腐蚀试验

1. 焊缝化学分析

化学分析的目的是检查焊缝金属的化学成分。通常只有在接头力学性能及无损探伤不合格或制定焊接新工艺时才需要进行化学分析。

一般采用直径 6 mm 左右的钻头从焊缝中钻取样品,也可在堆焊金属上钻取。取样区应离起弧、收弧处 15 mm 以上,且与母材之间的距离要大于 5 mm。化学分析所用细屑厚度应小于 1.5 mm,屑末中不得有油、锈等污物,并用乙醚洗净。

试样钻取数量视所分析元素的数目而定。分析 C,Mn,Si,S,P 五大元素取屑量不少于 30 g。若还需分析其他元素,取屑量则不能少于 50 g。

2. 腐蚀试验

焊缝和焊接接头的腐蚀破坏形式有总体腐蚀、晶体腐蚀、刀状腐蚀、点腐蚀、应力腐蚀、海水腐蚀、气体腐蚀和疲劳腐蚀等。腐蚀试验的目的就在于确定在给定的条件下,金属抗腐蚀的能力,估计产品的使用寿命,分析腐蚀的原因,找出防止或延缓腐蚀的方法。

腐蚀试验的方法是根据产品对耐腐蚀性能的要求而定的。常用的方法有不锈钢晶间腐蚀试验、应力腐蚀试验、腐蚀疲劳试验、大气腐蚀试验、高温腐蚀试验等。

3. 金相试验

金相检验是通过截取焊接接头上的金属试样经加工、磨光、抛光和选用适当的方法显示其组织后,用肉眼或在显微镜下进行组织观察,并根据焊接冶金、焊接工艺、金属相图与相变原理和有关技术文件,对照相应的标准和图谱,检查焊缝、热影响区及焊件的金相组织情况以及确定内部缺陷等。通过对焊接接头金相组织的分析,可以了解焊缝金属的组织状况、晶粒度和各种内部缺陷,以此研究焊接接头的各项工艺性能的优劣,以便为改进焊接方法与工艺、指定热处理工艺参数及选择焊接材料等提供依据。

金相检验包括光学金相和电子金相检验。光学金相检验包括宏观组织检验和显微组织检验两种。

(1) 宏观组织检验

宏观组织检验也称低倍检验,由产品焊接试板或工艺评定试板截取的接头宏观金相试样,应包括完整的焊缝和热影响区。经刨削、打磨后用适当的腐蚀剂浸蚀后洗净吹干,直接用肉眼或通过 20～30 倍的放大镜来检查金属截面,以确定其宏观组织及缺陷类型。能在一个很大的视域范围内,对材料的不均匀性、宏观组织缺欠的分布和类别等进行检测和评定。

对于焊接接头主要观察焊缝一次结晶的方向、大小、熔池的形状和尺寸;各种焊接缺陷,如夹杂物、裂纹、未焊透、未熔合、气孔、焊道成形不良等;焊层断面形态;焊接熔合线;焊接接头各区域(包括热影响区)的界限尺寸;硫、磷和氧化物的偏析程度等。

(2) 显微组织检验

显微组织检验是利用光学显微镜(放大倍数在 50～2 000 之间)检查焊接接头各区域的微观组织、偏析和分布。通过微观组织分析,研究母材、焊接材料与焊接工艺存在的问题及解决的途经。例如,对焊接热影响区中过热区组织形态和各组织百分数相对量的检查,可以估计出过热区的性能,并可根据过热区组织情况来决定对焊接工艺的调整,或者评价材料的焊接性等。微观组织检验还可以通过更先进的设备,如电子显微镜、电子探针、X射线衍射仪等分别对组织形态、析出相和夹杂物进行分析,并对断口、废品和事故、化学成分等进行分析。

试样一般只有 20 mm×20 mm 左右,所以选择试样的部位很重要。一般选取有缺陷处或接头中最易产生缺陷的区域,而且试样要包括整个接头区。

思考与练习题

1. 焊接质量检验包括哪几个阶段?各阶段各有哪些检验项目?
2. 常用的致密性检验方法有哪些?如何进行检验?
3. 射线探伤的基本原理是什么?焊缝质量如何评级?
4. 超声波是如何产生和接收的?
5. 磁力探伤的原理和应用范围是什么?
6. 化学分析和腐蚀性试验的目的是什么?

第 11 章　焊接安全与防护

11.1　焊接有害因素的来源、危害及防护

11.1.1　弧光辐射来源、危害及防护

1. 来　源

焊接过程中的弧光辐射由紫外线、可见光和红外线等组成。它们是由于物体被加热而产生的,属于热线谱。例如,在生产的环境中,凡是物体的温度达到 1 200 ℃ 时,辐射光谱中即可出现紫外线。随着物体温度增高,紫外线的波长变短,强度增大。

电弧燃烧时,一方面产生高热,另一方面同时产生强光,两者在工业上都得到应用。电弧的高热可以进行电弧切割、焊接和炼钢等。然而,焊接电弧作为一种很强的光源,会产生强的弧光辐射,这种弧光辐射对人体能造成伤害。弧光波长范围如表 11-1 所列。

表 11-1　焊接弧光的波长范围

nm

红外线	可见光线		紫外线
	赤、橙、黄、绿、青、蓝、紫		
1 400~760	760~400		400~200

焊条电弧焊的弧温 5 000~6 000 K,因而可产生较强的光辐射。但由于焊接烟尘的吸收作用,使焊条电弧焊的光辐射比气体保护焊及等离子弧焊弱一些。

钨极氩弧焊的烟尘量较小,其光辐射强度高于焊条电弧焊。熔化极氩弧焊电流密度很大,其功率可为钨极氩弧焊功率的 5 倍多,因而它的弧温更高,光辐射强度大于钨极氩弧焊的光辐射强度。钨极氩弧焊光辐射强度为焊条电弧焊光辐射强度的 5 倍以上。熔化极氩弧焊光辐射强度约为焊条电弧焊的 20~30 倍。

等离子弧焊接与切割的弧温更高,可达 16 000~33 000 ℃,其光辐射强度高于氩弧焊和焊条电弧焊。

二氧化碳气体保护焊光辐射强度约为焊条电弧焊辐射强度的 2~3 倍,其主要成分为紫外线辐射。

2. 危　害

光辐射是能的传播方式。辐射波长与能量成反比关系。波长越短,每个量子所携带的能越大,对肌体的作用亦越强。

光辐射作用到人体上,被体内组织吸收,引起组织的热作用、光化学作用或电离作用,致使人体组织发生急性或慢性的损伤。

(1) 紫外线

适量的紫外线对人体健康是有益的,但焊接电弧产生的强烈紫外线的过度照射,对人体健

康有一定的危害,主要是造成皮肤和眼睛的伤害。

① 紫外线对皮肤的作用。不同波长的紫外线,可被皮肤不同深度组织所吸收。皮肤受强烈紫外线作用时,可引起皮炎,弥漫性红斑,有时出现小水泡、渗出液和浮肿,有热灼感,发痒。

② 电光性眼炎。紫外线过度照射引起眼睛的急性角膜炎称为电光性眼炎。这是明弧焊直接操作和辅助工人的一种特殊职业性眼病。波长很短的紫外线,尤其是 320 nm 以下的,会损害结膜与角膜。有时甚至伤及虹膜和网膜。

③ 对纤维的破坏。焊接电弧的紫外线辐射对纤维的破坏能力很强,其中以棉织品为最甚。光化学作用的结果,可致棉布工作服氧化变质而破碎,有色印染物显著褪色。这是明弧焊工棉布工作服不耐穿的原因之一,尤其是氩弧焊,等离子弧焊等操作时更为明显。

(2) 红外线

红外线对人体的危害主要是引起组织的热作用。波长较长的红外线可被皮肤表面吸收,使人产生热的感觉。短波红外线可被组织吸收,使血液和深部组织灼伤。在焊接的过程中,眼部受到强烈的红外线辐射,立即感到强烈的灼伤和灼痛,发生闪光幻觉。长期接触可能造成红外线白内障,视力减退。严重时能导致失明。此外还可造成视网膜灼伤。

(3) 可见光

焊接电弧的可见光线的光度,比肉眼正常承受的光度大约高 10 000 倍,被照射后眼睛疼痛,看不清东西,通常叫电焊"晃眼",使人短时间内失去劳动能力。

3. 防 护

焊割作业人员从事明弧焊时,必须使用镶有特制护目镜片的手持式面罩或头戴式面罩(头盔)。面罩用暗色 1.5 mm 厚钢纸板制成。

护目镜片有吸收式滤光镜片和反射式防护镜片两种,吸收式滤光镜片根据颜色深浅有几种牌号,应按照焊接电流强度选用。近来研制生产的高反射式防护镜片,是在吸收式滤光镜片上镀铬一铜一铬三层金属薄膜制成的,能将弧光反射回去,避免了滤光镜片将吸收的辐射光线转变为热能的缺点。使用这种镜片,眼睛感觉较凉爽舒适,观察电弧和防止弧光伤害的效果较好,目前正在推广应用。光电式镜片是利用光电转换原理制成的新型护目滤光片,由于在起弧时快速自动变色,能消除电弧"打眼"和消除盲目引弧带来的焊接缺陷,防护效果好。

在焊接过程中如何正确合理选择滤光片,是一个重要的问题。正确选择滤光片,如表 11-2 所列。

表 11-2 焊接滤光片推荐使用遮光号

遮光号	电弧焊接与切割	气焊与气割
1.2	—	—
1.4 1.7 2	防侧光与杂散光	—
2.5 3 4	辅助工种	—

续表 11-2

遮光号	电弧焊接与切割	气焊与气割
5 6	30 A 以下的电弧焊作业	—
7 8	30～75 A 电弧焊作业	工件厚度为 3.2～12.7 mm
9 10	75～200 A 电弧焊作业	工件厚度为 12.7 mm 以上
11 12 13	200～400 A 电弧焊作业	等离子喷涂
14	500 A 电弧焊作业	等离子喷涂
15 16	500 A 以上气体保护焊作业	—

表 11-2 中主要是根据焊接电流的大小推荐使用滤光片的深浅。如果考虑到视力的好坏、照明的强弱、室内与室外等因素,选用遮光号的大小可上下差一个号。如果在焊接与切割的过程中电流较大,就要使用遮光号较大(较深)的滤光片。

为保护焊接工作地点其他生产人员免受弧光辐射伤害,可采用防护屏。防护屏宜采用布料涂上灰色或黑色漆制成,临近施焊处应采用耐火材料(如石棉板、玻璃纤维布、铁板)做屏面(见图 11-1)。

为防止弧光灼伤皮肤,焊工必须穿好工作服,戴好手套,系好鞋带。

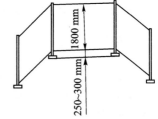

图 11-1 电焊防护屏

11.1.2 焊接烟尘和有毒气体的来源、危害及防护

1. 来 源

焊接烟尘是由于焊接过程中液态金属的过热、蒸发、氧化和冷凝而产生的金属烟尘,其中液态金属的蒸发是主要来源。焊接电弧的温度在 3 500 K 以上(弧柱温度在 5 000 K 以上)。在这样高的温度下,尽管各种金属的沸点不同,但它们的沸点都低于电弧的温度,必然要有蒸发。

有毒气体是在焊接电弧的高温和强烈紫外线作用下,在弧区周围形成的,其中主要有臭氧、氮氧化物、一氧化碳和氟化氢等。

① 臭氧。空气中的氧在短波紫外线的激发下。大量地被破坏,生成臭氧(O_3),其化学反应过程如下:

$$O_2 \xrightarrow{\text{短波紫外线}} 2O$$
$$2O_2 + 2O \longrightarrow 2O_3$$

臭氧是一种有毒气体,呈淡蓝色,具有刺激性气味。浓度较高时,发出腥臭味;浓度特别高时,发出腥臭味并略带酸味。

② 氮氧化物。氮氧化物是由于焊接电弧的高温作用引起空气中氮、氧分子离解,重新结合而形成的。氮氧化物的种类很多,在明弧焊中常见的氮氧化物为二氧化氮,二氧化氮为红褐色气体,相对密度 1.539,遇水可变成硝酸或亚硝酸,产生强烈刺激作用。

③ 一氧化碳。各种明弧焊都产生一氧化碳有害气体,其中以二氧化碳保护焊产生的一氧化碳(CO)的浓度最高。一氧化碳的主要来源是由于 CO_2 气体在电弧高温作用下发生分解而形成的:

$$CO_2 \xrightarrow{\text{电弧高温}} CO + [O]$$

一氧化碳为无色、无臭、无味、无刺激性的气体,相对密度 0.967,几乎不溶于水,但易溶于氨水,几乎不被活性炭所吸收。

2. 危害

焊接烟尘的主要成分是铁、硅、锰,其中主要毒物是锰。铁、硅等的毒性虽然不大,但其尘粒极细(5 μm 以下),在空中停留的时间较长,容易吸入肺内。在密闭容器、锅炉、船舱和管道内焊接,在烟尘浓度较高的情况下,如果没有相应的通风除尘措施,长期接触上述烟尘就会形成电焊尘肺、锰中毒和金属热等职业病。

① 电焊尘肺。是指由于长期吸入超过规定浓度的能引起肺组织弥漫性纤维化的电焊烟尘和有毒气体所致的疾病。电焊尘肺的发病一般比较缓慢,多在接触焊接烟尘 10 年后发病,有的长达 15~20 年以上。发病主要表现为呼吸系统症状,有气短、咳嗽、咯痰、胸闷和胸痛,部分电焊尘肺患者可呈无力、食欲减退、体重减轻以及神经衰弱症候群(如头痛、头晕、失眠、嗜睡、多梦、记忆力减退等)。同时对肺功能也有影响。

② 锰中毒。锰蒸气在空气中能很快地氧化成灰色的一氧化锰(MnO)及棕红色的四氧化三锰(Mn_3O_4)。长期吸入超过允许浓度的锰及其化合物的微粒和蒸气,可造成锰中毒。锰的化合物和锰尘是通过主要呼吸道侵入机体的。

慢性锰中毒早期表现为疲劳乏力,时常头痛头晕、失眠、记忆力减退,以及自主神经功能紊乱,如舌、眼睑和手指的细微震颤等。中毒进一步发展,神经精神症状更明显,而且转弯、跨越、下蹲等都较困难,走路时表现为左右摇摆或前冲后倒,书写时呈"小书写症"等。

③ 金属热。焊接金属烟尘中直径在 0.05~0.5 μm 的氧化铁、氧化锰微粒和氟化物等,容易通过上呼吸道进入末梢细支气管和肺泡,引起焊工金属热反应。主要症状是工作后发烧、寒战、口内金属味、恶心、食欲不振等。第二天早晨经发汗后症状减轻。在密闭罐、船舱内使用碱性焊条施焊者。以及焊铜和铜合金等容易得此职业病。

几种常见的有毒气体的主要危害有以下一些方面。

① 臭氧。臭氧对人体的危害主要是对呼吸道及肺有强烈刺激作用。臭氧浓度超过一定限度时,往往引起咳嗽、胸闷、食欲不振、疲劳无力、头晕、全身疼痛等。严重时,特别是在密闭容器内焊接而又通风不良时,可引起支气管炎。

此外,臭氧容易同橡皮、棉织物起化学作用,高浓度、长时间接触可使橡皮、棉织品老化变性。在 13 mg/m³ 浓度作用下,帆布可在半个月内出现变性,这是棉织工作服易破碎的原因之一。

我国卫生标准规定,臭氧最高允许浓度为 0.3 mg/m³。臭氧是氩弧焊的主要有害因素,在没有良好通风的情况下,焊接工作地点的臭氧浓度往往高于卫生标准几倍、十几倍甚至更高。

但只要采取相应的通风措施,就可大大降低臭氧浓度,使之符合卫生标准。

臭氧对人体的作用是可逆的。由臭氧引起的呼吸系统症状,一般在脱离接触后均可得到恢复,恢复期的长短取决于臭氧影响程度之大小,以及人的体质。

② 氮氧化物。氮氧化物属于具有刺激性的有毒气体。氮氧化物对人体的危害,主要是对肺有刺激作用。氮氧化物的水溶性较低,被吸入呼吸道后,由于黏膜表面并不十分潮湿,对上呼吸道黏膜刺激性不大,对眼睛的刺激也不大,一般不会立即引起明显的刺激性症状。但高浓度的二氧化氮吸入到肺泡后,由于湿度增加,反应也加快,在肺泡内约可滞留80%,逐渐与水作用形成硝酸与亚硝酸($3NO_2 + H_2O \rightarrow 2HNO_3 + NO$;$N_2O_4 + H_2O \rightarrow HNO_3 + HNO_2$),对肺组织有强烈刺激作用及腐蚀作用,可增加毛细血管及肺泡壁的通透性,引起肺水肿。

我国卫生标准规定,氮氧化物(NO_2)的最高允许浓度为 5 mg/m^3。氮氧化物对人体的作用也是可逆的,随着脱离作业时间的增长,其不良影响会逐渐减少或消除。在焊接实际操作中,氮氧化物单一存在的可能性很小,一般都是臭氧和氮氧化物同时存在,因此它们的毒性倍增。一般情况下,两种有害气体同时存在比单一有害气体存在时,对人体的危害作用提高15~20倍。

③ 一氧化碳。一氧化碳(CO)是一种窒息性气体,对人体的毒性作用是使氧在体内的运输或组织利用氧的功能发生障碍,造成组织、细胞缺氧,表现出缺氧的一系列症状和体征。一氧化碳(CO)经呼吸道进入体内,由肺泡吸收进入血液后,与血红蛋白结合成碳氧血红蛋白。一氧化碳(CO)与血红蛋白的亲和力比氧与血红蛋白的亲和力大200~300倍,而离解速度又较氧合血红蛋白慢得多(相差 3 600 倍),减弱了血液的带氧能力,使人体组织缺氧坏死。

轻度中毒时表现为头痛、全身无力,有时呕吐、足部发软、脉搏增快、头昏等。中毒加重时表现为意识不清并转成昏睡状态。严重时发生呼吸及心脏活动障碍,大小便失禁,反射消失,甚至因窒息致死。

我国卫生标准规定,一氧化碳(CO)的最高允许浓度为 30 mg/m^3。对于作业时间短暂的,可予以放宽。

3. 防 护

(1) 通风技术措施

通风技术措施的作用是把新鲜空气送到作业场所并及时排除工作时所产生的有害物质和被污染的空气,使作业地带的空气条件符合卫生学的要求。创造良好的作业环境,是消除焊接尘毒危害的有力措施。

按空气的流动方向和动力源的不同,通风技术一般分为自然通风与机械通风两大类。自然通风可分为全面自然通风和局部自然通风两类。机械通风是依靠通风机产生的压力来换气,可分为全面机械通风和局部机械通风两类。

全面通风是焊接车间排放电焊烟尘和有毒气体的辅助措施。

焊接工作地点的局部通风有局部送风和局部排气两种形式。

① 局部送风。局部送风是把新鲜空气或经过净化的空气,送入焊接工作地带。它用于送风面罩、口罩等,有良好的效果。目前在有些单位生产上仍采用电风扇直接吹散电焊烟尘和有毒气体的送风方法,尤其多见于夏天。这种局部送风方法,只是暂时地将弧焊区的有害物质吹走,仅起到一种稀释作用,但是会造成整个车间的污染,达不到排气的目的。局部送风使焊工的前胸和腹部受电弧热辐射作用,后背受冷风吹袭,容易引发关节炎,腰腿痛和感冒等疾病。

所以,这种通风方法不应采用。

② 局部排风。局部排风是效果较好的焊接通风措施,有关部门正在积极推广。

根据焊接生产条件的特点不同,目前用于局部排风装置的结构形式较多,以下介绍可移式小型排烟机组和气力引射器。

图 11-2 为可移式小型排烟机组示意图。它是由小型离心风机、通风软管、过滤器和排烟罩组成。图 11-3 为气力引射器示意图。其排烟原理是利用压缩空气从主管中高速喷射,造成负压区,从而将电焊烟尘有毒气体吸出,经过滤净化后排出室外。它可以应用于容器、锅炉等焊接,将污染气体进口插入容器的孔洞(如人孔、手孔、顶盖孔等)即可,效果良好。

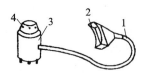

1—软管;2—吸风头;
3—净化器;4—出气孔

图 11-2 风机和吸头移动式排烟系统

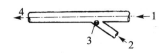

1—压缩空气进口;2—污染气体进口;
3—负压区;4—排出口

图 11-3 气力引射器

(2) 个人防护措施

加强个人防护措施,对防止焊接时产生的有毒气体和粉尘的危害具有重要意义。

个人防护措施是使用包括眼、耳、口鼻、身各个部位的防护用品以达到确保焊工身体健康的目的。其中工作服、手套、鞋、眼镜、口罩、头盔和防耳器等属于一般防护用品。实践证明,个人防护这种措施是行之有效的。

(3) 改革工艺、改进焊接材料

劳动条件的好坏,基本上取决于生产工艺。改革生产工艺,使焊接操作实现机械化、自动化,不仅能降低劳动强度,提高劳动生产率,并且可以大大减少焊工接触生产性毒物的机会,改善作业环境的劳动卫生条件,使之符合卫生要求。这是消除焊接职业危害的根本措施。例如,采用埋弧自动电弧焊(埋弧焊)代替焊条电弧焊,就可以消除强烈的弧光、有毒气体和烟尘的危害。

工业机械手是实现焊接过程全部自动化的重要途径。在电弧焊接中,应用各种形式的现代化专用机械已经积累了一定的经验。这些较复杂的现代化机械手,能够控制运动的轨迹,可按工艺要求决定电极的位置和运动速度。工业机械手在焊接操作中的应用,将从根本上消除焊接有毒气体和粉尘等对焊工的直接危害。

在保证产品技术条件的前提下,合理的设计与改革施焊材料,是一项重要的卫生防护措施。例如,合理的设计焊接容器结构,可减少以至完全不用容器内部的焊缝,尽可能采用单面焊双面成型的新工艺。这样可以减少或避免在容器内施焊的机会,使操作者减轻受危害的程度。

采用无毒或毒性小的焊接材料代替毒性大的焊接材料,亦是预防职业性危害的有效措施。

11.1.3 高频电磁辐射的来源、危害及防护

随着氩弧焊接和等离子弧焊接的广泛应用,在焊接过程中存在着一定强度的电磁辐射,构

成对局部生产环境的污染。因此,必须采取安全措施妥善解决。

1. 来　源

钨极氩弧焊和等离子弧焊为了迅速引燃电弧,需由高频振荡器来激发引弧,此时,振荡器要产生强烈的高频振荡,击穿钍钨极与喷嘴之间的空气隙,引燃等离子弧;另外,又有一部分能量以电磁波的形式向空间辐射,即形成高频电磁场。所以在引弧的瞬间(2～3 s)有高频电磁场存在。

在氩弧焊和等离子弧焊接时,高频电磁场场强的大小与高频振荡器的类型及测定时仪器探头放置的位置与测定部位之间距离有关。焊接时高频电磁辐射场强分布的测定结果见表 11-3。

表 11-3　手工钨极氩弧焊时高频电场强度

V/m

操作部位	头	胸	膝	踝	手
焊工前	58～66	62～76	58～86	58～96	106
焊工后	38	48	48	20	1
焊工前 1 m	7.6～20	9.5～20	5～24	0～23	1
焊工后 1 m	7.8	7.8	2	0	1
焊工前 2 m	0	0	0	0	0
焊工后 2 m	0	0	0	0	0

2. 危　害

人体在高频电磁场的作用下，能吸收一定的辐射能量,产生生物学效应,这就是高频电磁场对人体的"致热作用"。此"致热作用"对人体健康有一定影响,长期接触场强较大高频电磁场的工人,会引起头晕、头痛、疲乏无力、记忆减退、心悸、消瘦和神经衰弱及自主神经功能紊乱。血压早期可有波动,严重者血压下降或上升(以血压偏低为多见),白细胞总数减少或增多;并出现窦性心律不齐、轻度贫血等。

钨极氩弧焊时,每次启动高频振荡器的时间只有 2～3 s,每个工作日接触高频电磁辐射的累计时间在 10 min 左右。接触时间又是断续的,因此高频电磁场对人体的影响较小,一般不足以造成危害。但是,考虑到焊接操作中的有害因素不是单一的,所以仍有采取防护措施的必要。对于高频振荡器在操作过程中连续工作的情况,更必须采取有效和可靠的防护措施。

高频电会使焊工产生一定的麻电现象,这在高空作业时是很危险的。所以,高空作业不准使用带高频振荡器的焊机进行焊接。

3. 防　护

为了防止高频振荡器的电磁辐射对作业人员的不良影响与危害,应当采取以下安全防护措施:

① 工件良好接地。施焊工件良好接地,能降低高频电流,这样可以降低电磁辐射强度。接地点与工件越近,接地作用则越显著,它能将焊枪对地的脉冲高频电位大幅度地降低,从而减小高频感应的有害影响。

② 在不影响使用的情况下,降低振荡器频率。

③ 减少高频电的作用时间。若振荡器旨在引弧,可以在引弧后的瞬间立即切断振荡器电

路。其方法是用延时继电器,于引弧后 10 s 内使振荡器停止工作。

④ 屏蔽焊把线及软线。因脉冲高频电是通过空间和手把的电容耦合到人体上的,所以加装接地屏蔽能使高频电场局限在屏蔽内,可大大减少对人体的影响。其方法为采用细铜质金属编织软线,套在电缆胶管外面,一端接于焊枪,另一端接地。焊接电缆线也需要套上金属编织线。

⑤ 采用分离式握枪。把原有的普通焊枪,用有机玻璃或电木等绝缘材料另接出一个把柄也有屏蔽高频电的作用,但效果不如屏蔽焊把线及导线理想。

⑥ 降低作业现场的温度和湿度。作业现场的环境温度和湿度,与射频辐射对肌体的不良影响具有直接的关系。温度越高,肌体所表现的症状越突出;湿度越大,越不利于人体的散热,也不利于作业人员的身体健康。所以,加强通风降温,控制作业场所的温度和湿度,是减小射频电磁场对肌体影响的一个重要手段。

11.1.4 热辐射的来源、危害及其防护

1. 来 源

焊接过程是应用高温热源加热金属进行连接的,所以在施焊过程中有大量的热能以辐射形式向焊接作业环境扩散,形成热辐射。

电弧热量的 20%～30% 要逸散到施焊环境中去,因而可以认为焊接弧区是热源的主体。焊接过程中产生的大量热辐射被空气媒质、人体或周围物体吸收后,这种辐射就转化为热能。

某些材料的焊接,要求施焊前必须对焊件预热。预热温度可达 150～700 ℃,并且要求保温。预热的焊件,不断向周围环境进行热辐射,也会形成一个比较强大的热辐射源。

焊接作业场所由于焊接电弧、焊件预热以及焊条烘干等热源的存在,致使空气温度升高,其升高的程度主要取决于热源所散发的热量及环境散热条件。在窄小空间或舱室内焊接时,由于空气对流散热不良,将会形成热量的蓄积,对机体产生加热作用。另外,在某一作业区若有多台焊机同时施焊,由于热源增多,被加热的空气温度就更高,对机体的加热作用就将加剧。

2. 危 害

焊接环境的高温,可导致作业人员代谢机能的显著变化,引起作业人员身体大量地出汗,导致人体内的水盐比例失调,出现不适应症状,同时,还会增加人体触电的危险性。

研究表明,当焊接作业环境气温低于 15 ℃ 时,人体的代谢增强;当气温在 15～25 ℃ 时,人体的代谢保持基本水平;当气温高于 25 ℃ 时,人体的代谢稍有下降;当气温超过 35 ℃ 时,人体的代谢将又变得强烈。总的看来,在焊接作业区,影响人体代谢变化的主要因素有气温、气流速度、空气的湿度和周围物体的平均辐射温度。在我国南方地区,环境空间气温在夏季很高,且多雨湿度大,尤其应注意因焊接加热局部环境空气的问题。

3. 防 护

为了防治有毒气体、粉尘的污染,一般焊接作业现场均设置有全面自然通风与局部机械通风装置,这些装置对降温亦起到良好的作用。在锅炉和压力容器与舱室内焊接时,应向这些容器与舱室内不断地输送新鲜空气,达到降温目的。送风装置须与通风排污装置结合起来设计,达到统一排污、降温的目的。

减少或消除容器内部的焊接是一项防治焊接热污染的主要技术措施。应尽可能采用单面焊双面成型的新工艺、新材料,对减少或避免在容器内部的施焊有很好的作用,可使操作人员

免除或较少受到热辐射的危害。

将手工焊接工艺改为自动焊接工艺,如埋弧焊的焊剂层在阻挡弧光辐射的同时,也相应地阻挡了热辐射,因而对于防止热污染也是一种很有效的措施。

预热焊件时,为避免热污染的危害,可将炽热的金属焊件用石棉板一类的隔热材料遮盖起来,仅仅露出施焊的部分,在很大程度上减少了热污染,在对预热温度很高的铬钼钢焊接时,及对某些大面积预热的堆焊等,这是不可缺少的。

此外,在工作车间的墙壁上涂覆吸收材料,在必要时设置气幕隔离热源等,都可以起到降温的作用。

11.1.5 射线的来源及其危害

1. 来　源

焊接过程中的放射性危害,主要指氩弧焊与等离子弧焊的钍放射性污染等。

某些元素不需要外界的任何作用,它们的原子核就能自行放射出具有一定穿透能力的射线,此谓放射现象。将元素这种性质称为放射性,具有放射性的元素称为放射性元素。

氩弧焊和等离子弧焊使用的钍钨棒电极中的钍,是天然放射性物质,能放射出 α、β、γ 三种射线,其中 α 射线占 90%,β 射线占 9%,γ 射线占 1%。在氩弧焊与等离子弧焊焊接工作中,使用钍钨极会导致放射性污染的发生。其原因是在施焊过程中,由于高温将钍钨极迅速熔化部分蒸发,产生钍的放射性气溶胶、钍射气等。同时,钍及其衰变产物均可放射出 α、β、γ 射线。

2. 危　害

人体内水分占体重的 70%～75%。水分能吸收绝大部分射线辐射能,只有一小部分辐射能直接作用于机体蛋白质。当人体受到的辐射剂量不超过容许值时,射线不会对人体产生危害。但是人体长期受到超容许剂量的外照射,或者放射性物质经常少量进入并蓄积在体内,则可能引起病变,造成中枢神经系统、造血器官和消化系统的疾病,严重者可患放射病。

氩弧焊焊接操作时,基本的和主要的危害形式是钍及其衰变产物呈气溶胶和气体的形式进入体内。钍的气溶胶具有很高的生物学活性,它们很难从体内排出,从而形成内照射。

3. 防　护

对氩弧焊和等离子弧焊的放射性测定结果,一般都低于最高允许浓度。但是在钍钨棒磨尖、修理,特别是贮存地点,放射性浓度大大高于焊接地点,可接近或达到最高允许浓度。

由于放射性气溶胶、钍粉尘等进入体内所引起的内照射,将长期危害机体,所以对钍的有害影响应当引起重视,应采取有效的防护措施,防止钍的放射性烟尘进入体内。防护措施主要有:

① 综合性防护。如对施焊区实行密闭,用薄金属板制成密闭罩,将焊枪和焊件置于罩内,罩的一侧设有观察防护镜。使有毒气体、金属烟尘及放射性气溶胶等被最大限度地控制在一定的空间内,通过排气系统和净化装置排到室外。

② 焊接地点应设有单室,钍钨棒贮存地点应固定在地下室封闭式铁箱内,大量存放时应安装通风装置。

③ 应备有专用砂轮来磨尖钍钨棒,砂轮机应安装除尘设备。图 11-4 为砂轮机的抽排装置示意图。砂轮机地面上的磨屑要经常做湿式扫除并集中深埋处理。地面、墙壁最好铺设瓷砖或水磨石,以利清扫污物。

④ 选用合理的工艺，避免钍钨棒的过量烧损。

⑤ 接触钍钨棒后，应用流动水和肥皂洗手，工作服及手套等应经常清洗。

⑥ 真空电子束焊的防护重点是 X 射线。首先是焊接室的结构应合理，采取屏蔽防护。目前国产电子束焊机采用的是用低碳钢、复合钢板或不锈钢等材料制成的圆形或矩形焊接室。为了便于观察焊接过程，焊接室应开设观察窗。观察窗应当用普通玻璃、铅玻璃和钢化玻璃做三层保护，其中铅玻璃用来防护 X 射线，钢化玻璃用于承受真空室内外的压力差，而普通玻璃经受金属蒸气的污染。

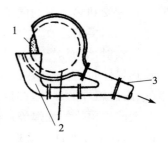

1—砂轮；2—抽吸口；3—排出管

图 11-4 砂轮机抽排装置

为防止 X 射线对人体的损伤，真空焊接室应采取屏蔽防护。从安全和经济的角度考虑，结合现场对 X 射线的测定情况来看，屏蔽防护应尽量靠近辐射源部位，即主要是真空室壁应予以足够的屏蔽防护，真空焊接室顶部电缆通过处和电子枪亦应加强屏蔽防护。

此外，还必须强调加强个人防护，操作者应佩戴铅玻璃眼镜，以保护眼睛的晶状体不受 X 射线损伤。

11.1.6 噪　声

1. 危　害

噪声的长期影响可造成职业性听力下降或职业性耳聋，也可能导致心血管和消化系统的发病率升高。

等离子弧焊、喷涂和切割时，产生强烈噪声，在防护不好的情况下，会损伤焊工的听觉神经。

2. 措　施

以等离子弧焊接与切割为例，在等离子弧焊接与切割时必须对噪声采取防护措施，主要措施如下。

① 选用小型消音器。

② 佩戴隔音耳罩或隔音耳塞。耳罩的隔音效果优于耳塞，但体积较大，戴用不太方便。耳塞的隔音效能，低频为 10~15 dB，中频为 20~30 dB。

③ 等离子弧焊接工艺产生的噪声强度与工作气体的种类、流量等有关，因此在满足质量要求的前提下，尽量选择小规范、小气量。

④ 尽量采用自动化焊接，使操作者在隔音良好的控制室工作。

⑤ 等离子切割时，可以采取水中切割方法，利用水来吸收噪声。

11.2　焊工作业人员劳动防护要求

11.2.1　焊接作业人员要求

焊工作业人员应符合焊工特种作业的安全要求，持有电焊特种作业证，具备电焊特种作业资格。

11.2.2 焊接劳动保护要求

① 因惰性气体保护焊焊接时产生的大量火花飞溅和强烈的弧光辐射,焊工作业人员必须穿白色帆布电焊服,工作服上不得含有合成纤维、尼龙和贝纶等成分;这一点不仅适用于工作服,同时也适用于焊工所穿的内衣和袜子;必要时应穿着皮围裙进行防护。

② 应佩戴盖住鞋口的护脚套。

③ 作业时要戴好皮手套和防护面罩,防护面罩应使用防飞溅的玻璃,不允许使用塑料面罩。

④ 焊工劳保鞋用橡胶底,以防止触电和在容器或其他结构上工作时滑倒。

⑤ 对于船舶密闭舱室底部 1 m 以下容积小于 100 m^3 的狭小空间或锅炉等容器施焊作业视情况佩带正压式送风头盔作业,以保持作业人员呼吸新鲜空气,不会吸入有毒有害气体。

11.2.3 焊接施工作业安全管理要求

1. 施工人员作业前的检查

① 焊机电源线有无破损,地线接地是否可靠,导电嘴是否良好,送丝机构是否正常,极性选择是否正确。

② 气路检查。保护气体气路系统包括:气瓶、预热器、干燥器、减压阀、电磁气阀和流量计。使用前检查各部连接处是否漏气,气体是否畅通且均匀喷出。

③ 管路检查。应检查惰性气体的供气气管无泄漏,如果使用送风面罩,空气管应无破损,发现气管泄漏或破损应立即停止作业,待修复后方可继续作业。惰性气体气管应按规定做好点检。

2. 狭小空间或密闭舱室气体保护焊的作业要求

① 船舶双层底不允许实施气体保护焊接作业。

② 密闭舱室气体保护焊实行作业审批制度。

③ 审批程序及要求:对于船舶密闭舱室,底部 1 m 以下容积大于 100 m^3,对于分段制作过程中形成一定深度的三面围护空间,由施工队提出申请,并提前布置好通风和排风措施,工区/车间安全组负责审批;对于船舶密闭舱室底部 1 m 以下容积小于 100 m^3 的狭小空间或锅炉等容器作业,由施工队提出申请,并提前布置好通风和排风措施,准备好正压式送风头盔,安全主管负责审批。应附《密闭舱室气体保护焊接设备使用申请表》。

④ 进行气体保护焊接作业时必须要进行连续通风,在舱室底部施焊还应采用抽风措施,抽风管应尽量安排在施焊者附近,并且距舱室底部 100~500 mm 的位置,以尽量降低作业空间有害气体及烟尘的浓度。油轮货油舱等密闭舱室换气次数至少为 2 次/h。

⑤ 气体保护焊接作业的舱室,其入口处要悬挂明显的安全警示标牌,注明"正在进行气体保护焊接作业"、"防止窒息和中毒"等危险提示和"无关人员禁止入内"等安全警示语。

⑥ 在进行二氧化碳气体保护焊接时,产生的二氧化碳和一氧化碳气体因比重大于空气,沉浮在低洼处。为防止二氧化碳往低处流动沉积,处于施焊平面以下、空间狭小的舱室或空间,如双层底,应禁止人员进入施工。

⑦ 密闭舱室内二氧化碳气体保护焊停工时,二氧化碳气体胶管要采取出舱或切断气源措施。视情况也可采取将焊机头出舱的措施。

⑧ 船舶密闭舱室底部 1 m 以下容积小于 100 m³ 的狭小空间或锅炉等容器焊接作业时，为防止通风不足而导致的窒息和中毒等事件发生，焊接人员应佩戴送风式头盔呼吸防护，舱室外应设专人进行监护。

3. 舱室气体的检测

① 二氧化碳的气体在空气中的检测浓度应小于 1%，由于对二氧化碳的浓度检测目前还没有更好的仪器，因而采取对氧含量进行检测。在距离施焊者 1 m 左右高度平面的氧含量应不小于 19%。考虑到惰性气体的释放量最大为 25 L/min，因而仅对需要安全主管审批的舱室进行定时监测，监测间隔为 3～6 h，具体要根据焊机的数量确定，监测实施者可以为安全主管指派的经过安监部专门培训的人员。

② 检测出的数据应实时记录，并在进舱告示牌上注明检测数据。

4. 惰性气体焊接设备的入舱控制

① 散货船舶大舱惰性气体焊接设备工作数量不在控制之内，但应根据天气、气压情况采取通风或限制焊接设备数量，如阴天气压低有毒有害气体更易积聚，应尽量减少焊机数量。

② 气体保护焊接的密闭舱室，应根据二氧化碳的每小时的释放量所占空间体积，二氧化碳的每小时的气态释放量为 45～50 m³ 左右，结合释放的二氧化碳与空气混合以及通风等措施吹散或吸走等综合因素，合理控制进舱作业的二氧化碳焊机数量。

5. 二氧化碳气体预热器要求

二氧化碳气体预热器的电源不得高于 36 V，外壳接地可靠，工作结束，应立即切断电源和气源。

6. 供水系统的检查

使用熔化极气体保护焊时还应注意检查供水系统不得泄漏，大电流熔化极气体保护焊时，应在焊把前加防护挡板，防止焊枪水冷系统漏水破坏绝缘而发生触电。

7. 二氧化碳供气管路要求

二氧化碳供气管主管路、分气包、分支胶管、焊机胶管等管路颜色标示规定为黄颜色。

思考与练习题

1. 简述焊接有害因素的来源及危害？
2. 简述焊接与切割作业劳动卫生防护措施有哪些？
3. 简述焊工作业人员劳动防护要求有哪些？
4. 简述焊接施工作业安全管理要求有哪些？

第 12 章 焊接综合练习

案例 12.1 管-管对接水平固定加障碍焊条电弧焊

12.1.1 焊接特点

此焊接考试项目是石油、航天、航空企业及各省、市焊工技能比赛常采用的一种,焊接难度较大。本来小管的固定焊接难度就比较大,况且还在管子四周加了障碍管,阻碍了焊接操作。操作方法同小管的水平固定焊工艺,但在操作上要找准伸焊条的最佳角度,避免障碍管带来的不便,可在施焊前进行操作上的模拟,找准最佳角度后再施焊,做到心中有数。再就是采用的是碱性焊条,不易引弧,焊前一定要加热 350~400 ℃烘干,保温 1~2 h,采用划擦方式引弧,每次引弧时机最好在焊条端面还是红色的时候进行。

12.1.2 焊前准备

① 钢管两节,规格为 $\Phi 60 \times 4 \times 100$,V 型坡口,坡口角度 32°,电焊条 E5015,$\Phi 2.5$ mm。
② 设备:直流弧焊电源。
③ 将焊件两侧 10~20 mm 清理干净,在坡口内点固一点,间隙 2~2.5 mm,长度≤20 mm,定位焊不得位于 6 点钟位置。
④ 定位后将试件固定在操作架上,试件一经施焊不得任意更换和改变位置。

12.1.3 焊接工艺及操作

打底层的焊接:采用电弧焊单面焊双面成形操作方法完成,选用直径为 2.5 mm 的电焊条,以断弧击穿法焊接,电流 75~90 A。施焊时,按照中间起弧,右侧熄弧的原则,焊接时先压低电弧,待形成熔孔后再向前施焊。接头应注意将起焊处磨成斜坡状,避免在距封口接头处 20 mm 左右出现另一个接头。正确运用焊条角度和掌握电弧长度是保证焊接质量的关键,管的焊接分两个半周完成,起弧、收弧处均选在管的半周中心越前 10 mm 处。

填充层的焊接:仍选用直径为 2.5 mm 的电焊条,电流 80~95 A,连弧焊接。施焊前,先将打底层焊渣清理干净,以两侧稍停、中间不停的原则按锯齿形运条摆动,电弧要短,摆动要均匀,这一层填充量应高于管表面 0~1.0 mm。

12.1.4 检查项目及评分标准

检查项目及评分标准如表 12-1 所列。

表 12-1 检查项目及评分标准

检查项目	标准分数	焊缝等级				实际得分
		Ⅰ	Ⅱ	Ⅲ	Ⅳ	
焊缝余高	标准/mm	0~0.5	≤1	≤1.5	>1.5,<0	
	分数	8	6	5	0	
焊缝高低差	标准/mm	≤0.5	(0.5,1)	(1,2)	>2	
	分数	5	3	1	0	
焊缝宽度	标准/mm	≤12	(12,13]	(13,14]	>14	
	分数	5	2	1	0	
焊缝宽窄差	标准/mm	≤1.5	(1.5,2]	(2,3]	>3	
	分数	4	2	1	0	
咬边	标准/mm	0	深度≤0.5且长度≤10 每2mm扣1分,最多扣10分	深度≤0.5且长度>10,≤20 每2mm扣2分,最多扣10分	深度>0.5或长度>20	
	分数	10	10—扣分	10—扣分	0	
未焊透	标准/mm	0	深度≤0.5且长度≤15	深度≤0.5且30≥长度>15	深度>0.5或长度>30	
	分数	6	5	3	0	
根部凸出	标准/mm	通球 $\varphi=0.85d$				
	分数	5(通过),0(通不过)				
角变形	标准/mm	0	≤0.5	(0.5,1]	>1	
	分数	5	3	1	0	
焊缝外表成形	标准/mm	优	良	一般	差	
	分数	5	3	1	0	

注:焊缝未盖面,焊缝表面及根部作修补的作 0 分处理;凡焊缝表面有裂纹、夹渣、未熔合、气孔、焊瘤等缺陷之一的,该试件外观为 0 分。

案例 12.2 钨极氩弧焊板对接 V 形坡口立焊

12.2.1 试件尺寸及要求

① 试件材料:20 g。
② 试件及坡口尺寸如图 12-1 所示。
③ 焊接位置:立焊。
④ 焊接要求:单面焊双面成形。
⑤ 焊接材料:H08MnA 或 ER50-6,焊丝直径 Φ2.0~2.5。
⑥ 焊机:直流氩弧焊机 WS-400,直流正接。

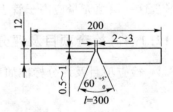

图 12-1 坡口尺寸

12.2.2 试件装配

① 钝边 0.5~1 mm，要求平直。

② 清除坡口及其正反面两侧 20 mm 范围内的油、锈及其他污物，至露出金属光泽，并再用丙酮清洗该区。

③ 装配。

a. 装配间隙：下端为 2 mm，上端为 3 mm。

b. 定位焊：采用与焊接试件相同牌号的焊丝进行定位焊，并点于试件正面坡口内两端，焊点长度为 10~15 mm，要求焊透。

c. 预置反变形量：4 mm。

d. 错边量：≤0.5 mm。

注意：定位后将试件固定在操作架上，试件一经施焊不得任意更换和改变位置。

12.2.3 焊接工艺参数

立焊焊接主要工艺参数如表 12-2 所列，辅助工艺参数如表 12-3 所列。

表 12-2 立焊焊接主要工艺参数

焊接层次	焊丝直径/mm	焊接电流/A	焊接电压/V	焊枪与板面的角度/°	摆弧方式
打底层	2.0	100~120	11~15	70~80	锯齿形
填充层	2.5	120~130	11~15	70~80	锯齿形
填充层	2.5	130~140	11~15	70~80	锯齿形
填充层	2.5	130~140	11~15	75~85	锯齿形
盖面层	2.5	120~130	11~15	75~85	锯齿形

表 12-3 立焊焊接辅助工艺参数

钨极规格/mm	喷嘴直径/mm	钨极伸出长度/mm	喷嘴至工件距离/mm	氩气纯度	氩气流量/(L·min^{-1})
WCe2.4~3.0	10	4~7	≤10 mm	99.99%	8~12

12.2.4 操作要点及注意事项

立焊难度较大，熔池金属下坠，焊缝成形差，易出现焊瘤和咬边，施焊宜用偏小的焊接电流，焊枪作上凸月牙形摆动，并应随时调整焊枪角度控制熔池的凝固，避免铁水下淌。通过焊枪移动与填丝的配合，以获得良好的焊缝成型。焊枪角度、填丝位置如图 12-2 所示。

(1) 打底层的焊接

采用单面焊双面成形操作方法完成，选用直径为 2.0 mm 的焊丝，电流 100~120 A。施焊时，采用蹲位焊接；在起焊接点固位置引弧，先用长弧预热坡口根部，稳

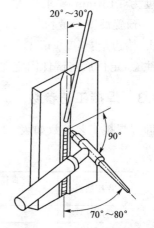

图 12-2 立焊焊枪角度与填丝位置

弧几秒后当两侧出现汗珠时,应立即压低电弧,使熔滴向母材过渡,形成一个椭圆形的熔池和熔孔,并立即添加焊丝,焊丝添在熔孔根部,可作锯齿形小幅度摆动,接头应注意将起焊处磨成斜坡状;电弧控制在 3~4 mm,焊枪沿着焊缝作直线向上移动,为防止熔滴下坠,焊丝应送入熔池,并还要有向上推的动作。

(2) 填充层的焊接

第 2~4 层均为填充层,选用直径为 2.5 mm 的焊丝,电流有所增加,连弧焊接。施焊前,先将打底层清理干净,以两侧稍停、中间不停的原则用锯齿形运条摆动。电弧要短,摆动要均匀,填充量应低于管表面 0~1.0 mm。

(3) 盖面层的焊接

盖面层要保证一定的余高,还要避免产生咬边等缺陷,防范方法是保持短弧焊,手要稳,摆动要均匀,在坡口边沿要有意识地多停留一会,给坡口边沿填足铁水,才能焊接出没有缺陷的焊缝。

案例 12.3　钨极氩弧焊不锈钢平板对接仰焊

12.3.1　焊接特点

此焊接考试项目是航天、航空等行业常采用考试项目。施焊材料为 1Cr18Ni9Ti,厚度为 6 mm,采用手工氩弧焊完成。不锈钢平板对接仰焊主要问题是操作不方便,熔池在高温作用下表面张力减小,而铁水在自重条件下产生下垂,容易引起正面焊缝下坠,背面焊缝产生未焊透、凹陷等缺陷。要掌握此方法必须在日常多操练,多总结。

12.3.2　试件装配

① 钝边 1~1.5 mm,要求平直。
② 清除坡口及其正反面两侧 20 mm 范围内的油、锈及其他污物,至露出金属光泽。
③ 装配。
a. 装配间隙:起弧处为 1.8 mm,完成处为 2.5 mm。
b. 定位焊:采用与焊接试件相同牌号的焊丝进行定位焊,并点于试件正面坡口内两端,焊点长度为 ≤15 mm,要求焊透。
c. 预置反变形量:4°。
d. 错边量:≤0.5 mm。

注意:定位后将试件固定在操作架上,试件一经施焊不得任意更换和改变位置。

12.3.3　焊接工艺参数

仰焊焊接工艺参数如表 12-4 所列,辅助工艺参数如表 12-5 所列。

表 12-4　仰焊焊接工艺参数

焊接层次	焊丝直径/mm	焊接电流/A	焊接电压/V	焊枪与板面的角度/°	摆弧方式
打底层	2.0	100~110	11~15	70~80	锯齿形
盖面层	2.0	120~130	11~15	75~85	锯齿形

表 12-5 仰焊焊接辅助工艺参数

钨极规格/mm	喷嘴直径/mm	钨极伸出长度/mm	钨极至工件距离/mm	氩气纯度	氩气流量/(L·min^{-1})
WCe2.4～3.0	10	4～7	≤10 mm	99.99%	8～12

12.3.4 操作要点

(1) 打底层的焊接

采用单面焊双面成形操作方法完成,选用直径为 2.0 mm 的焊丝。施焊时,采用蹲位焊接,在起焊接点固位置引弧。先用长弧预热坡口根部,稳弧几秒后当两侧出现汗珠时,应立即压低电弧,使熔滴向母材过渡,形成一个椭圆形的熔池和熔孔,手要稳,速度要均匀,并立即添加焊丝,焊丝添在熔孔根部,可作锯齿形小幅度摆动,电弧控制在 3～4 mm,焊枪沿着焊缝作直线向上移动。为防止熔滴下坠,焊丝应送入熔池,并还要有向上推的动作。首层的厚度以低于母材 0.5～1.0 mm 为宜,且不得熔化坡口边缘棱角,利于盖面层的焊接。

(2) 盖面层的焊接

盖面层要保证一定的余高;要有摆动,但摆不能过大,否则就超宽,标准规定仅为 8 mm,很容易超宽,摆动宽度为盖住边缘棱角即可;还要避免产生咬边等缺陷,防范方法是保持短弧焊,手要稳,摆动要均匀,在坡口边沿要有意识地多停留一会,给坡口边沿填足铁水,这样才能焊接没有缺陷的焊缝,防止出现棱沟,影响美观,收弧处要填满弧坑。

12.3.5 检测项目及评分标准

本项目的检查及评分标准如表 12-6 所列。

表 12-6 检测项目及评分标准

检查项目	内容及要求	配分	检测结果	评分标准	扣分	得分
外观检查	焊缝表面成形质量	60				
1	裂纹(不允许)		有	外观质量为 0		
2	焊缝宽度≤8 mm	5		每超宽 1 mm 超长 3 mm 扣 1 分		
3	正面余高 0.4～0.2 mm	5		2<余高<3,每 1 mm 扣 2 分;3≤余高<4,每 1 mm 扣 2 分;余高<0.4,每 1 mm 扣 2 分;余高≥3,扣 5 分		
4	咬边(不允许)	5		按相关标准Ⅰ级 5 分,Ⅱ级 3 分		
5	表面气孔、夹钨等夹杂(不允许)	10		长度每 3 mm 扣 3 分		
6	反面余高	5		按相关标准Ⅰ级 5 分,Ⅱ级 3 分		
7	反面凹陷	10		按相关标准Ⅰ级 5 分,Ⅱ级 3 分		
8	未焊透(不允许)	10		长度每超过 2 mm 扣 2 分		

续表 12-6

检查项目	内容及要求	配分	检测结果	评分标准	扣 分	得 分
9	未熔合(不允许)	10		长度每超过2 mm扣2分		
内部质量	内部质量	40				
	按照相关标准要求进行射线检验			Ⅰ级40分计起,每个缺陷扣一分;Ⅱ级20分;超过Ⅱ级从20分计起每处扣3分		

案例 12.4　钨极氩弧焊管-管对接水平固定全位置焊

12.4.1　试件尺寸及要求

① 试件材料:20g。
② 试件及坡口尺寸(见图 12-3)。
③ 焊接位置:水平固定。
④ 焊接要求:单面焊双面成形。
⑤ 焊接材料:H08MnA 或 ER50-6,焊丝直径 $\Phi2.0 \sim 2.5$。
⑥ 焊机:直流氩弧焊机 WS-400,直流正接。

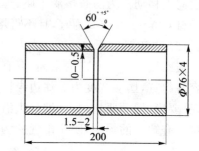

图 12-3　试件及坡口尺寸

12.4.2　试件装配

① 锉钝边:0~0.5 mm,要求平直。
② 清除坡口及其正反面两侧 20 mm 范围内的油、锈及其他污物,至露出金属光泽,并再用丙酮清洗该区。
③ 装配。
　a. 装配间隙:为 1.5~2 mm,且小间隙位于 6 点位置。
　b. 定位焊:采用单点定位,点焊位置不得在 6 点位置,焊点长度≤20 mm,要求焊透并不得有缺陷,两端用砂轮磨出斜坡,以利接头。
　c. 错边量:≤0.5 mm。
注意:定位后将试件固定在操作架上,试件一经施焊不得任意更换和改变位置。

12.4.3　焊接工艺参数

管—管对接水平固定全位置焊接工艺参数如表 12-7 所列。

表 12-7　管—管对接水平固定全位置焊工艺参数

焊接层次	焊丝直径/mm	焊接电流/A	焊接电压/V	钨极规格/mm	喷嘴直径/mm	钨极伸出长度/mm	喷嘴至工件距离/mm	氩气纯度	氩气流量/(L·min⁻¹)
打底焊	2.0	75~90	11~15	WCe2.4~3.0	10	4~6	≤10 mm	99.99%	8~12
盖面焊	2.5	85~100	13~17						

12.4.4 操作要点及注意事项

采用两层两道焊,分两个半圈进行施焊。

(1) 打底层的焊接

采用单面焊双面成形操作方法完成,选用直径为 2.0 mm 的焊丝,电流 75～90 A,施焊时,采用蹲位焊接,分两个半周完成,起弧点在时钟 6 点位置左或右附近(前半圈在 A 点位置引弧),收弧处均选在管的半周中心越前 8～10 mm 处。在中间起弧,焊接时先压低电弧,待形成熔孔后再向前施焊,焊丝添在熔孔根部,可作小幅度摆动,接头应注意将起焊处磨成斜坡状;电弧控制在 2～4 mm,当被加热到表面熔化后,应该向熔池加 1～2 滴焊丝,稍停留一会,焊枪沿着焊缝作直线向上移动。仰位焊接时由时钟 6 点方向向 4 点区域焊接时,为防止熔滴下坠,焊丝应送入熔池,并还要有向上推的动作。打底焊每半圈应一气呵成,中途尽量不停顿,若中断时,应将原焊缝末端重新熔化,使起焊焊缝与原焊缝重叠 5～10 mm;起、收弧位置及焊枪与焊丝角度如图 12-4 所示。

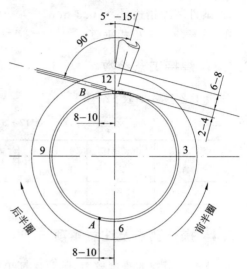

图 12-4 起、收弧位置及焊枪与焊丝角度

(2) 填充层的焊接

选用直径为 2.0 mm 或 2.5 mm 的焊丝,电流 85～100 A,连弧焊接,施焊前,先将打底层清理干净,以两侧稍停、中间不停的原则用锯齿形运条摆动,电弧要短,摆动要均匀,填充量应高于管表面 0～1.0 mm。

案例 12.5 钨极氩弧焊骑坐式管—板 T 形接头垂直仰焊

12.5.1 试件尺寸及要求

① 试件材料:20 g。
② 试件及坡口尺寸(见图 12-5)。
③ 焊接位置:垂直仰位。
④ 焊接要求:单面焊双面成形,$K=6_0^{+3}$。
⑤ 焊接材料:H08Mn2SiA。
⑥ 焊机:WSME-315 直流正接。

12.5.2 试件装配

① 挫钝边:0～0.5 mm。
② 清楚坡口坡口范围内及其两侧 20 mm

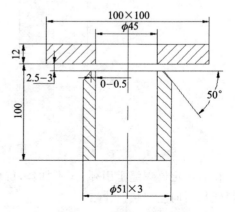

图 12-5 试件及坡口尺寸

范围的油、锈及其他污物,至露出金属光泽再用丙酮清洗该区。

③ 装配。

a. 装配间隙:2.5～3 mm。

b. 定位焊:采用三点定位固定,均布与管子外围周上,焊点长度为 10 mm 左右,要求焊透,不得有缺陷。

c. 试件装配错边量:≤0.3 mm。

d. 管子应与管板相垂直。

12.5.3 焊接工艺参数

焊接工艺参数如表 12-8 所列。

表 12-8 焊接工艺参数

焊接电流/A	电弧电压/V	氩气流量/(L·min^{-1})	钨极直径/mm	焊丝直径/mm	喷嘴直径/mm	喷嘴至工件直径/mm
80～90	11～13	6～8	2.5	2.5	8	≤12

12.5.4 操作要点及注意事项

骑坐式管板焊的难度较大,既要保证单面焊双面成形,又要保证焊缝外观均匀美观,焊脚对称,再加上管壁薄,坡口两侧导热情况不同,需要控制热量分布,这也增加了难度,通常以打底焊保证背面成形,盖面焊保证焊脚尺寸和焊缝外观成形。

本例采用两层三道焊,一层打底,盖面层为上、下两道焊缝。

(1) 打底焊

将试件在垂直仰位处固定好,将一个定位焊缝放在右侧;焊枪角度如图 12-6 所示。

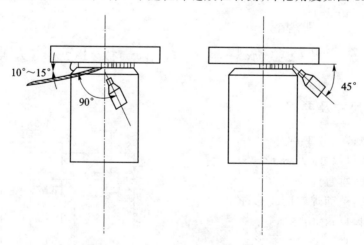

图 12-6 焊枪角度

在右侧定位焊缝上引弧,先不加丝,待坡口根部和定位焊点端部熔化形成熔池熔孔后,再加焊丝从右向左焊接。

焊接时电弧要短,熔池要小,但应保证孔板与管子坡口面熔合好,根据熔化和熔池表面情况调整焊枪角度和焊接速度。

管子侧坡口根部的熔孔超过原棱边应≤1 mm。否则将使背面焊道过宽和过高。

需接头时,在接头右侧 10~20 mm 处引弧,先不加焊丝,待接头处熔化形成熔池和熔孔后,再加焊丝继续向左焊接。

焊至封闭处,可稍停填丝,待原焊缝头部熔化后再填丝,以保证接头处熔合良好。

(2) 盖面焊

盖面层为两道焊道,先焊下面的焊道,后焊上面的焊道。仰焊盖面的焊枪角度如图 12-7 所示;焊前可先将打底焊道局部凸起处打磨平整。

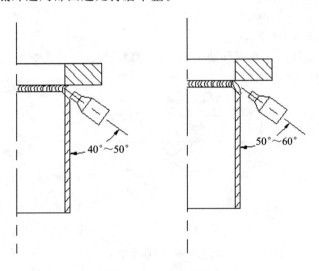

图 12-7 焊枪角度

焊下面的焊道时,电弧应对准打底焊道下沿,焊枪做小幅度锯齿形摆动,熔池下沿超过管子坡口棱边 1~1.5 mm,熔池的上沿在打底焊道的 1/2~2/3 处。

焊上面的焊道时,电弧以打底焊道上沿为中心,焊枪做小幅度摆动,使熔池将孔板和下面的盖面焊道圆滑地连接在一起。

案例 12.6　CO_2 气体保护焊板对接 V 形坡口横焊

12.6.1　试件尺寸及要求

① 试件材料:20g。
② 试件及坡口尺寸(见图 12-8)。
③ 焊接位置:横焊。
④ 焊接要求:单面焊双面成形。
⑤ 焊接材料:H08Mn2SiA,焊丝直径 Φ1.2。
⑥ 焊机:CO_2 气体保护焊机 NB-350,直流反接。

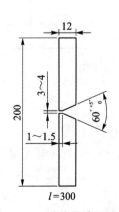

图 12-8　试件及坡口尺寸

12.6.2 试件装配

① 钝边 1～1.5 mm,要求平直。
② 清除坡口及其正反面两侧 20 mm 范围内的油、锈及其他污物,至露出金属光泽。
③ 装配。
　a. 装配间隙:起弧处为 3 mm,完成处为 4.0 mm。
　b. 定位焊:采用与焊接试件相同牌号的焊丝进行定位焊,并点于试件正面坡口内两端,焊点长度为≤20 mm,要求焊透。
　c. 预置反变形量:3.2 mm。
　d. 错边量:≤0.5 mm。
注意:定位后将试件固定在操作架上,试件一经施焊不得任意更换和改变位置,操作时注意焊枪角度,如图 12-9 所示。

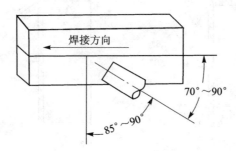

图 12-9　横焊焊枪角度

12.6.3 焊接工艺参数

焊接工艺参数如表 12-9 所列。

表 12-9　横焊焊接工艺参数

焊接层次	焊丝直径 /mm	焊接电流 A	电弧电压 /V	焊丝伸出长度 /mm	气体流量 /(L·min^{-1})
打底层	1.2	115～125	18～19	15～20	13～17
填充层	1.2	135～145	21～22	15～20	13～17
盖面层	1.2	135～145	21～22	15～20	13～17

12.6.4 操作要点

(1) 打底层

首先在定位焊缝上引弧,以小幅度划斜圆圈摆动从右向左焊接,坡口钝边上下边棱各熔化 1～1.5 mm,并形成椭圆熔孔,手要稳,速度要均匀,上坡口钝边停顿时间比下坡口钝边的时间要稍长,防止金属下坠,整条焊缝尽量不要中断,若产生断弧应从断弧处后 15 mm 处重新起弧。

(2) 填充层

将焊道表面的飞溅清理干净,调试好填充焊的参数后,采用多道焊接,填充层的厚度以低于母材 1.0～1.2 mm 为宜,且不得熔化坡口边缘棱角,利于盖面层的焊接。

(3) 盖面层

清理填充层焊道及坡口上的飞溅和熔渣,调试好填充焊的参数后,采用多道焊接,盖面层的第 1 道焊缝是关键,要求国际但要焊直,而且焊缝成形圆滑过渡,左向焊具有焊枪喷嘴稍前倾,从右向左施焊、不挡焊工视线的条件,呈画圆圈运动,每层焊接后都要清渣,各焊道相互搭接一半,防止出现棱沟,影响美观,收弧处要填满弧坑。

案例 12.7 CO_2 焊插入式管-板 T 形接头水平固定位置角焊

12.7.1 试件尺寸及要求

① 试件材料:20 g。
② 试件及坡口尺寸(见图 12-10)。
③ 焊接位置:水平固定。
④ 焊接要求:单面焊双面成形,$K=6^{+2}$。
⑤ 焊接材料:H08Mn2SiA,$\Phi1.2$。
⑥ 焊机:NB-350,直流反接。

12.7.2 试件装配

① 清楚坡口及其两侧 20 mm 范围的油、锈及其他污物,至露出金属光泽。

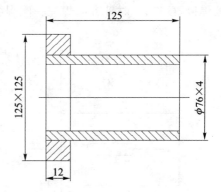

图 12-10 试件及坡口尺寸

② 定位焊:定位两点,采用与焊接时间相同牌号的焊丝进行点焊,焊点长度约 10～15 mm,要求焊透,焊脚不能过高。

③ 管子应垂直于管板。

12.7.3 焊接工艺参数

焊接工艺参数如表 12-10 所列。

表 12-10 焊接工艺参数

焊接层数	焊丝直径/mm	焊接电流/A	电弧电压/V	气体流量/(L·min^{-1})	焊丝伸长长度/mm
打底焊	1.2	90～100	18～20	10～15	15～20
盖面焊		110～130	20～22	13～17	

12.7.4 操作要点及注意事项

这是插入式管板最难焊的位置,需同时掌握 T 形接头平焊、立焊、仰焊的操作技能,并根据管子曲率调整焊枪角度。

本例因管壁较薄,焊脚高度不大,故可采用单道焊或二层二道焊(一层打底焊和一层盖面焊)。

① 将管板试件固定于焊接固定架上,保证管子轴线处于水平位置,并使定位焊缝不得位于6点位置。

② 调整好焊接工艺参数,在7点位置处引弧,沿逆时针方向焊至3点处断弧,不必填满弧坑,但断弧后不能立即移开焊枪。

③ 迅速改变焊工体位,在3点处引弧,仍按逆时针方向由3点焊至0点。

④ 将0点处焊缝磨成斜面。

⑤ 从7点处引弧,沿逆时针方向焊至0点,注意接头应平整,并满弧坑。

若采用两层两道焊,则要按上述要求和次序再焊一次。焊第一层时焊接速度要快,保证根部焊透,焊枪不摆动,使焊脚较小,盖面焊时焊枪摆动,以保证焊缝两侧熔合良好,并使焊脚尺寸符合规定要求。

注意:上述步骤实际上一气呵成,应根据管子的曲率变化,焊工要不断地转腕和改变体位连续焊接,按逆、顺时针方向焊完一圈焊缝。焊接时的焊枪角度与焊法如图12-11所示。

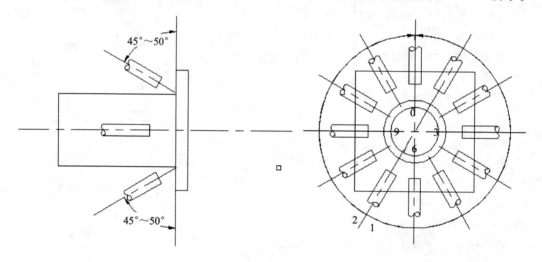

图12-11　1 从7点开始沿逆时针焊至0点　　2 从7点开始沿顺时针焊至0点

思考与练习题

1. 焊条电弧焊各种焊接位置上的焊接操作要点是什么?
2. 简述 CO_2 气体保护焊板对接 V 形坡口横焊的操作要点是什么?
3. 简述钨极氩弧焊不锈钢平板对接仰焊的操作要点是什么?

参考文献

[1] 郑应国. 焊工工艺学[M]. 2版. 北京:中国劳动出版社,2004.
[2] 张士相. 焊工[M]. 北京:中国劳动和社会保障出版社,2004.
[3] 熊腊森. 焊接工程基础[M]. 北京:机械工业出版社,2005.
[4] 田锡唐. 焊接结构[M]. 北京:机械工业出版社,1982.
[5] 赵熹华. 焊接检验[M]. 北京:机械工业出版社,2001.
[6] 雷世明. 焊接方法与设备[M]. 北京:机械工业出版社,2004.
[7] 邓洪军. 焊接结构生产[M]. 北京:机械工业出版社,2005.
[8] 张文钺. 焊接冶金学(基本原理)[M]. 北京:机械工业出版社,2001.
[9] 姜焕忠. 电弧焊与电渣焊[M]. 北京:机械工业出版社,1992.
[10] 英若采. 熔焊原理与金属材料焊接[M]. 北京:机械工业出版社,2005.
[11] 梅启钟. 焊工工艺学[M]. 北京:机械工业出版社,1991.
[12] 赵岩. 焊接结构生产与实例[M]. 北京:化学工业出版社,2008.
[13] 中国机械工程学会焊接学会. 焊接手册 材料的焊接[M]. 3版. 北京:机械工业出版社,2007.
[14] 王洪光. 适用焊接工艺手册[M]. 北京:化学工业出版社,2010.
[15] 中国焊接协会培训工作委员会. 焊工取证上岗培训教材[M]. 北京:机械工业出版社,2008.
[16] 别凤喜. 焊工[M]. 2版. 北京:中国劳动社会保障出版社,2005.
[17] 高卫明. 焊接方法与操作[M]. 北京:北京航空航天大学出版社,2012.